"研究生学术论文写作"丛书

机械工程研究论文写作

案例与方法

◎主 编 于瀛洁 李桂琴

Paper Writing

上海大学出版社

图书在版编目(CIP)数据

机械工程研究论文写作：案例与方法 / 于瀛洁，李桂琴主编. -- 上海：上海大学出版社，2024.8.（研究生学术论文写作）. -- ISBN 978 - 7 - 5671 - 5058 - 4

Ⅰ. TH

中国国家版本馆 CIP 数据核字第 2024MA6103 号

责任编辑　司淑娴
封面设计　缪炎栩
技术编辑　金　鑫　钱宇坤

机械工程研究论文写作：案例与方法

于瀛洁　李桂琴　主编

上海大学出版社出版发行

（上海市上大路 99 号　邮政编码 200444）

（https://www.shupress.cn　发行热线 021 - 66135112）

出版人　戴骏豪

*

南京展望文化发展有限公司排版

上海普顺印刷包装有限公司印刷　各地新华书店经销

开本 710mm×1000mm　1/16　印张 23.5　字数 360 千字

2024 年 8 月第 1 版　2024 年 8 月第 1 次印刷

ISBN 978 - 7 - 5671 - 5058 - 4/TH・14　定价　69.00 元

总　序

教育部办公厅《关于进一步规范和加强研究生培养管理的通知》明确指出，研究生培养单位要加强学术规范和学术道德教育，把论文写作指导课程作为必修课纳入研究生培养环节。上海大学积极响应，安排各个学院组织开设相关课程并纳入研究生培养环节，取得良好效果。

为了进一步提升研究生培养质量，上海大学研究生院和上海大学出版社联合策划了"研究生学术论文写作"丛书，作为研究生学习学术写作的指导用书。本丛书内容涵盖文科、理科、工科、医学、经济、管理等多个学科，邀请各学科教授及学术骨干领衔担任主编，并根据学科特点，采用以下两种编纂模式：一是对已发表的高水平论文进行综合分析，归纳出写作要点；二是在已发表的论文案例基础上，论文原作者解析撰文过程和注意事项。这种"案例＋方法"的编纂模式，通过论文作者现身说法的方式，从问题意识、论证方法、创新之处等方面揭示论文的成文之道，为研究生提供可参考、可借鉴的学术写作范例。

上海大学老校长钱伟长生前指出，研究生培养分为两个阶段，一个是课程学习阶段，另一个是论文写作阶段。钱校长非常重视研究生学术论文写作能力的培养，他曾经在研究生开学典礼的讲话中指出："论文很重要。写论文以前，你首先要到第一线找到人家的'肩膀'在哪儿。"本丛书的编纂，践行钱伟长教育思想，探索案例和方法相结合的教学途径，为研究生提供学术研究的"肩膀"，为各学科研究生提供学术论文写作的方法指导，也可为青年教师撰写学术论文提供思路启发。

我们真诚地希望使用本丛书的教师、学生以及广大读者对其中存在的问题提出修改意见或建议，交流互鉴，共彰学术。

"研究生学术论文写作"丛书编委会

2021 年 9 月

目 录

第一部分　科技论文的结构

第二部分　论 文 之 道

1

第1章　专业英语的语法特点及写前准备

　　学习撰写科技论文是每一位研究生的必修课，是其通往科学研究的必由之路。在整个研究生学习期间，除了最初一年学习相关专业基础理论课程外，大多数时间都需要参与导师的课题研究，这其中既包括文献与资料的收集、模型或实验方案的搭建和实验及数据结果的分析处理等具体工作，也包含工作总结与将其凝练成科技论文的撰写工作。由于研究生阶段的学习和工作与大学本科阶段在内容和形式上有很大的差异，因此必须通过不断地实践练习才能有效提升科技论文的写作能力，这也是许多学校对研究生毕业发表论文提出硬性要求的原因之一。

1.1　专业英语的特点

　　专业英语隶属于科技英语，科技英语（English for Science and Technology，简称 EST）是一种用英语阐述科学技术中的理论、技术、实验和现象等的英语体系，它在词汇、语法和文体诸方面都有自己的特点，从而形成一门专门学科。专业英语是结合各自专业的科技英语，有很强的专业性，涉及的面更加狭窄，与专业内容配合更为密切。专业英语的特点可归纳为客观（Objectivity）、精练（Conciseness）和准确（Accuracy）。

1.1.1　专业英语的语法特点

　　由于各个领域的专业英语都是以表达科技概念、理论和事实为主要目的，与普通英语相比，专业英语有如下显著特点：

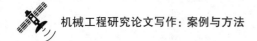

(1) 广泛使用被动语态（客观性）。

Electrical energy can be stored in two metal plates separated by an insulation medium. Such a device is called a capacitor, and its ability to store electrical energy is termed capacitance. It is measured in Farads.

电能可以储存在被一绝缘介质隔开的两块金属板中，这样的装置被称为电容器，它储存电能的能力就被称为电容。电容的测量单位是法拉。

(2) 广泛使用非谓语形式（精练）。

a) 用动名词短语取代时间从句或简化时间陈述句。

The signal should be filtered before it is amplified.

The signal should be filtered before being amplified.

放大信号前，应先对其进行滤波。

b) 用动名词短语做主语。

Changing resistance is a method for controlling the flow of the current.

改变电阻是控制电流的一种方法。

c) 过去分词短语替代从句中的被动语态。

The power supply, which is shown in block-diagram in Fig. 1, is a single-phase switch-mode inverter.

The power supply shown in block-diagram in Fig. 1 is a single-phase switch-mode inverter.

图 1 中用框图表示的电源是一个单相开关逆变器。

d) 现在分词短语替代从句中的主动语态。

The transistor, which is working with correctly polarities, can work as an amplifier.

The transistor working with correctly polarities can work as an amplifier.

工作于正确电源极性下的晶体管，作用就像放大器。

e) 用不定式短语来替代表示目的和功能的从句或语句。

The capacity of individual generators is larger and larger so that the increasing demand of electric power is satisfied.

The capacity of individual generators is larger and larger to satisfy the increasing demand of electric power.

单台发电机的容量越来越大，目的就是满足不断增长的用电需求。

（3）省略句使用频繁（精练）。

If <u>it is</u> possible, the open-loop control approach should be used in this system.

If possible, the open-loop control approach should be used in this system.

可能的话，这个系统应该使用开环控制方法。

As <u>illustrated</u> in Fig. 1, there is a feedback element in the closed-loop system.

As in Fig. 1, there is a feedback element in the closed-loop system.

就像图 1 所示的那样，这个闭环系统中有一个反馈元件。

The device includes an instrument transformation and a relay system <u>which has</u> two circuits in it.

The device includes an instrument transformation and a relay system <u>with</u> two circuits in it.

这个装置包括一个互感器和一个有两个电路的继电器系统。

（4）It 句型和祈使句使用频繁（准确、精练）。

a）It 句型：it 充当形式主语，避免句子"头重脚轻"。

It is very important (possible, necessary, natural, inevitable) to ...

b）祈使句：无主语，精练。

Let A be equal to B.

设 A 等于 B。

Consider a high-pressure chamber.

假如有一个高气压气候室。

（5）复杂长句使用频繁（准确、精练）。

为了完整、准确地表达事物内在联系，使用大量从句。

The testing of a cross-field generator will be described in this section with chief reference to the tests <u>that</u> are normally taken on every machine <u>before</u> it leaves the makers works.

交磁发电机的试验将在本节中叙述，它主要涉及每台电机在离开制造厂前应进行的试验。

（6）后置形容词短语作定语多。

代替定语从句作后置定语，使句子简洁、紧凑，不至于累赘。

All radiant energies have wavelike characteristics, which are analogous to those of waves moving through water.

All radiant energies have wavelike characteristics analogous to those of waves moving through water.

所有的辐射能都具有波的特性，与水中移动的波的特征相似。

（7）大量使用名词结构

大量使用名词化结构（Nominalization）是科技英语的特点之一，因为科技文体要求行文简洁、表达客观、内容确切、信息量大、强调存在的事实，而非某一行为。

Archimedes first discovered the principle of displacement of water by solid bodies.

阿基米德最先发现固体排水的原理。

句中 of displacement of water by solid bodies 系名词化结构，一方面简化了同位语从句，另一方强调 displacement 这一事实。

The rotation of the earth on its own axis causes the change from day to night.

地球绕轴自转，引起昼夜的变化。

名词化结构 the rotation of the earth on its own axis 使复合句简化成简单句，而且使表达的概念更加确切严密。

Television is the transmission and reception of images of moving objects by radio waves.

电视通过无线电波发射和接受活动物体的图像。

名词化结构 the transmission and reception of images of moving objects by radio waves 强调客观事实，而谓语动词则强调其发射和接收的能力。

1.1.2 专业英语的修辞特点

（1）广泛使用一般现在时。

注重科学技术方面的观察、试验和客观规律、事物特征。

涉及的内容（如概念、原理、定理或定律、规则、方法等）大多没有特定的时间关系和时效性。

（2）较多地使用图、表和公式。

常使用数据、图、表和公式等非语言因素来表明科技概念、原理、定理或定律、规则、方法等。

（3）逻辑关系词使用多。

进行条件论述、理论分析和公式推导时，多使用表示条件、原因、语气转折、限制、假设和逻辑顺序等词汇，如：although, because, but, if, once, only, suppose, as a result, because of, due to, so, therefore, thus, without 等。

1.2　科技论文应遵从的道德原则

撰写科技论文是作者把自己的研究工作真实地、完整地报道给读者。这里主要包含了四个方面：① 提供和运用的数据绝对真实；② 客观地评论重要的研究成果；③ 论文简明可读；④ 所报道的研究工作和结果可被重复。前两条说的是要科学诚信，而后两条说的是要对读者负责。这就是发表论文须遵循的伦理道德原则。

在研究工作开始前对自己要研究的专题作一个全面的文献搜索非常重要，这让我们了解本研究领域的现状，发现存在的并需要解决的问题，启示我们解决问题的可能途径。在研究的过程中，要针对所遇到的问题，不断进行新的文献检索和更新，始终保持对所研究领域前沿的跟踪，只有这样，才能避免重复别人已有的工作，确保自己研究工作的原创性。正确引用参考文献对于撰写论文的引言、总结评价本论文结果、讨论论文的成果等都十分重要。

对于所报道的研究工作的可重复性方面，读者阅读论文时期望从论文中学习到作者的思想和方法，期望能得到与作者同样的研究结果。所以论文作者除了指出并阐述研究的结果以外，必须如实地、详细地报道研究过程、实验细节、数据采集方法，并提供相关的文献信息，以便有经验的专业读者能够重复论文的工作，并得到同样的结果。能否实现研究的可重复性本身也是

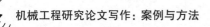

检验我们的研究工作是否符合客观的自然规律的一条标准。

1.3　英语科技论文的写作要求

（1）前瞻性和创新性。

科研的灵魂是创新，要选择有研究价值及发展前途的主题，论文反映科研成果，因此贵在创新。选题创新是论文写作的关键，是衡量论文价值的重要标准，可体现在：理论方面的选题应有创新见解，既要反映作者在某些理论方面的独创见解，又要提出这些见解的依据；应用方面的选题应有创新技术，或揭示原有技术移植到新的领域中的效果；创新性还包括研究方法方面的改进或突破。

（2）学术性和规范性。

科技论文必须做到内容正确、资料数据正确和语言正确。内容正确要求作者所表述的原理和方法是经过推敲和证明，作者应对论文内容的正确性负有责任；论文采用的实验或资料数据应可信、可靠，保证论文数据的真实性是科技工作者应具备的起码的职业素养。此外，论文作者应保证论述语法和文字的准确无误，最大限度地避免引起歧义或误解。

科技论文的表达方式有严格的规范要求，例如，数字是否记录准确并符合有效数字的规范，图和表格是否画得清楚并符合规范要求，文字是否通顺，措辞是否确切，有无错别字，引用文献是否准确等。不符合规范的错误会严重降低论文的价值，不仅降低读者的阅读意愿，甚至还会让读者怀疑结论的可靠性。因此，科技论文通常需要对所研究问题的来龙去脉及该专题的研究现状进行全面阐述，详细介绍自己工作与前人工作的联系及不同之处，使读者可以方便、客观地评价作者的独到之处或创新点，方便读者把握论文重点，有的放矢地汲取与作者工作相关的内容。

（3）逻辑性和确证性。

论文思路必须清晰，其概念层次必须清楚无误，文字及语言表达必须清楚无歧义。清晰原则要求作者在撰写论文的过程中必须将模型、方法、实验及结果清楚无误地展现给读者，既要方便读者理解，又可使读者方便地重复其研究工作，因此阐述清晰是一篇科技论文的基本要求。科技论文不但要有正确的内容与准确的阐述，还要有明确的表达方式，即论文内容清晰可观，不生歧义，不出现误解，科技论文讲的是复杂的、科学的道理，会遇到许多专业术语，这就要求写得深入浅出，容易为人们所理解。

（4）完整性和可读性。

作者在论文中应完整地阐述所发现的新原理或所提新方法的细节与关键点。科学研究是一项严肃的科学活动，因此科技论文对事实的阐述必须准确，容不得半点含混，实验（或试验）与观察、数据处理与分析、实验（或试验）研究结果的得出是正文最重要的成分，应该给予极大的重视。要尊重事实，在资料的取舍上不应该随意掺入主观成分或妄加猜测，不应该忽视偶发性现象和数据。只有准确，才能保证论文的正确性，它对科学事实的阐述才是真实与客观的。科技论文的前提是是否真实、实验（或试验）是否存在错误、论文是否在逻辑上有错误，关键要看事实阐述的准确性，所以完整准确是科技论文的精髓。

文字要简明扼要，论点论据分明，便于阅读。科学论文写作的质量不但影响刊登该文的期刊水平，也直接影响该文在读者心目中的形象。一篇好的论文不仅要有科学的分析论证、独到的学术见解，而且还要做到结构严谨、层次清楚、语句通顺、用词准确，合乎一般的文字修辞要求。然而，不少科技工作者在论文写作过程中，往往忽略了这方面的问题，以致影响论文的质量和可读性，进而影响论文投稿的被采用率，同时也增加编辑工作的难度和工作量。

（5）简洁精练，文、图、表兼用。

论文论述应当深刻，应能充分揭示其科学内涵并尽可能采用定量方法。作者在阐述其新发现或新方法时应能深刻地揭示现象本质或方法的核心思想及内涵，表述方式应简洁明了，避免采用繁杂的行文方式，用最少的字句把意思表达清楚，降低读者接受和理解论文的难度。此外，由于定性分析方法的局限性及难以公读性，越来越多的学术刊物要求论文有具体的实验数据及统计结果的定量分析与支持。因此，精练原则也要求作者尽可能多地采用定量方法，以实验数据与统计结果来论证方法或模型的有效性。

凡是能够用简要的文字讲解清楚的内容，应用文字陈述。用文字不易表达清楚的，应采用表或图（必要时用彩图）来阐述。表或图要具有自明性，即其本身给出的信息就能够说明表达的问题。数据的引用要严谨、确切，防止错引或重引，避免用图形和表格重复地反映同一组数据。资料的引用要标明出处。

此外，写作科技论文时，还应注意主题明确、论证充分、结论清楚、逻辑严密、词简意明等。

1.4 拟定论文详细提纲

富有逻辑性的论文结构是科技论文的支撑骨架。详细的论文写作提纲的准备过程就是论文逻辑构思的过程。拟订论文写作提纲时作者必须紧紧把握住论文的主题，全面考虑哪些信息和事实对说明主题最重要，按什么顺序来传递这些信息和事实最富有逻辑性。作者要从多个角度、多个层次剖解问题，步步深入地推理论证，直至最后解决问题并将这个研究过程完整而明确地传递给读者。要注意把本研究对学术领域的贡献贯穿于整篇论文。

（1）列出最适合本论文内容的每一部分的主标题（Principal heading）。严格按照拟投稿的期刊要求或习惯选用论文结构，结合考虑本论文的主要特点，列出最适合本论文内容的每一部分的主标题。

如果论文采用的是 IMRaD 结构，主标题当然很明确，分别是 Introduction（引言）、Methods（研究方法）、Results（研究结果）、Discussion/Conclusions（讨论/总结）。有些期刊虽然要求论文包含引言、研究方法、研究结果、讨论等内容，但对于论文的结构并没有明确的规定。论文作者可以根据本论文所要说明的问题的特点选择合适的结构，并拟定每一部分的主标题。

（2）列出每一部分中各个章节的子标题（Subheading）。全面地计划论文的每一部分，特别是各段落的划分及其子标题。要紧紧抓住论文所要解决的问题、所采用的途径方法、所得到的实验结果、所能说明的问题这条逻辑主线，按结果的重要性或推理的逻辑性顺序逐一展示。合理地划分章节，便于读者正确理解你所报道的研究成果，也是作者向读者明确传达论文主旨的关键所在。

（3）列出每个段落的详细内容，包括作者想要表达的主要观点、作为论据所选用的实验结果、数据、表格及图片等，并按它们在段落中出现的先后次序排列。必要的话，进一步列出第三层次的段落划分，或每一小段的标题和关键句子。

（4）检查文稿段落间的相关性和统一性。检查论文的写作提纲是否合乎逻辑、是否前后呼应、是否达到了阐述并论证论文主要观点和成果的目的。既要对照检查是否运用了已有的所有必要的研究资料，以免遗漏；也要对照检查已有的研究资料是否足以说明论文的主要观点或理论假设，是否需要补充必要的实验，或是否需要修正作者最初的理论假设及论文结论。

第 2 章　科技论文的结构及写作注意事项

2.1　科技论文的常用结构

科技论文的结构是科技论文的科学性和系统性得到保障的基础。恰当的论文结构既包含作者对科技论文所报道的研究提供的必要信息，又能保证读者顺利地发现自己感兴趣的专门信息。

对于在国际英语期刊上发表的科技研究论文来说，最常见的结构是所谓的 IMRaD（Introduction，Methods，Results，and Discussion）结构。当然，科技论文还包括题目、作者、摘要、致谢、参考文献等内容，不过，"引言、研究方法、研究结果和讨论/结论"这几个部分组成了一篇原创研究论文的主体，即论文的正文。

英语论文的基本格式如下：

（1）Title（题目）。

（2）Author(s)（作者），affiliation(s)，and address(es)（单位和地址）。

（3）Abstract（摘要）。

（4）Keywords（关键词）。

（5）Introduction（引言）：你要做什么，做了什么，为什么做？即研究什么问题，问题的性质是什么？

（6）Methods（方法）：你怎样研究这个问题？

（7）Results（结果）：你新发现了什么？

（8）Discussion（讨论）：你对所获结果的解释，讨论新发现的意义何在？（第 5～8 项为大多数原创论文的基本架构，简称 IMRaD 格式）。

（9）Conclusions（Summary；Concluding remarks）（结论）：由结果得出的结论以及你的建议。

（10）Appendix（附录）。

（11）Acknowledgements（致谢）：谁帮助了你，得到了什么基金资助？

（12）References（参考文献）。

其中 Title, Abstract, Methods, Results, Discussion, Conclusions, References 这几项内容是必不可少的，其他内容根据具体需要而定。

论文的标题、摘要和关键词这三者基本上决定了论文能否被期刊采纳和能否引起读者的兴趣。标题应该既能清晰地描述文章的内容，又能反映该论文与其他文献的区别。关于摘要，首先要求是对文章的主题及其所属的领域和研究对象给予简短的叙述，更重要、更严格的要求是对文章的理论或实验结果、结论以及其他一些有意义的观点给出清晰、明确、具体的叙述。可见这三者对一篇论文能产生画龙点睛的效果。

IMRaD 结构是作者对科学研究进行了重新思考，剔除了不必要的细节，合乎逻辑地表述科学研究的基础、主要思想、研究方法和成果的理想模式。这一模式不仅有助于作者的论文撰写，也便于引导读者理解论文的内容，并以最快速度发现自己特别感兴趣的信息。因此 20 世纪以来逐步被学术期刊广泛接受，已经成为实验科学类期刊论文的经典形式，也在其他学科领域的期刊上得到越来越广泛的应用。

不同领域不同学科的科技期刊在选用 IMRaD 结构模式时，可能对原创研究论文各部分的主标题也有自己的习惯、传统和需要。例如，关于描述研究方法和过程的"方法"部分，有的期刊使用"实验（Experiment）"为标题，有的使用"材料与方法（Materials and Methods）"，也有的使用"实验过程（Experimental Procedures）"。

2.2 论文写作注意事项

写论文最基本的要求就是文句通顺，信、达重于雅；表达方式要有所变化，避免复杂的长句；长句和短句、简单句和复合句配合使用。

（1）写作切忌语法错误和拼写错误，这能反映作者写文章的态度。没有必要以太复杂的句子来描述，所谓"simple is good"，这是写论文的一种艺术。

（2）论文中所用到的符号和单位大小写必须一致。例如，如果以 E 来代表效率，则论文中描述相同效率的符号必须全部用 E，不可有些地方写成 e，因为 e 便代表不同的意义了。还有一点必须注意，文章中出现的每一个符号都要事先定义，不能突然冒出一个未经定义的符号。

（3）一篇文章只解决一个问题，而且所提出的解决方法要简单，内容要有一定的广度与深度，方法的每一个步骤必须交代清楚。此外，同时评比要客观，尽量从多方的看法来做论述，要看整个面而不要只针对某一点就妄下断语。

第 3 章　如何写题目、摘要和关键词

3.1　如何构建论文题目

题目要用最少的必要术语去准确描述论文的内容，要做到准确（Accuracy）、简洁（Brevity）和有效（Effectiveness）。题目不但要引领论文总纲，还要画龙点睛，能够很好吸引读者阅读该论文。题目要紧扣论文内容，或论文内容与论文题目要互相匹配、紧扣。确定标题一般应遵从以下原则：

（1）准确反映论文的内容，符合其深度和广度；

（2）客观地描述研究结果；

（3）简明醒目，引人入胜；

（4）题目不宜过长；

（5）题目结构主要有三种：名词词组、介词词组、名词词组＋介词词组。

阅读一篇论文题目的读者数远远多于阅读该论文摘要的读者数，而阅读该论文摘要的读者数远远多于阅读整篇论文的读者数。其主要原因是读者通过阅读论文的题目（或摘要）能在最短的时间内确定一篇科技论文是否能引起他的兴趣，是否对他有价值。所以一篇论文的题目就如同一个商品的标签，既要吸引读者的眼球，激起读者对论文的兴趣，又要便于搜索引擎或数据库的文献检索。

3.1.1　题目的主要特点

鉴于题目的上述两大功能，科技论文的题目必须体现以下特点：

（1）题目应简约、醒目。过长的或面面俱到的题目，不利于读者在浏览时抓住主要信息。对大量科技论文进行的统计显示，发表论文题目较简短的科学期刊得到更高的论文平均被引用的次数。短小的题目更能吸引读者兴

趣，也更容易被读者理解，从而被更多地引用。

（2）题目应包含准确描述论文主要内容的关键词，从而便于搜索引擎在对口的学术领域中准确地搜索到本论文，同时也为读者提供尽可能多的论文信息。

（3）题目本身的含义必须明确。要能被其他领域的专业人员理解，避免使用意思模棱两可的词汇或短语。

各种科技期刊对于其论文题目的具体形式也有各自明确的规定，论文作者必须查阅有关对论文作者的指导，并严格遵照执行。比如，美国物理学会（APS）旗下的期刊规定，题目除了第一个词以大写字母开始，其后的词汇仅在专用或商用名词以及化学符号的情况下以大写字母开始；不允许使用非规范缩略语；必须删除题目起始的不必要的冠词或前置词，等等。

3.1.2 题目的不同形式

（1）名词词组。

一个复合名词词组的中心含义通常是由最靠词组后边的"核心"名词来决定的，题目中词语的排序不同，所强调的重点往往也不同。为了达到科技论文题目简明的目的，论文作者在采用组合关键名词的方法来构建论文的题目时，必须注意这一点。

例如：Constrained stable generalized predictive control.

标题为：约束稳定广义预测控制。

（2）介词词组。

介词的作用并不只是把词汇相互连接成短语，也赋予了短语特别重要的含义，在使用时必须特别注意。例如，evidence for something 指的是对说明某事物或某事件存在的旁证或依据，而 evidence of something 指的是某事物或某事件的实际证据。

介词名词短语在科技论文题目中被广泛地使用，例如：

Bad: Linear programming method of optimization of systems of partial differential equation.

Good: Linear programming method for optimization of partial differential equation systems.

偏微分方程系统最优化的线性程序设计方法。

Bad: Formulation of equations of vertical motion of finite element form for vehicle-bridge interaction system.

Good: Finite element-based formulations for vehicle-bridge interaction system considering vertical motion.

车桥相互作用系统有限元形式的竖向运动方程。

（3）名词词组＋介词词组

例如：Neuro-fuzzy generalized predictive control of boiler steam temperature.

标题为：基于模糊神经网络的广义预测控制及其在锅炉主汽温中的应用。该标题明确表示论文的主题是采用模糊神经网络解决非线性广义预测控制问题，应用对象是锅炉主汽温控制问题。

3.2 如何写摘要

摘要是论文的重要组成部分，高质量的摘要可以吸引读者，反之则可能失去读者，因此，将论文摘要写作规范、表述清楚，就显得非常必要。论文摘要的目的首先是使读者了解论文主要内容，以决定是否继续阅读该论文；其次是供文摘杂志和数据库利用，以方便计算机检索。

现代各种互联网数据库为科学家和科技工作者进行科技文献检索提供了便利的工具。不少检索机构的数据库免费提供论文的题目、作者及单位和摘要。科技工作者可以根据自己学习工作的需要，在有关检索机构的数据库网站上，例如各高等院校的图书馆网站、科学引文索引（*Web of Science*）、谷歌学术搜索（*Google Scholar*）等网站通过使用关键词或者论文作者姓名等搜索自己感兴趣的研究领域的文献。然后他们会从检索到的一系列有关论文的题目、关键词、摘要及其被引用的情况等信息来选择那些值得他们进一步阅读的科技论文。因此，一篇科技论文的题目、关键词和摘要对于论文赢得读者以及提高论文的被引用率至关重要。建议论文作者在撰写自己的研究论文时花费足够多的时间仔细、认真、反复地斟酌推敲后拟定研究论文的题目、供读者检索用的关键词和论文摘要，以便使自己的论文能吸引更多的、专业更对口的读者，扩大论文在学术界的影响力，提高论文被检索和引用的次数。

论文摘要与论文题目一起承担了表述整篇论文的任务，而其长度又受到字数的限制，所以要格外用心。不少论文作者为了准确地表述论文内容，选择在论文撰写的最后来写摘要。

3.2.1 摘要应包含的内容

一篇好的论文摘要应该是整篇研究论文的完整、独立的代表，也就是"be completely self-contained"。读者哪怕不阅读论文全文，也能通过论文摘要基本了解论文的大致全貌和宗旨理念。因此，摘要应该包含如下五部分内容：

（1）目的和范围：指本文主要解决的问题，研究（研制）的前提、目的和任务。避免在摘要的第一句中重复标题或标题的一部分。应删去或尽量少谈背景信息。

（2）方法和材料：精准地描述研究所用的独特的材料和方法，包括对象、方法、手段、所用的原理、理论、条件、材料、工艺、手段、装备、程序等。方法特殊者须注明。在国外可能早已成为常规的方法，在撰写英文摘要时就可仅写出方法名称，而不必一一描述其操作步骤。过程与方法的阐述起着承前启后的作用。开头交代了要解决的问题后，接着要回答的自然就是如何解决问题，而且，最后的结果和结论也往往与研究过程及方法密切相关。

（3）结果和讨论：描述重要结果、实验数据、统计学意义、观察结果或现象、确定的关系、得到的效果、性能等，并说明其价值和局限性。这一部分代表文章的主要成就和贡献，应尽量结合实验结果或仿真结果的图、表、曲线等来加以说明。注意，所描述的重要结果应是重要的具体结果和发现，特别是数据等，避免笼统的描述。

（4）结论：研究结果的分析、取得的主要论点、研究意义或实用价值、应用前景、评价和提出的问题等。结尾部分还可以将论文的结果和他人最新的研究结果进行比较，以突出论文的主要贡献和创新、独到之处。注意：摘要和文章的结论不是一回事，但并不是结论中写了摘要中就不能写，结论中的主要结果应当在摘要中体现。

当然，论文作者也可以根据自己论文的特点，采用其他形式的摘要，有选择地介绍自己最希望读者了解的论文中最重要、最有意义的某几项内容。例如，摘要可以重点强调论文的主要成果和结论。

摘要具有如下特征：

（1）精练：尽可能用精准的语言写出与论文相关的所有内容。使用术语要简明、精练和准确。

（2）客观：客观地陈述论文的主要观点。

（3）一致：与整篇论文的其他部分保持一致，不要包含论文中没有提到的主要内容。选择的数据和信息要有逻辑。

（4）完整：包含论文所有的要点，使之成为一个超级微缩版论文。另一方面，摘要也应该能够作为一个独立的描述，在选定的特定主题上提供一个完整的图景。

（5）简洁：用尽可能少的语言表达论文主题所包含的基本信息。用清晰、简洁、不带批判性的风格写作。

3.2.2　摘要写作技巧

各种期刊对摘要的内容和长度通常有明确的规定，作者应该按照这些规定来拟定论文的摘要。比如，按照 *Science* 杂志的要求，摘要不应超过 200 个词，不应该包括参考文献，不应使用任何缩略语，题目中如果出现缩略语应在摘要中对其加以说明，等等。

鉴于摘要承担了体现论文内容主旨的重任，而其长度受到明显的局限，以下列出了撰写摘要的主要写作技巧。

（1）明确期刊对摘要的内容和形式的要求。

作者在撰写摘要前应检索所投稿期刊对摘要的内容和形式的规定，并仔细阅读该期刊的有关论文的摘要加以比较，以便确定本论文摘要的内容和结构。

要注意，同属一个出版社的不同期刊杂志，对摘要的要求也各不相同。

论文作者尤其要注意的是，即便是同一本期刊，对不同体裁的论文，摘要的要求可能也不尽相同。

（2）紧紧抓住本论文的主要成果和贡献。

对论文的结果和成果进行精心筛选，用最短的篇幅向读者提供最主要的信息。我们建议论文作者在基本完成论文文稿后再着手撰写论文的摘要。这样，作者无论是完整体现出论文各部分的内容，还是以论文的主要成果和贡献为重点的方式来撰写论文的摘要，都能准确无误地向读者传达论文最重要的信息。论文作者应避免在摘要中引用文献、使用缩略语、包含数学公式，也不要过分强调论文的原创性。

（3）运用简单的句型，避免繁文赘语。

（4）使用意义明确的指示性词句。

这样做可以使读者准确理解词句所表达的论文的相应部分的内容。避免使用常用广义词，如 get、take 等，而使用意义明确的狭义词，如 achieve、perform 等。

（5）摘要语态的应用。

一般在论述研究方法和研究过程这一部分，建议多采用被动语态。因为科技论文主要是说明事实，使用被动语态可以省略动作施动者而使行文显得更加客观，还可以使需要强调的事物做主语而突出其地位，这样会更有利于说明事实。此外，被动语态句子在结构上有较大的调借余地，可以扩大句子的信息量。

近 20 年，在一些高级别期刊如 *nature* 和 *Science* 中，越来越多的科技作者使用第一人称，特别是 "We" 的称谓。在论述研究目的、研究结果和做出结论时，主动语态比被动语态表达有力。

3.3 如何选择关键词

紧接摘要之后是列关键词（Keywords）。关键词是为了满足文献标引或检索工作的需要而从论文中萃取出的，表示全文主题内容信息条目的单词、词组或术语，一般国际期刊要求列出 3～5 个。科技论文的关键词是从其题名、层次标题和正文中选出来的能反映论文主题概念的词或词组。

关键词是论文作者向读者（包括科技期刊编辑和审稿者）提供的本论文

内容的关键切入点。适当选择目前研究领域中的热点作为关键词可以增强论文的被关注度。

一般来说，论文作者选择的关键词应该明确指出如下几点：

（1）本论文的研究领域；

（2）本论文的研究课题（特定专题、特定材料等）；

（3）本论文的主要研究方法；

（4）本论文的主要结果。

由于允许的关键词的数量是有限的，论文作者在选用时一定要针对论文的内容，注意突出重点。关键词的词组不宜冗长，而应尽量短小简洁明了。关键词的排列顺序既可以是从一般的研究领域到特定的本论文研究课题或对象，也可以是从本论文研究课题或对象到广泛的研究领域，要避免空间跳跃。

第 4 章　如何写引言

引言的目的是引导读者了解论文的背景、主题和研究的主要成果，从而激起读者进一步阅读论文全文的兴趣。

在国际期刊的论文评审过程中，许多审稿人对于论文的评判很大程度上依赖于引言的撰写。由引言可以看出作者试图解决什么样的问题，该问题是否具有重要的理论意义或应用价值。如果这些问题没有说清楚，则会影响到评审专家对整个论文的评判。即便审稿人对论文的具体内容非常熟悉，论文引言的质量也会作为其评判的重要依据。论文引言的撰写，是科技论文写作最为重要的组成部分。

4.1　引言应包含的内容

引言部分首先要告诉读者的是尚待研究的问题的背景和定位，即陈述问题，告诉读者为何要做此研究，但应避免介绍人所共知的普通专业知识，或教科书上的材料。接着要说明研究的立论基础、相关文献及此研究的妥当性（why the work is important）。

一般来说，论文引言应该包含如下四个内容：

（1）介绍本论文所在的研究领域。论文作者自己对于研究背景可能已经很熟悉了，而论文的读者却并不一定了解。对于研究背景的介绍应该从比较广的学术领域以及多数读者已经接受的事实开始，逐步过渡到本论文所涉及、关注的专门领域以及最近一段时期发现的新事实，从而为读者构建起本论文的完整的研究背景。这里，合理地引用参考文献尤为重要。如果本论文质疑或发展了其他人的研究，应该介绍并说明前人研究的主要发现。

（2）指出本论文要解决的问题。指出目前本研究领域中存在的尚待解决的问题，或者认识应该提升到的新高度，或者已发表文献中存在的问题。说明为什么本论文所要解决的这个特定问题对于本领域乃至本学科是有意义的。也就是我们常说的研究的动机和目的。

（3）指出本论文的创新点。明确地说明本论文通过什么新理念、新思路、新方法来解决这个问题，从而让读者把握论文的主要思想及其创新点。

特别是比较短的论文引言，可以用一两句话简单介绍一下某研究领域的重要性、意义或需要解决的问题，接着是文献综述，然后介绍自己研究的动机、目的和主要内容。

另外，每个刊物的引言写法其实并不完全相同，内容方式上是有所区别的。因此，在确定投稿期刊之后，要好好地研究该期刊的引言特色，有的放矢才能提高成功的概率。

4.2　引言的写作

4.2.1　合理引用参考文献

在国际期刊的论文中，文献回顾是引言中最为重要的组成部分。一般来讲，作者应该将该领域中前人的重要贡献都列出来，在详细分析之后进一步说明自己研究工作的背景及动机。既要表示自己对同一研究领域里其他学者曾发表的相关研究十分熟悉，也要反映自己的研究工作和这些学者过去研究工作之间的关联和区别。文献回顾可以反映论文作者的科学态度和论文具有真实、广泛的科学依据，也可以反映该论文的起点和深度，更能方便地把论文作者的成果与前人的成果区别开来。这不仅表明了作者对他人劳动的尊重，而且也免除了抄袭、剽窃他人成果的嫌疑。同时，读者通过文献回顾，可方便地检索和查找有关资料，以对该论文中的引文有更详尽的了解。

引言中引用的参考文献要仔细加以选择。引述文献要引用一些最直接相关的文献而不要回顾详细的历史（除非是学位论文），以便提供更重要的背景材料。引言部分只介绍论文总纲，起到定向引导的作用。

引用文献时应严格遵从投稿期刊对于格式的有关要求。

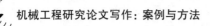

4.2.2　语法：动词时态 I，现在时/过去时

引言部分经常牵涉到的语法问题有：介绍研究领域引用文献时动词的时态用一般过去时还是用现在完成时？罗列本论文的成果贡献时动词的时态用现在时还是一般过去时？是否正确地使用时态有时会影响到句子乃至论文的含义。

一般来说，过去已经发生了的事情，如某个观察（Observation）用过去时；现在仍然成立的事情，如某个推论（Deduction）用现在时。所以，同一句句子中有时会存在过去时和现在时两种不同的时态。例如：

Einstein showed in 1907 that E equals mc^2.

上句中主句中的动词为过去时，因为爱因斯坦在 1907 年时已经得出这个结论；而从句中的动词为现在时，因为爱因斯坦所指出的结论仍然成立。

（1）一般过去时/现在完成时。

一般过去时/现在完成时这一对时态经常能在引言部分看到，也都有用。我们应该了解两者之间的差别，了解在什么情况下应该使用什么时态。

语法书上经常会看到类似如下的例子来说明这两种时态的差别：

过去时：I lived in Shanghai for four years … （隐含 but I do not live there anymore.）

现在完成时：I have lived in Shanghai for four years … （隐含 and I still live there now.）

不过，请注意如下例子：

过去时：I broke my glasses … （隐含 but it does not matter, I repaired them.）

现在完成时：I have broken my glasses … （隐含 so I cannot see properly now.）

所以，这两个时态的差别不仅在于事件发生时间上的不同，还在于已经发生的事件是否与当下相关。后者在科技论文的撰写上尤为重要。

（2）一般现在时/一般过去时。

在科技论文中，现在时通常用来表达被普遍认同的事实和真理。如：

a) 用 paper, thesis 或 dissertation 等表示论文提供资料的行为，重点在于介绍新的技术或方法、分析某个问题或提出某个论证。由于论文提供资料的行为是不受时间影响的事实，所以通常使用一般现在时。如：

The purpose (aim, objective) of this paper is to analyze the effect of X on Y.

In this paper, experimental results are presented to show that X.

b) 采用 study，research，investigation 或 experiment 等来介绍研究活动，重点在于提出某个调查或实验结果。由于句中所涉及的是已经结束的事情，多使用一般过去时。如：

The purpose of the experiment reported here (The aim of this study, objective of this research) was to investigate the effects of adding X to Y at various temperatures.

4.2.3　引言部分的语言特征与常用句型

科技英语引言讲究逻辑上的条理清楚和思维上的准确严密，语言要求准确、清楚、简洁，表达要直截了当。

关于确立议题的常用句型：

- ... is a central issue in ...

- ... and ... are of particular interest and complexity ...

- For a long time, it has been the case that ...

- Most accounts/reports/publications claim/state/maintain that ...

- One of the most controversial/important/interesting issues/problems (recently/in recent literature/media reports) is ...

- In the last decade, much effort has been devoted to making this enormous amount of multimedia information easy to access by users.

- ... has attracted extensive attention due to computational and storage efficiencies of ....

- ... one of the promising alternatives that aims to provide a communication medium by using the ...

关于先前研究结果的常用句型：

- There have been a great number of studies in ...

- Ample researches have been conducted.

- Many ... methods have been proposed.

- ... plays a/an fundamental/important role in ...

- Many ... methods have been proposed. The existing ... methods can be categorized into ...

- The pioneering implementation of ... using ... was carried out by the ... laboratory in the early 2010s.

- In last couple of years, ... research has shown that it is capable of achieving ...

关于研究不足的常用句型：

- Although much research has been devoted to A, little research has been done on B.

- While much work has been done on A, little attention has been paid to B.

- While many researchers have investigated A, little work has been published on B.

- Although many studies have been published concerning A, few studies have investigated B.

- Although much literature is available on A, few researchers have studied B.

- There are still no observations at present about ...

- Little research results have been reported at this point concerning ...

- These studies have not taken ... into account to provide the picture of ... in ...

- It is difficult to obtain satisfied reports about ... from the relevant researches.

- Research about ... needs to be further conducted from the perspective of ...

- More knowledge of ... should be obtained through further studies on the . . .

- However, existing works merely focus on summarizing . . . while ignoring . . .

- The previous research on . . . is doubtful and over-simplistic.

- Few studies have . . .

- More work is needed.

- Little work has been done on . . .

关于研究目的的常用句型：

- This paper/experiment/study/present study/survey/project investigates/examines/tests/reports/discusses/describes/calculates/analyses/proposes/demonstrates/evaluates/measures . . .

- The main purpose/aim/objective of this project/research is to analyze the effect . . . of . . . on . . .

- The present experiment is undertaken . . . aiming to achieve . . .

- This paper presents/reports/describes/discusses the results of experiments in which . . . was mixed with . . .

- In this paper, we propose a new algorithm for sorting . . .

- In this paper, . . . methods via . . . are proposed.

- The chief aim/main purpose/primary object/major goal/principal objective of the experiment/study/research is . . .

- This article aims at discussing new developments in . . .

- The experiment is designed to test the new . . .

- The experiment is intended to present that . . .

- In this paper, we aim to . . . by discussing the . . . research issues.

关于研究结果的常用句型：

- Our experiment/project shows/indicates . . .

- The results of the present research confirm/support . . .

- Experimental results demonstrate that the . . .

- The results reveal that our method can . . .

关于论文结构的常用句型：

- This paper proceeds as follows.

- The structure of the paper is as follows.

- To begin with, we will provide a brief background on the . . .

- This will be followed by a description of the problem and detailed presentation of how the solution functions.

- As shown in . . .

- The paper is organized as follows.

- In the next section, after a statement of the basic problem, various situations involving possibility knowledge are investigated: firstly . . . is proposed; then the cases of . . . is studied; lastly . . . is considered.

- This paper provides a review of the extant research on . . . topic.

- The paper is organized as follows.

- Based on the review, we then outline a list of challenges that need to be addressed in future research to . . .

对于结构比较复杂且篇幅较长的论文，可简单地描述论文的结构。如：

- The conclusions of the paper are stated in Section 5.（现在时）

- Section 5 presents concluding remarks.（现在时）

- Section 3 will describe simulations in which the proposed algorithm is tested using three data sets.（将来时）

- In Section 4, we will present experimental results that confirm the effectiveness of the proposed method.（将来时）

第5章　如何写研究方法

5.1　研究方法的写作

（1）站在读者的立场。

研究方法部分的目的是让读者能重复本论文的研究，得到与本论文类似的研究结果。所以论文作者在撰写研究方法时应该先做一个换位思考，设想一下自己作为一个新手来重复别人的研究工作的话，会向别人问哪些问题，希望从老手那里得到哪些信息。

所以，作者要翔实地介绍本论文特有的研究方法和实验途径，要精准定量地提供必要的信息，如"30 degrees higher（高出 30 度）"。切忌使用意义不明确不定量的形容词来描述，如"a higher temperature（较高温度）"。

（2）直截了当。

研究方法应该向读者提供对取得本文成果的方法、途径的总结。每个作者在各自的研究过程中都可能曾经走过一些弯路，经受过一些失败或挫折。作者不应该在论文中向读者陈述这些不必要的弯路或死路后，再向读者指出"此路不通"；而应该基于自己已有的经验，直截了当地向读者指出抵达成功的路。

（3）重点突出。

在详尽地提供必要信息的同时，要做到重点突出。特别要把重点放在对新方法的描述上。既详细地描写其独特之处，又指出可能出现的问题。

5.2　研究方法的写作要点

（1）解释研究工作是如何完成的。例如，明确清晰地描述实验设计、仪器、测量方法或收集数据的方法以及控制条件（如果有的话），并给出数据分析方法。

（2）应适度详细和清楚，以便让其他研究者重复该研究成为可能。

（3）如果一些复杂的研究方法已经在以前的期刊上清楚地呈现，可以直接进行引用，给出方法的名称和参考文献，而不需要进行详细描述。

（4）为研究者所熟知和经常使用的本学科领域的标准研究方法，不需要进行详细描述并给出细节，也不需要引用文献。

（5）如果研究步骤和研究方法是未发布过的新方法，则必须提供重复这些方法所需的所有细节；如果对一些标准研究步骤和方法进行了修订，也必须给出所有细节。

（6）使用普通的统计方法，不需要作解释；但是高级或不同寻常的统计方法则需要解释和引用文献。

（7）不要把研究结果与研究方法和步骤混在一起。

5.3　研究方法采用的语态和时态

主动语态句子中的主语是行为的实施者；而被动语态句子中的主语是行为的接受者，一般情况下行为的实施者略去不提。

科技论文"方法"部分经常使用第三人称被动语态，因为读者的着眼点是实验方法、采用的材料，以及实验步骤；而行为的实施者，通常就是论文作者，则不必特别强调。

20 世纪两篇著名论文的开篇部分，一篇是 1972 年诺贝尔物理学奖获得者发表在 *Physical Review* 上的著名论文 "Theory of superconductivity"。这篇论文以被动语态开篇："A theory of superconductivity is presented ...。另一篇是发表在 *Nature* 杂志上的著名论文 "Molecular structure of nucleic acids: a structure for deoxyribose nucleic acid"，最终决定了 1962 年的诺贝尔生理学或医学奖。这篇论文以主动语态开篇："We wish to suggest a structure for the salt of deoxyribose nucleic acid (D. N. A.) ..." 由此可见，最重要的是明确无误地表达句子的意思以及论文的主题，而不是使用哪种

语态。

特别要注意的是，科技论文中不使用第一人称单数，无论是主动语态（如，I deposited . . .），还是带行为主体的被动语态（如，. . . were deposited by me）。

在科技论文中现在时通常用来表达被普遍认同的事实和真理。这一点也适用于被动语态。比较下列两句被动句：

(1) 若描述的内容为不受时间影响的事实，采用一般现在时。如：

A twin-lens reflex camera is actually a combination of two separate camera boxes.

(2) 若描述的内容为特定过去的行为或事件，则采用过去时。如：

The work was carried out on the Imperial College gas atomizer, which has been described in detail elsewhere.

第6章　如何写研究结果

研究结果是一篇科技论文的关键。研究结果是作者撰写论文的缘由，也是作者与读者进行学术交流的主要内容。一篇科技论文是否优秀，首先取决于研究结果是否优秀、是否原创。论文的研究结果不仅决定了这部分内容本身的结构，也决定了整篇论文其他部分的内容与结构。

作者在确认了自己准备投稿的刊物后，应该仔细查阅刊物及其网站上为作者专门提供的网页，了解刊物的要求和常用结构，结合自己论文的内容特点选择决定论文的形式，以便更有效、更明了地报道自己的研究结果、阐明自己的学术观点、指出自己的研究成果。

6.1　研究结果应包含的内容

一般来说，科技论文的研究结果包含以下五个方面的内容：

(1) 综合介绍本论文的研究新成果。

(2) 详细地描述本研究的主要结果。这是研究结果部分最重要的内容。叙述实验结果和讨论时，必须说明现象发生的原因和机制；

(3) 本研究结果与作者的预期或理论模型作比较（如果论文的研究工作或实验设计是由理论模型驱动的话）。在论文结构采用分立的结果部分和讨论部分的情况下，只作描述不作评论。

(4) 本论文的研究结果与同行研究结果作比较。在论文结构采用分立的结果部分和讨论部分的情况下，只作描述不作评论。评论和解释说明等应该留待在论文的讨论部分进行。

(5) 本研究结果中可能存在的问题以及本研究的不足之处。解释表中数据或图中形象时，应逐一回答表或图所显示出来的问题。

其中最主要的内容应该是（2）和（5）。

建议本书读者挑选一篇本专业的论文，按以上的方法对其研究结果进行逐句分析，进一步了解研究结果应该包含的内容和写作方法。

6.2　研究结果的写作

6.2.1　合理逻辑地划分章节段落的重要性

合理的章节段落的划分，是让读者正确理解所报道的研究结果、理解论文主旨的保证。在研究过程中，我们通常会对同一个学术问题使用不同的实验技术、采用不同的实验样品、从各种不同的角度来进行考察研究。所以一篇科技论文通常也会包含多个层次上的研究结果。论文作者撰写报道研究结果时应该如何组织这些结果，如何合理地划分章节段落？

论文作者要把握本论文所要解决的问题、所采用的途径方法、所得到的实验结果和所要说明的问题这条逻辑主线。要紧扣住最重要的那些结果，注意各个结果之间的内在关系，以及各个研究结果与论文所要解决的问题或要证明的假设之间的推理论证的逻辑联系。按照结果的重要性的顺序或说明问题、论证假设的推理逻辑来组织研究结果。切忌不加思考，只是按照自己研究的前后过程、实验的先后顺序逐一地记录各个结果的流水账。

合理的章节段落的划分，来自对本论文的研究结果的深入理解和综合分析。

6.2.2　写作技巧

（1）明确强调主要结果。

作者在撰写研究结果时应牢牢把握论文引言中提出的本论文要解决的问题和主要思想，重点强调最主要的结果。

在研究过程中，我们会得到大量的数据和图片。其中有不少是作者出于审慎，进行了必要的重复实验得到的。在科技论文的研究结果中，作者应该报道那些能最明确地展示自己突出研究成果的有代表性的数据和图片等。不要面面俱到，不舍得放弃。要避免重复报道类似的结果。要避免报道由于研究过程中考虑不周、经验缺乏、仪器设备运转失常、数据采集不完全、甚至课题设想或实验思路有问题等原因而得到的错误的或不完整的结果。科技论文应该报道研究工作的成果，而不是报道这些谬误，除非造成谬误的原因可能会帮助读者避免不必要的错误。

当然，按自己的意愿篡改实验结果，例如为了"美化"实验曲线，任意地舍弃不在曲线上的数据点或添加制作人为"数据点"，或通过处理手段改动图像等，均可构成科研欺诈，必须坚决杜绝。

(2) 描述清晰说明精准。

论文作者应该对研究结果给以明确的描述。尽可能给出定量的数值，并且按照自己的观点，给数值以精准的说明。

对于一个数据，论文作者如果不作任何说明的话，读者并不一定知道这些数值的内在含义是什么，所以需要作者对数值做出说明。作者对于数值量，包括统计数字的明确意义的精准说明对读者准确理解研究结果非常重要。

(3) 合理使用图和表。

英语的一句谚语说："A picture is worth a thousand words." 意思与汉语的"百闻不如一见"类同。

实验数据或原数据是研究结果的重要组成部分。收集、分析并展示这些数据是获得新结果、总结提出新模型、证实或否定新理论的重要途径。对这些数据结果是采用图还是表的形式来展示，取决于论文阐述的需要。一般来说，图有利于显示整体趋势，而表更有利于显示准确的数据数值。

要注意的是，图和表本身不是研究结果，不能替代语句陈述。作者必须对所展示的图或表作详细的描述并明确阐述其所体现的结果。有些论文只把实验所得到的图片一连串地展示出来，或者把一大堆数据在表中一一列出，而不加任何组织语句描述和说明。这种让读者自己去对图片或数据做比较，从中发现结果的做法是完全错误的，必须避免。

使用图和表都是为了更简明地向读者展示研究结果。所以，用少量文字就已经能够说明的问题建议不用图，尽量不用可有可无的图。

(4) 文字概括简练。

尽可能地避免使用长句。浓缩才见精华，简练的短句更能清楚地向读者展示论文的研究结果。

例如，"It has been found that the secondary effects of this drug include . . ." 可以精简为 "The secondary effects of this drug include . . ."

又如，比较下面这个句子及其改写后的版本：

原句：Because two different kinds of carbon diffusion coefficient are preset in the test, simulation tests and related basic parameters in the paper can be divided into two parameter sets：. . .

改写后：In this papers, two groups of numerical simulation tests have been carried out with two different parameter sets：. . .

很明显，改写后的句子不仅简短精练，而且更容易让读者理解该句所要传递的信息：论文所报道的两组数字模拟使用了两组不同的主要参数。

此外，作者要避免在论文中使用不必要的符号和定义，要避免泛滥的缩写和过多的公式或方程式编码，除非这些符号、缩写以及方程式还会在下文中再次被运用或提到。

6.2.3 语法：动词时态 Ⅱ，一般过去时/一般现在时

研究结果经常用的动词时态是一般过去时/一般现在时这一对时态。

（1）描述研究结果一般来说是基于过去的事实，所以通常使用一般过去时。例如：

At first, this hardened very slowly . . .

Dislocation cell walls consisted of both dense and loose examples.

（2）介绍研究结果，引入图表时常用一般现在时，例如：

The distribution of strain is shown in Fig.5.

The main results of cyclic stress-strain responses of the crystals are surveyed in Table 2.

（3）当作者的技术或方法的性能与其他学者曾提出的技术或方法的性能比较时，可使用现在时（暗示是普遍有效的推论）或者过去时（只有在特定的情况下才有效）。如：

The values predicted by our model have a smaller degree of error than that generated by Rickert's model do. （作者认为句子内容为普遍事实。）

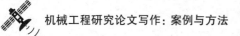

Our algorithm required consistently less processing time than Chen's algorithm.（作者只是指出在特定实验中，自己的算法比陈氏算法所用的时间少。）

6.3　图和表格

6.3.1　使用图表的注意事项

（1）所有图和表都必须在科技论文正文中引入，并按照其在文中首次出现的前后次序编号。注意保持整篇论文中图和表的风格基本一致，并符合各期刊对图表格式的规定。

（2）不允许制造和修改数据，不允许删除重要的数据，不允许对图片作任意篡改。凡是做过数据处理的图片都必须加以明确的说明。

（3）每个表格都应该有相应的标题，每个图都应该有详细的解说词（Caption）。一般来说，解说词应给出该图要说明的主要观点，使读者不需要阅读论文的正文，就能明了插图的意思。也就是说，表格和插图都应该表述自明。

（4）注意数据的有效数字。无论是在论文正文还是图表中，都不应该包含任何对变量测量精度毫无意义的小数点后的数字。例如，637.245 ± 52.386，应该表示为 637 ± 52。不考虑有效数位、使用过度和毫无意义的数字会给读者和审稿人留下不良的印象，因为这表明作者只注重数字和统计，而并未考虑数据的实际意义。

此外，建议论文作者使用科学计数法，例如 $0.000\,32$ 应该表示为 3.2×10^{-4}（除了整数以及 $0.1 \sim 10$ 之间的小数外）。

6.3.2　如何设计和作图

插图应与论文的内容密切相关，应能协助读者理解论文的主旨和研究结果。所以，科技论文中的图除内容务必正确，还应该简明易懂、主次分明、组织紧凑、画面清晰、尺寸适当，否则的话，插图不仅没有达到效果，还会适得其反地造成读者的困惑。

插图大致可以分为数据图、线图、图片等几类。

一、数据图

最常见的展示数据的图有坐标图、直方图，以及饼状图。

（1）坐标图（Line graph，折线图）。坐标图主要用来显示不同变量之间的变化关系和变化趋势。

① 坐标轴，标目及标值。

（i）确定横坐标和纵坐标。通常的习惯是使用横轴表示自变量（实验中可控制的变量），纵轴表示因变量。横轴由左向右，纵轴由下向上递增数值。坐标同时有量和单位，两者间应该用"/"分隔或把单位放在括弧"（）"中。

（ii）选取合理的坐标轴区间，务必使内容合理、舒适地分布在整个图上。

（iii）标值设置间隔合理，标值不宜过密或过疏。前者造成读者目不暇接，后者使读者难以得到曲线上点的相应数值。

（iv）直接使用从测试设备上得到的曲线图时，要特别谨慎地处理。因为这些曲线图往往由计算机自动按照实验数值的范围选取一定的标值，不仅可能把标值选在任意小数上，而且不同样品之间坐标轴区间也可能不同，很难进行相互比较。解决的办法是，论文作者取得原始数据后对数据进行整理，重新作图。目前有各种电脑制图软件（如 Excel、Origin 等软件），很方便论文作者自己作图。

② 曲线标识。

作者既可以通过选用不同的线型（实线、虚线、粗线、细线等）以及曲线点的形状（圆点、方点、菱形等）来区别不同的曲线，也可以直接在曲线上标记。

（2）直方图（Histogram/Bar diagram）。直方图也称柱形图，主要用于显示变量的对比关系。

直方图的一大优点是能比较相互间独立的变量的数值。

注意，当需要强调个体数据时，例如医学论文中展示患者个体的数据，折线图往往比直方图更加适宜。

（3）饼状图（Pie diagram）。饼状图主要用于研究对象的统计分析，显示其各组分的含量关系。

二、线图

线图包括机械图、电气图、流程图、示意图等。机械图、电气图以及流程图提供了结构或实验的直观信息，使用非常广泛。而示意图可以把比较繁复的结果或理论模型设想等信息归纳浓缩总结在一张图里，便于读者理解。

内容图（Graphical table of contents）的目的是吸引读者，让读者不需要阅读论文正文，在浏览目录时便能迅速得到对该论文的关键内容的视觉印象，从而选择继续阅读论文全文。这种内容图通常不带解说词，所以要求论文作者既要牢牢抓住论文的主要结果，又要明确显示论文结果的实现途径和理念。

三、图片

图片可以是照片（Photograph/Micrograph），也可以是利用各种信息制作成的像图（Image）或分布图。对照片和图像的要求是影像清晰、层次分明。论文作者可以适当地调节图片的亮度或衬度以便改进其清晰度，但决不可故意增强、模糊、去除或添加某个特征，后者将导致论文欺诈行为。图像的尺寸大小的设计，除了考虑作者要显示的信息外，也要参照投稿期刊的版面要求。特别要注意的是：

（1）应用比例尺在图片上表示图的实际尺寸。避免使用放大倍数来表示图片的尺寸，以防止排版印刷过程中由于缩放而引起的尺寸差错。

（2）使用图片标注向读者提供必要的信息。图片标注应清晰一致，要避免同一幅图中标注大小不一致，注意防止因为图片的缩放而引起的标注不清的问题。

（3）明确给出像图的成像条件。例如两幅透射电镜像的各自成像电子衍射条件。

（4）内容紧密相关的图片不宜单独成图，而应作为一张图的几个部分组合在一起，以便于相互比较和逻辑简明的说明。这时，各部分图片的比例尺、标注字体、图片衬度、背景等应尽可能保持一致。

6.3.3　如何设计和制表

表格与数据图一样，是显示数据的一种形式。表格的最重要的特点是向读者提供精确的数字结果。

（1）表格的形式。

表格的形式应该严格按照期刊为论文作者提供的作者指南中的要求和规定制作。一般来说，表格应该简明、有条理、突出重点，要避免不作任何整理地直接使用计算机的表格输出。

典型的表格采用三线形式，一线置于表格的标题和表身之间，一线置于表格的列头（Column heading）和数据之间，一线置于表身和表格的附注之间。

（2）表格的标题。

表格的标题说明表格的主要内容，让读者不需要阅读论文正文就能理解表格的内容。

（3）表格的栏头。

栏头包括列头（Column heading）和行头（Item）。

列头通常给出变量的名称和单位，是读者理解表中数据的关键。

行头通常给出表体中相关行的数据的所属。

（4）表格的附注。

由于篇幅或空间的限制，表格栏头可能会采用单词的缩写。此外，对于表中某个数据的采集使用的特殊方法，或者变量采用了特殊的定义等情况，论文作者必须在表格的附注中逐一加以详细说明。

第 7 章　如 何 写 结 论

结论是读者看到的最后一部分，这是作者最后一次强化论文的要点，努力说服读者、给读者留下深刻印象的机会，也和引言的研究意义形成前后对照，给读者有头有尾的完整感。所以结论应总结论文要点并解释其重要性。

对研究结果产生的科学意义和实际应用，应实事求是，适当留有余地，也表明科学工作者严谨和谦虚的科学态度，针对研究结果提出相关建议时，可使用情态动词，如"could""may"或"likely""seem"之类的词。

结论部分作者还可以为未来本研究议题的研究提供一至两条建议，但不要提出在该研究内本该谈及的建议，这样会表明作者对数据的检验和诠释不够充分。

结论究竟安排在哪个主标题下，应该根据论文成果表述的需要，并符合期刊的要求和常规。结论的内容通常包括：

（1）本研究得到的最重要的论点。包括最重要的研究结果，以及对结果的认识、解释和建立的理论模型。

（2）本研究的主要成就和贡献。在研究结果的基础上，指出论文的主要成果以及在本领域的地位。

（3）成果的应用前景，研究的进一步深入。

结论要写得简明，特别要注意不能简单地重复摘要、引言、结果或讨论各部分中的表述；更不应该杜撰或任意添加在研究结果里毫无涉及的内容作为所谓结论。

第8章 如何写作者署名、致谢、参考文献

8.1 作者署名与单位

当下的科学研究往往需要多学科多单位多个研究人员间的交流、协同和合作。正确的作者署名对一篇研究论文来说非常重要：一方面，确认其对所发表的研究论文做出了学术研究贡献，另一方面，也明确指出此人对该研究论文应负的责任和义务。

通信作者是课题总负责人，承担课题的经费、设计、文章的书写和把关。他也是文章和研究材料的联系人。最重要的是，他担负着文章可靠性的责任。通信作者的好处是能和外界建立更广泛的联系，负责与编辑部的一切通信联系和接受读者的咨询等。第一作者一般是正文工作中贡献最大的研究人员。此作者不仅有最多和最重要的图表（即体力上的贡献），也是文章初稿的撰写人（即对正文的智力贡献）。有些杂志甚至声明只有体力上的贡献不可以作为文章的作者，但可以致谢。实际上，从知识产权上来说，研究成果属于通信作者。

署名时，还应标明作者的工作单位（Affiliations）、工作单位所在地（Addresses）及邮政编码（Postcodes），工作单位应写全称并包括所在城市名称，如：

Shanghai Key Laboratory of Intelligent Manufacturing and Robotics, Shanghai University, Shanghai 200444, P. R. China

有时为进行文献分析，会要求作者提供性别、出生年月、职务职称、电话号码、E-mail 等信息。

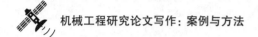

8.2　如何致谢

致谢通常作为一个段落紧随论文的主体之后，而在其他附录及参考文献之前。所有对论文有一定的贡献但又不够作者身份的人和单位机构都应该在致谢中逐一列出，以表示论文作者对其贡献的认可和尊重。

致谢的对象一般包括：

（1）为研究工作提供了技术帮助、或直接参与了实验观察的实验人员、协助提供实验材料或数据核对的人员；

（2）协助资助申请、或提供设备支持的人员和部门；

（3）对论文文稿的撰写、展示、修改等提出建议或对论文的讨论部分提供帮助的人员（一般来说，不包括期刊编辑及审稿人）；

（4）论文研究的财政资助，包括基金项目和研究合同等。

如：This work is partly supported by the National Natural Science Foundation of China, No. _____.

8.3　如何写参考文献

附在论文后面的参考文献，既交代了与论文研究相关的科学依据，又显示了作者对前人科研工作的尊重，同时也便于读者进一步追溯、查证和参考有关资料。这些参考文献大部分是在引言中文献回顾所提及的与本研究相关的重要的前人研究成果。尽管在国际上不同的刊物对论文参考文献的写法要求有所差异，但基本的内容和格式则大致相同，且有标准化和一致化的趋势。

8.3.1　参考文献的正确引用

要保证参考文献的正确引用，必须注意以下几点：

（1）正确理解主要文献。论文作者应当亲自阅读并正确理解所有在参考文献中列出的文献。切忌盲目复制他人论文中引用的文献。

（2）以原始文献为主。适当引用综述文献，有利于读者了解掌握本论文研究领域的全貌，得到比较全面的文献纵览。但综述文献有时并不一定准确地反映原始文献的本意。在具体讨论时，论文作者应以直接引用原始文献为主。

（3）避免抄袭。对论文中所有从其他出版物中所提取的信息，作者都应该提供资料的来源。避免使用任何他人未发表的数据。在援引文献的观点时，论文作者应该使用自己的语言来描述和归纳，避免整段摘录文献中的原话。

（4）保证前沿性。应优先引用最新的研究文献。论文的酝酿和撰写过程有时会持续比较长的时间，作者要注意随时追踪研究领域的最新文献并更新论文参考文献的名录，以保证参考文献的前沿性，并且避免引用已被撤回的论文。

（5）避免不必要地引用作者本人的文献。研究工作通常具有延续性，所以论文经常会引用作者本人的一些文献。要注意避免过多地引用作者本人的文献；特别不应该出于提高自己文献的被引用率的考虑，而引用与本论文内容无关的本人的文献。

（6）避免引用下列文献：无法检索到的文献；一般教科书。

8.3.2 参考文献标引的方式和名录的格式

每个科技期刊或科技期刊出版机构对于文献在论文中标引的方式以及在参考文献名录中列出的格式都有明确的规定，论文作者必须查看并严格遵循。一般来说，要注意以下几点：

（1）参考文献通常以其在论文中被首次提到的前后次序编号。最常用的在论文中标引文献的方式是采用编号的上标（Superscript），也有的期刊采用同行方括号内加编号的方式。但也有少量期刊，采用以作者姓名及论文发表的年份的方式标引文献，如（Jin and Winter，1984b）。

（2）提供详细信息。在参考文献的名录中应该提供给读者在图书馆或互联网上查找到文献的所有详细信息。对于非英语文献，应给出文献的原始题目，并在括弧中给出英语翻译。

（3）根据期刊要求调整参考文献的格式。各期刊对参考文献的名录中如何给出参考文献编码、作者姓名、文献标题、文献出处、发表年月和页码等都有极其详细的规定，论文作者应该严格按照这些规定调整名录中参考文献的格式。

第 9 章　论文稿的撰写、修改和编辑

9.1　请人帮助阅稿

请几位朋友或同学、同事阅读你的论文稿。这些"读者"如果是绝对的同行专家，他们能向你指出你所使用的概念是否有错误、引用同行文献时是否正确、推理是否有逻辑性。如果不完全是同行，他们能告诉你你的阐述是否主题明确、清晰易懂。你必须事先明确地告诉这些"读者"，你对他们的期望是什么：说明自己不只是请他们为你改正论文中的拼写失误、纠正语法错误；更为重要的是请他们告诉你，在阅读论文的哪些部分时，他们迷失了方向；论文的哪些段落和词句，他们不能理解，等等。这些评论可以帮助你了解论文撰写的问题所在，让你把论文改写得更好。

9.2　论文稿的文字修改

非英语母语作者需要注意的表达问题：

（1）句子内容的连贯性。

（2）论述的逻辑性。

（3）语法的正确程度。

（4）作者熟练使用语言表达论点的能力。

（5）论文中各部分的组织结构是否层次分明，等等。

文字修改的着眼点首先应该放在明确性（Clarity）和简约性（Brevity）上。建议论文作者按如下顺序修改论文稿的文字：

（1）使用电脑的文字自动修改程序。必须注意的是，电脑的文字自动修

改程序只能检查出拼写错误的词汇，而不能检查出意思错误的词汇。

（2）删除不必要的词汇和词组。

（3）避免长句。一般来说，句子长度尽量不要超过 20 个词汇。可能的话，尽量不要使用复杂的句型。

（4）避免冗长的段落（Paragraph）。过长的段落往往会使读者不知所以。一般来说，每一小段文字不要超过 150 个词。每一小段都应明确地指出作者想要说明的主题。

（5）检查语法的正确性。逐句检查语法，如：名词单复数形式是否合适、名词前冠词使用是否正确、主语与谓语是否一致、动词时态是否正确、主从句间的关系是否明确、使用的连接词是否合适、标点符号是否规范等等。

（6）加强论述的流畅性。注意在各句子之间使用关联用语，注意使用各段落之间连接过渡的句子。

（7）请能帮你改进论文英语水平的人提供帮助。他们可以是英文比你好的同学、去过西方留学的同事老师、外国留学生，或者请教为各类论文、基金、文书提供英语编辑服务的机构等。

第 10 章 投稿及发表

10.1 投稿信

论文作者在投稿时必须附有一封投稿信（Covering letter）。通过电子邮件投稿时，投稿信应该存储为文件后作为一个独立的附件；在线投稿时，作者既可以把投稿信打字（或复制）直接输入，也可以作为单独附件上传投稿系统。

各个期刊对投稿信有不同的内容要求，可以在期刊的作者指南中得到。投稿信应该简明扼要，主要包括以下内容：

（1）说明手稿的题目和作者。

（2）陈述拟投稿的期刊及栏目。

（3）陈述论文的研究重点、创新性、意义和目标读者群。

（4）提供作者的通信地址、电话、电子邮箱、传真等联系信息。

（5）按照期刊要求，提供推荐或须回避的审稿人名单以及详细通讯信息（为了保密起见，这部分内容也常常存为分立的文件）。

模板 1

Dear Prof. ××,

This is a manuscript by ×× and ×× entitled "...". It is submitted to be considered for publication as a"..." in your journal. This paper is new. Neither the entire paper nor any part of its content has been published or has been accepted elsewhere. It is not being submitted to any other journal.

We believe the paper may be of particular interest to the readers of your journal as it ...

Correspondence should be addressed to ×× at the following address, phone number, and email address: ...

Thanks very much for your attention to our paper.

Sincerely yours,

××

模板2

Dear ××,

We would like to submit the enclosed manuscript entitled "..." which we wish to be considered for publication in ×× journal.

We believe that two aspects of this manuscript will make it interesting to general readers of ×× journal. First, ... Second, ... Further, ...

Thank you very much for your considering of our manuscript for potential publication. I'm looking forward to hearing from you soon.

Best wishes.

10.2 论文审议接受出版的过程

论文文稿通过在线投稿系统到了期刊主编或指定审议的期刊编辑手中，由他们进行初审，以决定是否对论文稿进行下一步的审核程序。出于对审稿人的尊重，期刊编辑通常不会让审稿人审阅有明显问题的稿件。稿件可能由于以下原因未通过初审被编辑直接拒绝（Reject）：

（1）文稿的内容不在期刊的范围内。

（2）文稿存在明显的学术错误。

对于文稿被拒绝的情况（1），编辑有时会在拒稿时向作者建议更合适论文稿的期刊，作者可以将稿件转投其他期刊（可能的话，按照编辑所提出的建议）。

论文稿也可能基于以下原因直接由编辑退回（Return）论文作者：

（1）文稿的结构不完整，或格式（Format）不符合期刊的要求。

（2）文稿的英语语言很差，甚至造成理解障碍。

论文稿件被退回与稿件被拒绝两者性质不同。编辑把论文稿件退回给作者时通常应该说明退回的详细原因，以便作者更正修改以后重新投稿（Resubmit）。例如，具体的原因可能是："Each figure and table should be cited in the main text. （每幅插图或表格都应该在正文中引入。）" "As stated in our author guidelines, manuscripts should be no longer than 3,000 words. （正如作者指南中明确指出的，文稿长度不得超过 3 000 个单词。）" "Reference format is incorrect. （参考文献引用格式不正确。）"。论文作者在收到退回的稿件后，应针对编辑指出的问题认真按照期刊的要求进行全文编辑修改，然后重新投稿。

对于同行评议的期刊（Peer reviewed journal），每篇论文稿件在通过编辑的初审后，由编辑邀请同行专家对稿件进行同行评议。编辑不仅要严密地把握同行评议的时间进程，及时提醒审稿人，或邀请新的同行专家评议，还要在综合同行评议报告的意见和其他因素后最终对稿件做出处理决定：接受投稿，请作者对稿件进行修改，或拒绝稿件。

编辑在把论文的处理意见通知作者时，附有审稿人报告以及编辑的意见，说明做出决定的原因。对论文有条件接受须修改的情况，在通知中以及审稿人的报告中应具体指明作者所须做出的修改。

从论文投稿到编辑通知稿件的处理意见，多数期刊需要 4～6 周时间。如果作者在投稿两个月后还没有收到期刊编辑的任何信息，应该及时与编辑联系询问。

10.3　怎样回复编辑和审稿人

10.3.1　如何对待审稿人/编辑的审稿意见

期刊编辑和同行评议审稿人都是本研究领域的专家，具有丰富的工作经验。他们出于敬业精神，抽出自己有限的时间，无偿地承担审稿任务。那么，应该如何对待审稿人或编辑的意见呢？我们有如下建议：

（1）礼貌尊重。论文作者必须礼貌地回复审稿意见，即便是对于他们不当的意见，也应该就事论事地做出善意的答复，用事实予以说明。

（2）审慎全面。审稿人/编辑的批评意见是改进我们论文和研究工作求之不得的无价帮助。要仔细地阅读审稿人的报告和编辑的意见，认真地倾听每个批判意见，冷静地从不同的角度来考虑他们的批评。如果你不理解或不同意他（们）的意见，不要急于回复，可以先搁置数日，再来客观地考虑他们的意见，此时，你可能会对他们的批评顿然开悟，或者会对如何讨论他们所提出的问题豁然开朗。论文作者必须答复审稿人/编辑的每一条意见，而且要在审慎地思考后做出全面完整的答复（包括对意见持不同观点时）。

（3）检查自己。发表论文是为了与读者进行学术交流，如果审稿人/编辑作为同行不能理解你论文的立论、实验的可行、结果的可靠，或者讨论的逻辑等，很可能是因为论文的某些部分写得确实有问题，也有可能是由于你的阐述不够清晰或关键细节缺失，导致审稿人/编辑理解错了。论文作者应站在审稿人/编辑的立场上，检查并发现如何通过修改把论文阐述得更明确、使同行更易于理解。

（4）遵从审稿人/编辑的修改意见。要尽量按照审稿人/编辑的意见修改论文相关部分的结构和内容，补充实验并添加数据，当然前提是无损于论文的主题。这样做绝对不是对审稿人/编辑的曲意奉承，恰恰符合我们所强调的"撰写论文应该适应读者需要，要让读者看得懂"的原则。

（5）乐观争取。不要轻易放弃修改论文的机会。稿件处理意见的决定是由多种因素所决定的，被批评甚至被拒稿并不代表论文一无是处。被要求修改论文是期刊给论文作者的一个机会。作者应该相信，通过对审稿意见的正确理解和完整答复，一定能争取到论文出版的最好结果。即使收到稿件处理意见是修改并重新投稿（Revise and resubmit）和拒稿（Reject），作者仍可以按照审稿人/编辑的意见修改论文、补充部分内容、重写某些章节、修正英语语言等，然后重新投稿（修改并重新投稿的情况下），或者把文稿重投其他期刊（拒稿的情况下）。

10.3.2　怎样回复稿件处理意见

收到编辑的有条件接受论文须修改（Accept with revision）的稿件处理意见或通知后，论文作者首先应该仔细阅读编辑的信件，了解修改的要求；然后按照审稿人意见逐条对文稿进行修改；最后在编辑指定的期限内回复。论文的修改过程和修订稿都应该与论文的共同作者们沟通，并得到全体认可。

1. 期刊编辑的通知信

读懂编辑稿件处理意见的通知信非常重要。论文作者不仅应注意审稿人对自己论文文稿的处理方案以及对论文修改的意见建议，而且必须搞清楚编辑对提交修订稿的具体要求。例如，提交修订的期限、要求提交改动处的列表，以及对审稿人的答复，等等。

2. 审稿人意见类型和相应回复

对审稿人修改意见的回复（Reply to reviewers）应该采取全文复制审稿人的意见的方法，然后使用不同的字体（黑体字或彩色）对每一条意见逐条地做出直接回复。这样做，不仅论文作者不会遗漏掉审稿人的任何一条意见，并对意见做出针对性的回答；也便于审稿人在收到回复时，对照检查论文作者是否对自己所提出的每个问题和意见都做出了满意的可信服的回复。

如果审稿人的意见是正确的，则遵照审稿人的意见来修改论文；如果认为审稿人的意见不合理，论文作者可以明确指出后坚持己见，但必须客观地说明不做修改的理由。必要时对论文的相应部分做出改进，以便读者能正确理解。论文作者也可以在审稿人意见之外，主动地对论文做出改进，并在对审稿人的回复中指出。

下面我们按论文的内容归纳审稿人修改意见的主要类型以及对论文作者如何给出相应回复的建议，并举出具体实例。

（1）研究内容和目标。

意见：论文的目标写得不明确，或者审稿人对作者要解决的深层问题不理解。

回复：-重写引言相关部分，强调陈述论文的目标和创新点。

-在引言中进一步明确指出深层问题的所在，并在讨论中说明目标实现的情况。

（2）研究方法。

意见：研究方法的适用性受到质疑，或者缺失实验方法的某些细节。

回复：-补充实验细节。

-用事实说明实验方法的可行性。

（3）结果和展现。

意见：要求提供附加数据或信息，要求改进插图或表格，对部分阐述不满意。

回复：-补充必要的数据和信息。

-改进插图或表格。

-重新组合并撰写相关部分。

（4）讨论和结论。

意见：要求引用参考文献。

回复：-尽量引用审稿人推荐的参考文献。被要求引用的文献不合适时，有两种处理方法：一是应说明没有引用的原因（如，讨论的问题不同）；二是引用审稿人推荐的参考文献，但在论文修订稿中指明此参考文献的缺陷。

（5）英语语言。

审稿的重点是审查论文的科学性，论文的英语语言审稿人通常会指出英语需要改进，不一定会修改论文的文字。

回复：-尽可能使用审稿人推荐的语言表达。

-说明已尽最大努力对整篇论文的语言作了检查和修改。

3. 论文修订稿

论文作者在审慎考虑如何回复审稿人意见的基础上，应该对论文进行相应的修改。论文修订稿（Revision）必须在期刊编辑的通知信中所指定的时间内完成，并通过在线投稿和数字编辑出版流程控制系统递交。超过期刊规定的时间，论文修订稿有可能被作为新投稿处理，投稿日期也会相应改变。

特别要注意按期刊编辑的通知信中的要求，在递交修订稿的同时递交其他文件。

4. 修改说明信

回复编辑或审稿人的修改说明信（Revision cover letter）应该包含如下几点内容：

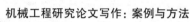

（1）表示感谢。常用句型如下：

We thank the referees for their overall positive assessments of our work.

We are grateful for the detailed comments.

Many thanks for the time and effort you spent and for your valuable comments to our manuscript …

（2）对审稿人意见的逐条答复。

（3）作者所作的其他修改。例如：

In addition to the changes, according to the reviewers, Fig. 3 is slightly modified ……

（4）表示希望修改能令审稿人/编辑满意，并得以顺利发表。常用句型如下：

We hope that the changes having been made to the manuscript meet to your satisfaction.

10.3.3　怎样处理拒稿

论文被拒稿的情况经常发生。按照 Wiley 出版社的统计，有 20% 以上的论文不经同行评议就被编辑直接拒稿，40% 的论文经同行评议后被拒稿。除非文稿确实存在严重的学术错误，作者需要重新立题研究的情况外，不主张作者把被拒的文稿简单地丢弃，而应该根据不同的拒稿原因处理：

（1）投稿到其他期刊。如果因文稿的内容不在期刊的范围内而被拒稿，作者应发现内容更合适的期刊（或遵照编辑的建议），直接把文稿投到其他期刊。因为编辑并不是拒绝作者原文稿的研究数据和/或结论。

（2）修改后重新投稿同一个期刊。只有当编辑表示如果作者按审稿人/编辑的意见对文稿作了大改动后，愿意提供重新投稿和重新审稿的机会时，作者可以遵照修改后重新投稿同一个期刊。如果编辑已明确表示不再重新考虑，则应该尊重编辑的意见，重投其他期刊。

（3）修改后重新投稿其他期刊。即使是投稿其他期刊，也应认真考虑第一次投稿的审稿人/编辑的意见，对文稿作修改和改进。这不仅体现了第一次审稿的价值，也提高了文稿第二次投稿被接受的可能性。不建议作者对文稿不做任何修改就转投其他期刊。

10.4　怎样改正校样

大多数期刊都要求作者对论文被接受后由期刊重新排版的校样进行审核改正。校样的改正应在指定的时间内完成（一般 48 小时内），并得到论文全体作者的认可，以保证论文的及时出版。

作者必须认真仔细地对照论文修订稿检查校样，特别是附表、附图、附图图解、方程式、公式等，不仅要正确无误，而且应该清晰明了。对于校样的改动应该详细列表说明改动的位置（行数）、改动的方式、校样的现有文字、改动后新文字等。

必须特别注意的是，校样改正不应该造成论文内容的重大变动，不应该包括数据的改动或添加，不应该改动题目和作者署名。凡是牵涉到上述内容的，都应与编辑及时联系，必要时须对论文进行重写。

参 考 文 献

[1] 金能韫，王敏. 英语科技论文写作与发表 ［M］. 上海：上海交通大学出版，2019.11.

[2] 秦屹. 研究生科技英语写作与交流教程 ［M］. 武汉：武汉大学出版社，2020.09.

[3] 刘向杰，师瑞峰. 科技英语写作方法：自动化领域学术论文写作与发表 ［M］. 北京：机械工业出版社，2014.08.

[4] 李树德，张天乾. 英语研究论文写作指南 ［M］. 天津：南开大学出版社，2010.07.

案例1　基于摩擦纳米发电机的智能软体手爪及其数字孪生应用

金　滔　田应仲*

案例来源

T. JIN, Z. SUN, L. LI, Q. ZHANG, et al, Triboelectric Nanogenerator Sensors for Soft Robotics Aiming at Digital twin Applications, *Nature Communications*, 2020, 11(1): 5381.

简介

软体机器人具有人机协作性好、自由度高等特点，逐渐成为机器人领域的前沿研究热点。然而，高度的柔顺性和非线性限制了软体机器人感知技术的发展，亟须研究合适的感知器件，以实现软体机器人形态与触觉感知，从而有效提升其智能度和可用性。在这篇论文中，我们提出了基于摩擦纳米发电机（TENG）原理的智能软体手爪系统，可获取软体执行器的连续运动和触觉信息，而后通过基于自由向量机（SVM）的有监督机器学习方法实现操作目标的精确识别。首先，基于TENG的单电极原理，我们设计了具有横纵异向分

---

* 金滔，上海大学机电工程与自动化学院讲师、硕士生导师。主要研究方向：软体机器人及其智能感知技术。

田应仲，上海大学机电工程与自动化学院教授、博士生导师。主要研究方向：柔性机器人、机器人传感等。

布式电极的柔性触觉传感器，并成功验证了接触位置、接触面积和滑动等信息的检测；依托软体执行器的形变机理，提出了基于齿轮结构的可伸缩长度传感器，通过不同齿牙与摩擦层的断续接触，实现执行器弯曲形变感知。其次，开展上述新型柔性感知元件与软体手爪的一体化布置，采用反复抓取相同物体的方式构建抓取信息数据库，并通过 PCA 主元数分析方法实现复杂信号的降维操作；基于 SVM 算法开展了机器学习训练和优化，构建了针对 16 种物体的识别模型，识别准确率可达 98.1%。通过对比采用形态信息、触觉信息以及多模态信息结合等条件下所训练的模型的测试结果，证明了多模态融合感知相比于单一模态感知具有明显的精度优势。基于此，结合数字孪生技术，开展了抓取目标实时识别和抓取运动虚拟模拟，验证了在温度波动和长时间使用下物体识别的稳定性，为软体手爪在无人工厂和智能仓库中的应用奠定了基础。

 方法谈

1. 论文的主要工作过程

1.1 论文的选题和 idea

论文的选题需要结合课题组的研究方向。从发表较高水平学术论文的角度上看，一个好的论文选题与最终发表的期刊密切相关。在遴选课题时，需要对整个研究领域开展大量文献阅读，明确研究热点。其中，综述论文一般包含各个或者某个小领域的研究现状，应当最先阅读；而后，开展感兴趣小领域论文的文献通读，思考已有工作的局限性，进一步提炼当前研究所面临的痛点。针对某一痛点，凝练科学问题，结合新技术、新方法，特别是考虑交叉学科技术或思想，可为论文的选题提供很好的借鉴意义。以本文为例，作者阅读了大量软体机器人相关的学术文章，明确形态和触觉感知缺失是软体机器人研究的一个重要问题，已逐渐受到广大研究者的关注。考虑到 TENG 技术具有结构简单和材料可选性广等优点，通过选用柔性的摩擦材料，TENG 能够很好地兼容软体机器人的大变形。因此，本论文结合软体手爪的结构特征，基于 TENG 的单电极原理设计两种新型柔性感知器件，实现软体手爪的形态和触觉感知，而后很自然地联想到采用机器学习的方法处理感知数据，从而完成抓取目标的识别。

1.2 研究分工与快速推进

在明确论文的选题后，需要调研相关选题的创新性，开展选题相关文献的进一步搜索和阅读。在明确采用基于 TENG 技术设计用于软体手爪的传感器后，我们阅读了超过 300 篇 TENG 相关论文，特别精读了已发表的所有相关论文，最后得出选题具有较好新颖性的结论。单独研究者通常很难做到面面俱到，因此一篇优秀的科研论文常常是多个合作者共同完成的。将研究内容进行有效拆分，并逐点解决问题，对于交叉学科课题来说越来越普遍。如图 1 所示，我们将智能软体手爪的研究分为可伸缩长度传感器、柔性触觉传感器、高性能软体手爪以及智能操作算法四个部分分别开展研究。其中，智能软体手爪的硬件和软件部分分别由不同合作者负责。

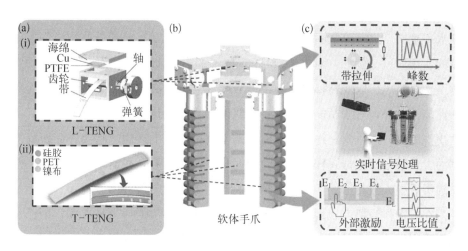

图 1 （a）两型传感器示意图；（b）软体手爪示意图；（c）传感器工作机理

有了对课题任务的明确划分，任务的推进就可事半功倍，从而极大缩短论文的发表周期。这对于信息发达、技术迭代迅速的今天来说，是发表高水平论文的重要支撑。下一步，如何推进各点研究内容至关重要。以可伸缩长度传感器为例，我们主要开展其结构设计、制备以及测试等内容。结构设计是在构思的工作机理的基础上，采用工程化的思路进行表达，而制备是进一步将设计实物化。通常，在设计过程中会存在众多的结构缺陷，也会面临加工条件的约束。如何利用已有的技术手段，解决面临的问题，是论文发表过程中重要环节。此外，在完成制备后，为验证所设计结构的合理性和有效性，进行简单的测试是必不可少的。

1.3 以图为研究规划

如果说创新是科研工作的"灵魂"，研究规划就可称为"大脑"。虽然研究分工可以有效加速科研工作的进度，但是也极容易"走岔道"，导致各个部分衔接困难，因此还需要制定一个合理的总体规划，以做章程。此外，合理的研究规划能够帮助我们明确每一个研究点中需要开展的工作，特别是避免如反复布置实验设备等造成的时间损耗。要注意到，论文图片的主要作用是辅助读者阅读和理解论文的内容，它的布置需要契合论文的主要思路，且采用图片描述所规划的研究内容一般也更为直观。

以本文为例，我们以智能软体手爪选题为基础，结合所阅读的大量论文形成论文图片布置基本概念，而后依托自身课题，重点仿照挑选的 2～3 篇高水平论文，进行论文图片的布局设计。其中，通常有一部分的测试为本领域的通用测试。例如，对基于 TENG 技术的自驱动传感器而言，进行开路电压、短路电压以及转移电路等电信号相关测试是必要的，能够直观反应器件性能。此外，对于功能或设计目标明确的理工科论文而言，需要开展工况的模拟测试，以排除最终演示实验中的干扰因素。上述内容将会占用研究规划的大量篇幅，且形式较为固定，因而从某些角度看，科研论文的研究思路在剖析后是大致相通的，即用清晰和规范的方法使得研究内容清晰、科学呈现。在以图作为研究规划的过程中，子图的构建一般通过三种方式，即已有先期研究图片、文献图片以及简单文字描述的框图，力求以简单、直观的方式将论文中所需要完成的工作进行呈现。当然，以图为科研规划中的图并不是一成不变的，其主要目的仍是明确需要完成的科研内容和方法，并基于科研进展不断更新迭代，如图 2 所示为智能软体手爪演示流程的最初和最终版本。

1.4 严密的实验设计与验证

在完成研究规划后，如何填充各部分的研究内容，从而使得研究工作逻辑变得更加丰满仍需持续的思考。对于理工科论文而言，基于实验的性能测试和功能演示，是验证所提出方法和理论的合理性和先进性最直观的方式。通常而

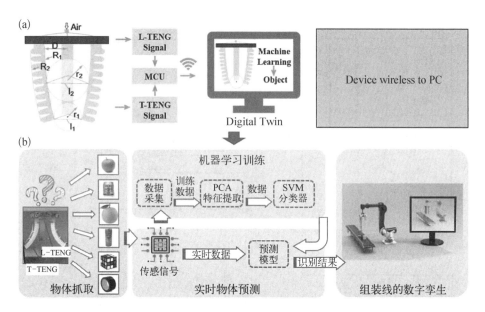

图 2　（a）智能软体手爪工作流程最初版本；（b）智能软体手爪工作流程最终版本

言，机器人智能感知相关方向的实验分为三大类：第一类是对传感器件的性能测试。这一类测试对于自制传感器如多数的柔性传感器是必要的，主要涉及其对所涉及功能的敏感度或自身的机械性能等，通常需要展现传感器在原理和性能上的先进性，并最后将传感器布置在机器人上开展集成验证测试。第二类对比优化实验，通过调整传感器布置、结构等参数，采用相同的其他变量，展示传感器在不同优化条件下的性能，以优化感知效果。第三类功能演示实验，结合论文的选题，采用实时感知数据，实现预定的功能目标，并通过演示展现其优势与效果。下面我们以论文中的部分实验为例，展现实验设计与验证的思路。

文中提出的基于 TENG 原理的柔性触觉传感器，主要用于检测软体手爪与被抓取目标的接触位置、接触面积以及滑动等信息。我们直接用手指间歇式点接触不同位置的方式测量信号，通过对比不同电极处信号幅值，能够发现不同接触位置的信号具有明显差异性。同理，用手掌以不同接触面积拍击传感器后，长电极上的电压信号随着接触面积的增大而增大；手指在传感器表面划过，四个短电极上依次产生对应的电信号。如图 3 所示，为不同测试所得感知信号，而图 3（d）为将传感器布置在软体手爪上抓取不同物体时所测得信号。

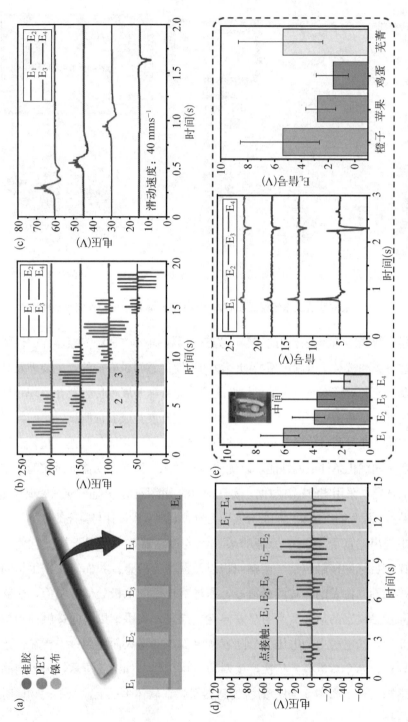

图 3 （a）柔性触觉传感器总体结构；（b）接触位置感知信号；（c）滑动感知信号；（d）接触位置感知信号；（e）集成演示实验

在感知维度优化中，我们采用了对比实验的方法，基于不同信号通道数量，软体手爪反复抓取物体以构建数据库并训练对应的机器学习模型，验证了多源融合感知可以有效提升目标识别精度。如图 4 所示，可以看到同时融合触觉和形态感知信号所构建的机器学习模型具有更高的感知精度，说明论文中采用的基于多源融合感知的智能软体手爪布置的合理性。

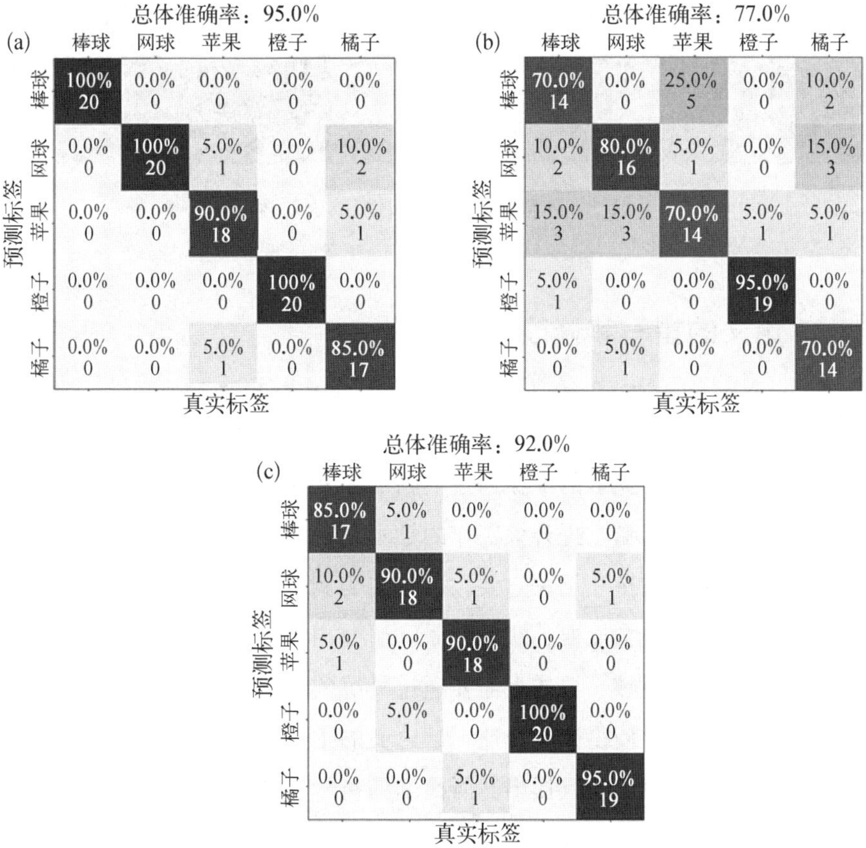

图 4 （a）两种传感器信号融合感知训练结果；
（b）仅形态感知结果；（c）仅触觉感知结果

为进一步验证智能软体手爪实时识别的性能，我们进行了抓取实验，通过抓取不同的目标物体以证明基于 TENG 原理的感知系统能够满足实时物体识别的需求。如图 5 所示，可以看到在抓取不同物体后，所构建的智能软体手爪能够实时在屏幕上显示抓取的物体。

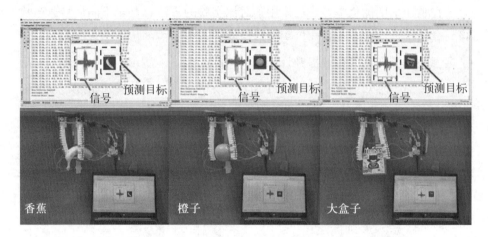

图 5   不同操作物体实时抓取识别演示

2. 论文的撰写和修改

2.1   学术论文的撰写

将一个创新的、完善的工作通过清晰的、专业的方式进行展示，能够有效降低读者的阅读门槛，提升该工作的学术影响力，推动相关科研领域的发展，因此学术论文的撰写至关重要。以本文为例，一篇合格的理工科学术论文的主体框架主要包含摘要、研究背景、研究内容、总结和参考文献。摘要部分一般要求言简意赅，总体上需要通过凝练的语句突出研究意义，展现研究工作内容和特点，使得读者快速了解论文的主要工作和贡献。研究背景可从大领域的科研价值出发，提出其所面临的科学问题，引出针对某一问题的现有解决方法和局限性，而后突出自己选题的先进性，并介绍论文的主要工作和框架。研究内容与结果主要根据自身工作的特点，具体展开所提出的方法和理论，并通过仿真和实验等手段进行验证。总结部分与摘要有一定的相似性，含有对论文主要工作的概括介绍，不同的是结论部分还通常包含具体采用的方法及其效果来作为论据。参考文献最好选用相关领域最新的研究成果，主要在研究背景中引用，用于增强相关论点的可信度，从而表明自身工作的创新性。一般而言，选用领域知名度较高的期刊或专家的论文具有更好的说服力。

2.2 投稿与修改

每个科研人都希望自己的学术成果能够发表在顶级期刊上，从某种角度来讲，这是除推动技术发展外撰写论文的最大初衷。一般而言，在论文选题阶段或主体工作完成后，就可以根据经验确定论文大致水平并选定主要目标期刊。然而，投稿一般基于从高到低的原则，即初期可以尝试比主要目标期刊更受认可的期刊投稿。当然，在这一过程中，需要综合考虑审稿周期。以本文为例，我们的主要目标期刊是 *Nano Energy*，但是首先选择机器人学专业子刊 *Science Robotics* 投稿，而后根据编辑建议转投 *Science Advance*，最终投稿 *Nature Communications*。总体上，在成功送审后（子刊级别论文需编辑预审），共经历两轮审稿，我们收到了来自多位审稿人的专业审稿意见。针对审稿意见，我们开展了全面的剖析，在修改前明确每点意见对应的修改方法，而后开展点对点的修改和回复；修改中，所有的修改都以高亮的方式得以突出，从而方便审稿人二次审稿。通常，审稿人的意见会十分中肯，直面论文中诸多讲述不清或者潜在的漏洞，尽力修改后论文的逻辑、构图以及排版等都有很大的提升。

案例 2 基于语义几何描述子的室内外点云匹配

杨雨生 解杨敏[*]

 **案例来源**

Y. YANG, G. FANG, Z. MIAO, Y. XIE, Indoor-Outdoor Point Cloud Alignment Using Semantic-Geometric Descriptor, *Remote Sensing*, 2022, 14(20): 5119.

简介

构建具有完整室内外信息的建筑物三维点云模型是数字孪生、虚拟现实、建筑信息模型（BIM）等领域的重要研究方向之一。然而，由于采集自室内外的点云之间重叠区域较少，通常难以找到明显的特征直接对室内外的数据进行配准。一种常用的方法是借助门窗等能够从室内外两侧共同观察到的对象建立点云之间的联系，但是，传统基于门窗几何特征的室内外匹配方法存在特征数量过多且特征相似度过高等现象，使室内外点云匹配计算量过大且容易发生误匹配。针对这一问题，本论文提出一种基于门窗语义几何特征的室内外点云匹配框架。具体来说，在识别室内外点云门窗实例的基础上，提出点云语义几何描述子概念，用来描述点云中被识别实例之间的语义

* 杨雨生，上海大学机电工程与自动化学院博士后。主要研究方向：三维扫描、路径规划等。
解杨敏，上海大学机电工程与自动化学院教授、博士生导师。主要研究方向：机器人感知规划、集群博弈等。

信息和空间分布模式。我们通过改进的匈牙利算法对语义几何描述子进行匹配，得到室内外描述子中门窗的对应关系，进而对点云进行配准。所提出的算法能够适应室内外门窗数量不一致的情况，且对于测量遮挡和特征异常等情况具有较好的鲁棒性。我们在公开数据集和自采集的数据集上对算法进行了验证，实验结果表明所提出的算法在大场景、结构复杂的室内外点云匹配过程中能够实现厘米级的匹配精度。

 方法谈

1. 论文之道

1.1　论文选题

点云匹配能够将从不同角度采集的点云数据进行融合，从而得到全面的场景信息。在实际生活中，全面的场景信息对建筑设计、数字城市、文物保护、机器人导航等领域具有重要的作用。本论文从上述实际应用需求出发，首先确定研究的大方向为点云匹配。当前课题组在数字城市研究过程中发现建筑物室外与室内点云匹配过程中存在重叠区域较少的现象，其匹配效率及精度低于单纯的室内点云匹配，或者单纯的室外点云匹配，这指引作者将研究方向进一步细化为室内外点云匹配这一具体课题。本论文的选题从领域的应用背景出发，结合课题组在细分方向研究过程中遇到的实际问题，对其进行深入研究。

1.2　研究现状和出发点

科研论文的出发点通常是提出一种新的思路解决一个具体的研究问题。研究问题本身可能被众多研究人员从各种角度进行过分析，因此为了说明论文出发点的创新性和必要性，通常需要指出当前研究的不足，这就需要对研究现状进行广泛而持续的调研，直至论文投稿前。

以室内外点云匹配为例（如图 1 所示），其匹配过程本质是求取一个固定变换矩阵（包括旋转和平移）将室内外点云相融合，并确保不同点云中表征同一空间位置的点云在融合后处于同一位置。传统匹配的方法通常基于点、线、面等几何特征，在室内外点云数据中提取几何特征后，根据相匹配特征的空间位置，通过特征值分解等方式求取变换矩阵。上述调研结果归纳和总结了当前研究者在解决室内外匹配问题时采用的方案，下一步需要深入分析当前研究方案的不足或者尚未深入考虑的要素，即明确论文研究的出发点。基于几何特征的室内外点云匹配面临的难题主要有如下几个方面：（1）几何特征相似度较高，容易造成误匹配；（2）几何特征数量较多，增加匹配复杂度；（3）几何特征容易受到测量误差影响。如何解决上述难题即本论文的出发点，接下来的创新也将聚焦于此。

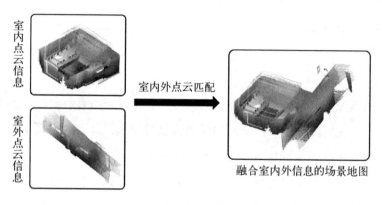

图1 室内外点云匹配示意图

1.3 创新与建模

科研工作不是重复造轮子，其核心是新发现、新方法、新理论等，是在探索和发现前辈研究者尚未踏足之地。创新的基础是对当前研究问题其内在机理的深入理解和剖析。以基于几何特征的室内外点云匹配为例，造成上述难题的一个原因是在匹配时将每个特征单独对待，忽略了特征之间的空间结构关系；另一个原因是忽略了门窗等语义对象对构建匹配关系的积极意义。针对这一情况，我们提出点云语义几何描述子（SGD）概念，通过点云中存在的物体对象及其之间的相对空间位置关系来描述点云的拓扑特征，并提出了基于改进匈牙利算法的语义几何描述子匹配算法，识别不同点云中相匹配的物体对象。在室内外点云匹配过程中，经常处于室内外交界处的门窗被作为特征语义对象。

基于语义几何描述子的室内外点云匹配步骤如图 2 所示，主要包括如下步骤：

（1）识别点云中的门窗语义对象。

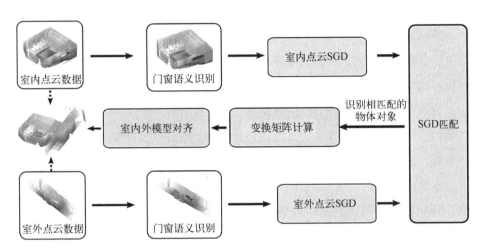

图 2　基于语义几何描述子的室内外点云匹配算法框架

（2）分别构建室内点云 SGD 和室外点云 SGD。这一部分是本论文的主要创新点，点云 SGD 的结构如图 3 所示，其本质是一个特征矩阵，矩阵每一行代表一个点云识别对象的语义几何特征，其第一个元素是该对象的语义类别，后续元素是点云中其他语义对象的类别及其相对于该语义对象的相对空间位置，包括距离、角度等。

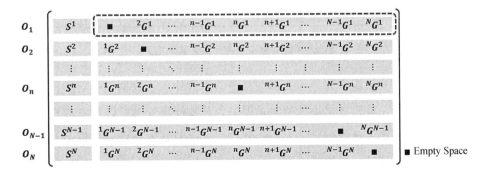

图 3　点云语义几何描述子结构示意图

（3）基于改进匈牙利算法进行 SGD 匹配计算，得到室内外点云中相匹配的语义对象。

（4）基于相匹配语义对象的 Bounding box 角点坐标进行变换矩阵计算。

（5）根据变换矩阵对室内外点云进行匹配。

1.4 实验验证

实验验证是对算法效果的直观表达，完整、可靠、准确的实验结果是对论文算法有效性的强力支撑。为了体现所提出算法的优越性需要与其他算法进行比较，此时通常需要借助一些领域内的公开数据集对比一些常规评判指标。当然，也鼓励研究人员制作自己的数据集，并将数据集开源作为后来研究者的对比依据。在本论文中，作者一方面在公开数据集中对算法性能进行了测试，另一方面，也自建了一个更具有针对性的数据集，用于验证室内外点云匹配算法。

本文所采用的公开数据集为苏黎世联邦理工学院的室内外匹配数据集，评判指标为所识别的室内外门窗中心位置的平均绝对误差。其实验结果如图 4 所示，本文所提出算法能够准确识别室内外点云的门窗信息，且门窗中心平均绝对误差达到 0.13 m，比其原始论文中 0.19 m 的误差提高了 32% 的精度。

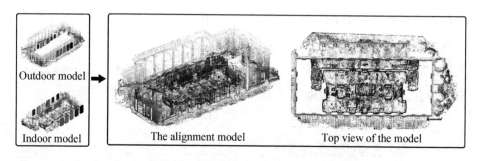

图 4 公开数据集中室内外点云匹配结果

除上述公开数据集外，本文亦在自建的室内外点云数据集中对所提出算法进行了验证。自建数据集的初衷是现有公开数据集中鲜有针对室内外点云匹配任务的激光雷达数据集。上述公开数据集中的室内外点云数据是基于图像三维重建得到的，虽然能够用作算法验证，但其点云与激光雷达采集数据仍有一定区别。激光雷达作为领域内广泛使用的点云采集设备，将算法在激

光雷达采集到的室内外点云数据上进行验证具有重要的应用意义。所自建的
数据集包括两个场景内的 7 组室内外点云数据，所提出算法在该数据集上的
匹配效果如图 5 所示。

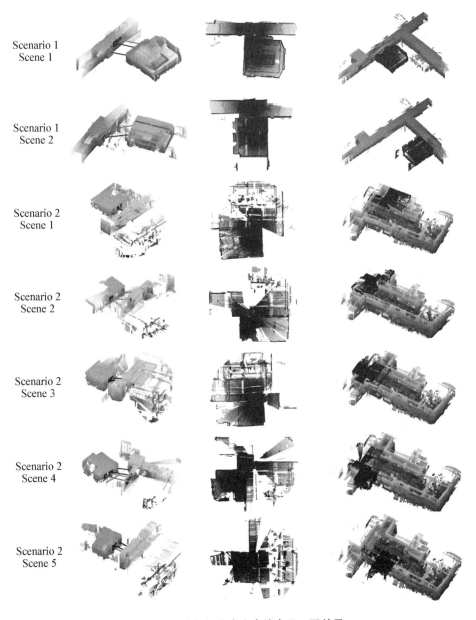

图 5　自建数据集中室内外点云匹配效果

具体匹配精度见表 1。

表 1　自建数据集中室内外点云匹配精度

	Scenario 1 Scence 1	Scenario 1 Scence 2	Scenario 2 Scence 1	Scenario 2 Scence 2	Scenario 2 Scence 3	Scenario 2 Scence 4	Scenario 2 Scence 5	Mean±std
MAE of object centers (m)	0.063 8	0.063 0	0.111 9	0.061 4	0.028 4	0.068 8	0.008 1	0.057 9± 0.032 8
MAE of object comers (m)	0.132 2	0.082 1	0.147 4	0.114 5	0.110 9	0.122 1	0.115 1	0.117 7± 0.020 2

2. 总结

2.1　写作的逻辑

科研论文写作的逻辑是为了清晰、有条理地展示科研结果。不同类型的文章在写作的过程中会有不同的思路，比如有的论文侧重于数学原理的证明，有的论文侧重实验结果的分析，但其在写作的过程中会遵循一些基本原则和逻辑。在论文写作前需要确定论文的结构，一篇论文通常包含摘要、引言、文献综述、方法、实验、讨论和总结等多个部分内容，但也有研究者会将文献综述纳入引言中或者将讨论纳入实验结果部分，这需要研究者根据所投期刊的版面要求以及论文的表达重点进行取舍。引言是论文的开头，需要对研究背景和研究目的进行简要介绍，并指出论文的研究内容和贡献。研究方法是论文的重点，需要详细描述所提出方法的关键步骤，如果是实验型的研究还需要清晰地说明数据采集和实验流程，以便其他研究者能够重现实验结果。在实验结果呈现时，制作优美的图表通常会让审稿人眼前一亮，为文章增色。在讨论和总结部分需要对实验结果进行深入分析和解释，评价研究的优点和局限性，指出未来研究的方向和改进空间。在整个科研论文写作的过程中，尽可能避免使用含糊不清的表述，确保论文结构合理、内容翔实，使读者能够轻松理解和接受研究成果。

2.2 投稿和发表的反思

期刊论文的投稿周期通常较长，且需要根据审稿人意见反复修改，在此过程中研究者要有一定的心理预估。以本文为例，在投稿过程中，审稿人针对算法中的一些细节问题提出了疑问，我们在回复审稿人的过程中对这一点进行了详细的解释，并将其添加到正文当中。研究人员一定要在回复审稿人意见时耐心、仔细、详细地解答审稿人的每一点疑问，认真撰写 Rebuttal。一份良好的 Rebuttal 可能让审稿人在犹豫不决间增加对论文的接受程度。

案例 3 基于 CE - PSO 的
装配线调度算法

胡小梅[*]

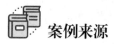 案例来源

X. HU, Z. XU, L. YANG, R. ZHOU, A Novel Assembly Line Scheduling Algorithm Based on CE - PSO, *Mathematical Problems in Engineering*, 2015, 9: 1 - 9.

简介

近年来，制造业中的流水线调度规划问题作为计算机集成制造系统（CIMS）应用过程中的一大难点越来越受到研究人员的关注，优秀的流水线调度规划能够帮助企业实现柔性生产计划和控制生产管理之间的平衡，从而达到为企业节约资源、降低成本、提高生产率和整体运营效率等目的，因此具有广泛的市场应用价值。流水线调度是一个非确定性多项式完全问题，随着智能启发式算法的发展，许多优秀的算法被用于解决调度问题。本论文构建了基于设备利用率和交货时间损失的多目标优化函数，并利用基于鲶鱼效应（Catfish Effect，CE）的粒子群优化（Particle Swarm Optimization，PSO）算法求解装配线调度问题。从流水线调度问题来看，由于生产效率在实际生产中很难

---

* 胡小梅，上海大学机电工程与自动化学院副研究员、硕士生导师。主要研究方向：虚拟仿真、多目标优化、机器视觉等。

应用，因此选择设备利用率和交货时间损失作为优化目标。由于目标之间的相关性，优化一个目标可能会导致忽略另一个目标，因此优化结果往往不能符合装配线调度的实际情况。本文以设备利用率和交货时间损失为优化目标。构造适应度函数和目标函数，实现装配线调度的综合优化目标。从粒子群优化算法优化过程来看，在初始阶段粒子的收敛速度较快，但处于优化后期的大部分粒子状态较为相似，粒子的收敛速度变得较为缓慢，导致优化算法陷入局部最优情况。而鲶鱼效应能够为粒子种群引入动态的、有机制的个体，从而改变粒子群体的懈怠现象、激励粒子群体活动、保持粒子种群多样性和提高算法搜索能力。我们使用两种不同复杂度的装配线为例，从多种量化指标的角度去对比分析算法的有效性。实验结果表明 CE‑PSO 算法的优化结果相对于 PSO 算法的优化结果会使整体设备的使用率更高且交货的损失率更低，从而有效验证了 CE‑PSO 算法的有效性。

 方法谈

1. 论文研究规划

1.1 论文主题选择

文章主题的选定往往需要根据课题的研究现状和工程实际应用的使用价值来综合考虑确定，本文聚焦于制造企业中 CIMS 应用领域的研究热点、难点及企业实际需求。近些年来，随着制造业的快速发展、相关企业的加速扩充及流水线在企业中的广泛应用，企业出现了多元化的趋势，为了适应这种趋势，许多先进的制造模式被提出。而 CIMS 作为先进的制造模式之一，在企业中被广泛应用。如何使 CIMS 更好地为企业服务成了该领域的研究热点之一。在本论文的选题中，我们选择了在 CIMS 应用中的流水线调度规划这一研究方向作为具体课题。作者对论文主题的背景描述不仅能够为读者提供更加清晰的研究方向，而且能够为读者带去可靠的选题参考，以本文为例，我们具体研究基于双目标优化模型的流水线调度问题及 CE‑PSO 在该问题上的实际应用。

1.2 论文研究现状和突破点

突破点对于整篇论文的作用类似于地基对于房屋的作用，有了好的地基才能够搭建出稳定且牢固的房屋。而一篇论文的突破点是作者在对该领域的研究现状和研究方法充分了解和理解的基础上总结、凝练得到的。以 PSO 智能寻优算法为例，PSO 算法会根据设定的适应度函数和目标函数寻求最优解。在 PSO 算法中，粒子会通过自身的记忆和粒子间共享的信息来不断靠近最优解，直到达到预设精度或迭代次数。而在寻优过程中，虽然初期粒子会展现出较快的收敛速度，但在到达寻优后期时，状态相似的粒子会使收敛速度变慢，并且 PSO 算法只会修改单个粒子的位置坐标，以上因素会导致算法陷入局部最优解。而鲶鱼效应能够通过修改粒子种群的位置坐标，得到代表整个解空间的均匀分布 Pareto 最优解集，提高了 PSO 算法的收敛速度。

通过对课题研究现状、相关算法的研究分析，总结归纳出论文的突破点。论文的突破点应该致力于解决课题或当前算法存在的不足，或是课题中存在的关键问题，或是研究方法在课题领域的首次应用。基于上述算法的总结和流水线调度问题的研究现状，我们提出使用基于设备利用率和交货时间损失双目标优化的 CE‐PSO 算法对流水线调度问题进行求解。CE‐PSO 算法的结构如图 1 所示。

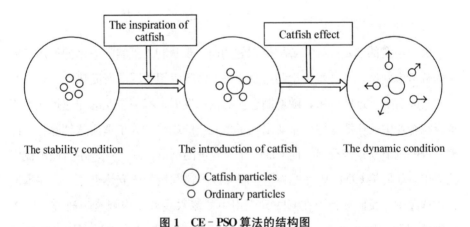

图 1 CE‐PSO 算法的结构图

对流水线调度问题进行求解存在以下难点：设备利用率和交货时间损失之间的优化平衡。由于目标之间的相关性，优化一个目标可能会导致忽略另一个目标。因此，本文以设备利用率和交货时间损失为优化目标构造适应度函数和目标函数，实现装配线调度的综合优化目标。并使用 CE‐PSO 算法来对完成两种参数的综合优化求解。综合以上描述，通过对论文背景和现有研究方法的研究分析，我们顺利地找到了研究方向的突破点，后面的研究内容和理论验证都将围绕该点展开。

1.3 论文研究内容和科学创新

研究内容和科学创新是科研论文的核心，同样也是论文需要着重描述的部分，而这两者都需要作者对现有理论方法进行深入研究和理解，并在此基础上对方法进行理论创新或根据应用场景对方法进行针对性设计及应用。本文的研究内容和科学创新在于根据制造企业的装配线设计专门的多目标优化函数，并使用鲶鱼效应方法以创建的优化优化函数为目标寻求最优解，从而提高企业的整体运行效率和增加整体出货量。

装配线调度的主要参数包括设备利用率、交货时间损失和生产效率。在流水线调度问题上，由于生产效率在实际生产中很难应用，因此选择设备利用率和交货时间损失作为优化目标，并构造适应度函数和目标函数。适应度函数根据设备利用率和交货时间损失构建线性加权平均模型。同时在两种装配线上求解机器和工件之间的调度问题。

1.4 实验设计与验证

从理论研究的角度看，实验验证能够对论文所提出或涉及的方法进行可靠的应用验证，使作者充分了解方法在实际应用过程中的性能表现和论文研究突破点的可行性；从论文写作的角度看，实验验证能够增加论文的完整性和可信度。实验验证主要包括实验设计、实验流程和结果展示。实验设计是根据论文研究内容和应用对象来确定的，主要包括确定对照方法、确定应用对象、设计实验对照组、设计对比指标等。实验流程主要是对整体实验的详细步骤进行设计，其能让读者更加详细地了解实验过程，有助于读者对方法进行理解和对实验设计进行参考。结果展示主要是指标数据对比或数据结果的可视化，其能够让读者更加直观感受到方法性能的差异。

以本文为例，验证方法为 CE‐PSO 算法，对照方法为 PSO 算法，应用对象为两条企业装配线。实验一为三台机器和三个工件，其优先关系如图 2 所示，工件在机床上的加工时间如表 1 所示。

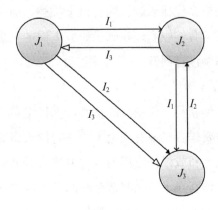

图 2　实验一的优先关系图

表 1　实验一中工件在机床上的加工时间

The operation sequence	Step 1	Step 2	Step 3
I_1	J_1 （30）	J_2 （30）	J_3 （20）
I_2	J_1 （10）	J_3 （50）	J_2 （30）
I_3	J_2 （30）	J_1 （20）	J_3 （30）

基于 PSO 和 CE‑PSO 的装配线调度优化结果对比如表 2 所示。从表 2 可以看出 CE‑PSO 算法的设备利用率更高、交货时间损失更低、适应度更小，可见 CE‑PSO 算法的有效性。

表 2　实验一中基于 PSO 和 CE‑PSO 的装配线调度优化结果

Machine	Based on the PSO algorithm	Based on the CE‑PSO algorithm
1	1, 2, 3	2, 1, 3
2	3, 1, 2	3, 1, 2
3	2, 1, 3	2, 1, 3
Delivery time	140	120

Machine	Based on the PSO algorithm	Based on the CE-PSO algorithm
Equipment utilization	42.9%	50%
Delivery time loss	10	10
f_1	16.42	15

实例二为五台机器和三个工件，其优先关系如图 3 所示。

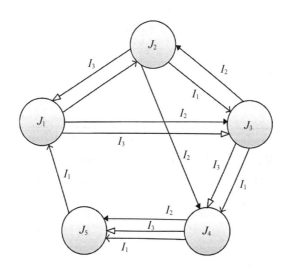

图3　三台机器和三个工件的优先关系图

工件在机床上的加工时间如表 3 所示。

表3　实验二中工件在机床上的加工时间

Part	Machine 1	Machine 2	Machine 3	Machine 4	Machine 5
I_1	J_1 (10)	J_2 (15)	J_3 (20)	J_4 (15)	J_5 (15)
I_2	J_1 (20)	J_3 (15)	J_2 (10)	J_4 (10)	J_5 (20)
I_3	J_2 (15)	J_1 (20)	J_3 (10)	J_4 (20)	J_5 (10)

基于 PSO 和 CE-PSO 的装配线调度优化结果对比如表 4 所示。从表 4 可以看出 CE-PSO 算法的设备利用率更高、交货时间损失更低、适应度更

小，可见 CE－PSO 算法的有效性。

表 4　实验二中基于 PSO 和 CE－PSO 的装配线调度优化结果

Machine	Based on the PSO algorithm	Based on the CE－PSO algorithm
1	［122132132311］	［121232133211］
2	［321212112331］	［321212112331］
3	［131212132231］	［132121212312］
4	［133212112231］	［132213121231］
5	［131211322231］	［131312122132］
Delivery time	6 500	5 900
Equipment utilization	55％	55.93％
Delivery time loss	1 500	900
f_1	2 238.46	1 561.0

本文通过两种算法的对照实验来验证算法的有效性，通过两种装配线的对照实验来验证算法的稳定性。多维度的对照实验设计方案能够体现方法的有效性和实验的准确性、权威性。

2. 总结与展望

经过论文的选题、突破点的寻找、论文研究内容和科学创新、实验验证等步骤，作者对于该课题的研究内容应有较为深刻的理解，能够完成对思路的梳理和实验的总结；并且能够在回顾实验过程中发现论文研究内容存在的不足和缺陷，从而指出该课题未来的研究方向以供读者作为研究、借鉴和扩展的参考。

综合以上内容可以看出，优秀的学术论文要有详细的课题背景、丰富的理论基础、新颖的创新突破、严谨的逻辑论证和全面的实验验证。在学术论文的书写过程中，作者就如同在讲故事，要把故事讲得完整、生动、丰富且富有条理，既要保证整个论文的背景、理论研究、理论创新、实验、总结与展望等方面的完整性，又要避免内容的重复提及。

案例4 基于光电容积脉搏波的高血压识别研究

严良文 盛 博[*]

 案例来源

L. YAN, M. WEI, S. HU, B. SHENG, Photoplethysmography Driven Hypertension Identification: A Pilot Study, *Sensors*, 2023, 23: 3359.

简介

为了高血压的预防和早期诊断,越来越多的人要求识别与患者相一致的高血压状态。本次初步研究旨在探究如何利用光电容积脉搏信号(PPG)与深度学习算法结合的非侵入性方法。采用便携式 PPG 采集设备(Max30101 光电传感器)进行以下两个步骤:(1)捕获 PPG 信号;(2)无线传输数据集。与传统的特征工程机器学习分类方案相比,本研究对原始数据进行预处理,并直接应用深度学习算法(LSTM-Attention)来提取这些原始数据集的更深层次的相关性。长短时记忆(Long short-term memory,LSTM)模型基于门控机制和记忆单元,使其能够更有效地处理长序列数据,避免梯度消失,并具有解决长期依赖性的能力。为了增强远距离采样点之间的相关

* 严良文,上海大学机电工程与自动化学院副研究员、硕士生导师。主要研究方向:中央空调智慧节能和储能、可穿戴传感器、协作机器人应用等。

盛博,上海大学机电工程与自动化学院讲师、硕士生导师。主要研究方向:康复机器人、数智化医疗、多模态数据融合等。

性，本研究引入了注意力机制，以捕获比单独的 LSTM 模型更多的数据变化特征。本研究招募了 15 名健康志愿者和 15 名高血压患者进行验证。处理结果表明，我们提出的模型表现良好（准确率：0.991；精确度：0.989；召回率：0.993；F1 score：0.991），表现出比相关研究更好的性能。结果表明，本研究所提出的方法可以有效地诊断和识别高血压，因此可以利用可穿戴智能设备快速建立成本效益高的筛查高血压的方式。

 方法谈

1. 论文之道

1.1　论文选题

论文的选题通常是需要结合课题组的研究方向与工业界的实际应用价值两个方面考虑，本文主要关注在传感器与深度学习分析领域的科研热点和市场需求。近些年来，随着便携式可穿戴设备的推广以及生活水平的进步，人们对于个人身体健康的监测和一些基础疾病的早期发现和诊断需求有了急剧的增长。而高血压作为最常见也是患病人数最多的心血管疾病之一，自然地受到广泛关注并催生了广阔的应用市场。如何便捷高效且实时地完成对高血压状态的识别和检测已经成为该领域的一个研究热点，在论文选题中，我们选择了深度学习这一研究方向。同时，论文的选题应当着重于热点方向中的某一具体课题，这样才可以为读者提供更明确的研究思路和参考价值，以本文为例，我们具体研究深度学习问题中利用光电容积脉搏波信号完成对高血压状态的分类这一课题。

1.2　研究现状和出发点

一篇优秀的科研论文关键要突出研究者的出发点，而这通常是从对现有课题的背景分析，以及对研究现状的归纳总结中得到的。以高血压检测为例，通常情况下，社区和医院采用水银血压计（如图 1（a）所示）或者电子血压计（如图 1（b）所示）完成对患者该状态下的血压估计。然而许多患者会受到外界因素影响，在接受临床检查时由于紧张而导致血压升高，进食、精神状况或压力都会影响他们的血压随时间而变化，间断式的测量方法无法捕捉到这些危险的发生。在过去的几十年中，人们越来越关注用于评估血压的非侵入性、连续性和无袖带替代方案，这些新技术大多基于生理信号的分析，例如 ECG（Electrocardiograph）和 PPG（Photoplethysmography）。现有的机器学习算法模型依赖人工提取特征，内容烦琐且准确率不高。一些尝试使用深度学习的研究无法充分发挥神经网络的优势，例如将一维 PPG 信号转化为图像的方式可能会增加信号维度从而使模型的训练时间变长。

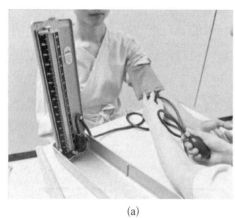 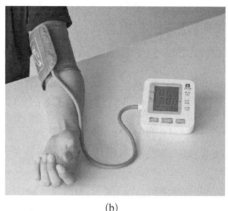

(a)　　　　　　　　　　　(b)

图 1　（a）水银血压计测血压；（b）电子血压计测血压

有了对课题的背景分析和现有算法的归纳总结，论文的出发点和突破点就要建立在与之相应的分析上，或是来强调课题中未被解决的关键点，或是克服现有工作的瓶颈。基于上述对高血压识别研究现状的总结，以及使用在可穿戴设备上广泛应用的光电容积脉搏波信号这一关键点，我们提出一个新的深度学习模型，使用原始的 PPG 信号作为数据集对志愿者的血压状态进行识别与分类。

使用光电容积脉搏波信号进行高血压分类具有相当程度的挑战性，原因主要有如下三个方面：第一，PPG 信号是一种十分微弱的信号，其幅值只能维持微伏至毫伏的量级范围，具有频率低、抗干扰能力弱、易变异等特点，对采集设备的可靠性和准确度有很高的要求；第二，不同的人信号存在差异，在采集过程中很容易受到受试者参与测量时外界环境光、装置与受试者皮肤表面接触的力度等状况所影响，这对信号采集的质量和后期数据处理和筛查提出很高的要求；第三，在尽量控制模型轻量化的基础上，使用原始PPG信号进行深度学习以提取更多的特征，在模型的设计和选择上具备挑战性。综上可以看到，通过对课题背景和现有工作的梳理，我们自然地找到了工作的突破点，接下来的理论创新与论证也将围绕这些突破点展开。

1.3 创新与建模

创新是科研工作的核心，同样也是学术论文的"灵魂"，而创新离不开对现有理论算法的深入理解和运用。科研工作中的创新通常包含基于现有理论面向应用的模型创新，以及基于应用场景的新理论的提出。我们以第一种创新为例，并结合高血压识别分类来对如何进行创新进行阐述。针对上述的三个挑战，并结合对相关问题的总结，我们做了如下工作：

（1）为了获得高质量的原始PPG信号，本次开发完整的PPG信号采集系统，如图2所示。该系统主要分为PPG光电传感器模块、电源和串口调试模块、微控制器模块和无线传输模块。

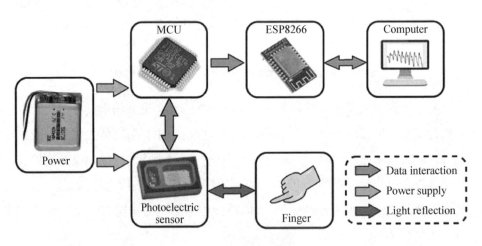

图 2　PPG 采集系统框架图

该系统主要负责PPG信号的采集、传输、展示与保存。光电传感器作为本文的数据来源，其精度和效率直接影响到本文后续数据处理工作。本文使用美信半导体（Maxim Integrated）生产的MAX30101反射式光电脉搏传感器，其拥有 3 个 LED 并内置可调节的恒流源驱动和可编程的采样频率，同时模块低功耗、高输出数据的能力，能够很好地满足各种情况下的采样需求。

为更便捷地进行数据采样，使用 ATK－ESP826 作为系统数据传输 Wi-Fi 模块，其主频最高可达 160 MHz，支持标准的 IEEE802.11b/g/n 协议以及 TCP/IP 协议栈，能够提供完整的 Wi-Fi 功能。微控制器选用 ARM Cortex－M3 内核设计的高性能 32 位 MCU－STM32F103C8T6，CPU 主频最高速度达 72 MHz，其性能和芯片资源满足 PPG 信号采集和转发的使用需求。此次开发的设备实物如图 3 所示。

图 3　PPG 采集设备

功能和性能如表 1 所示。

表 1　PPG 采集设备参数

参　　数	数　　值
尺寸（mm）	45 * 38 * 20
LED 峰值波长（nm）	527/660/880
光源类型	绿光/红光/红外光
PPG 采样形式	光反射式
LED 供电电压（V）	3.3
工作电流（mA）	1.5
采样率（Hz）	100
电池容量（mAh）	400

（2）为避免因时间序列较长而引起的长期依赖问题，导致网络在优化阶段发生梯度消失或梯度爆炸情况，本次实验将使用 LSTM 网络结构。为了增强距离较远采样点之间的相关性，本次实验引入了注意力机制，即有选择地给予不同重要程度的采样点不同的注意力资源，提升高血压分类识别的准确率。模型框架如图 4 所示。

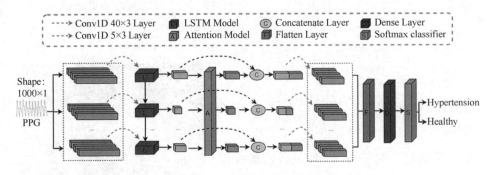

图 4　LSTM‑Attention 模型结构示意图

具体来讲，该模型主要由卷积层、LSTM 网络层和注意力层组成。网络在输入层有一个输入节点，并在输出层对接下来 1 000 个时间步长的序列进行预测。模型的输入为经过滤波和去噪后的 PPG 信号。为了提取更深层次的 PPG 特征，模型在第一卷积层使用 3 个步长为 40 的卷积核对特征维度进行扩充，之后映射到 5 个 LSTM 模块生成 Feature map。LSTM 可以关联起信号前后时刻的信息，通过之前时刻的输入能够推测接下来时刻的输出，可以对未来发生的变化做出预测。随后，经过 LSTM 模块处理后的信息被送入注意力机制模块，该模块会分析信号中的重点区域和非重点区域，为不同区域的信号分配不同的权重，对需要关注的细节信息投入更多的关注，从而提升数据分析的准确率。最后，模型通过第二卷积核整合特征信息，由 Flatten layer 进行数据降维，使用 Dense layer 进行全连接，最后由 Softmax 函数得到分类结果。

1.4　实验设计与验证

如果说模型的建立是科研工作的"灵魂"，那么实验方案的设计与论述就是论文的"肉体"。完善的实验方案可以对模型充分的验证，并增强论文贡献的可信度。本实验采用噪声干扰法验证模型的鲁棒性，即在原先训练好的模型上，使用未经预处理的 PPG 测试集数据对模型进行测试，以检验模型对抗干扰的能力。另外，我们采用数据预留法验证 LSTM‑Attention 模型的可靠性，随机挑选一位健康志愿者和一位高血压患者的数据进行保留，将其余 28 位志愿者的数据作为训练集训练模型，再将预留的两位志愿者的数据作为测试集验证模型是否存在过拟合现象。所得到的三种混淆矩阵如图 5 所示。

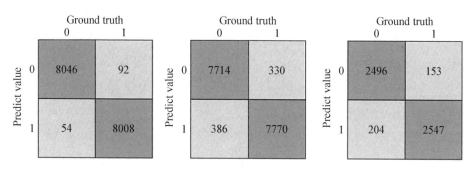

图 5　混淆矩阵

根据测试集得出的混淆矩阵，可计算得出 LSTM-Attention 高血压分类模型的识别准确率为 99.1％，精确率为 98.9％，召回率为 99.3％，F1-score 为 99.1％。根据鲁棒性验证混淆矩阵，可计得出本模型对未经过预处理的 PPG 数据分类准确率为 95.58％，精确率为 95.89％，召回率为 95.24％，F1-score 为 95.56％。根据可靠性验证混淆矩阵，可计算得出本模型对新数据的分类准确率为 93.38％，精确率为 94.22％，召回率为 92.44％，F1-score 为 93.32％。在 LSTM-Attention 模型上训练和验证的 Accuracy 和 Loss 曲线如图 6 所示。随着迭代次数的增加，模型的准确率逐渐上升并达到最高值，模型的损失值逐渐下降并最终收敛趋于稳定。

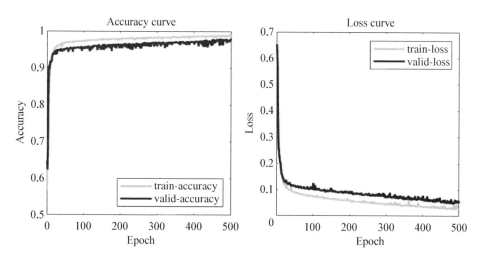

图 6　左：Train accuracy 曲线图；右：Train loss 曲线图

为进一步验证提出模模型的有效性，我们将我们的方法和以前的研究结果进行了比较，如表 2 所示，这些都是对高血压和非高血压的分类研究结果。在第一项研究中，使用了从 PPG 信号中提取的 10 个特征并使用了 AdaBoost 和 KNN 分类器，这是基于人工提取特征的机器学习模型样例。在第三项和第四项研究中，使用了 PPG 原始波形的 Scalogram 和 Spectrogram 作为模型的输入，在 CNNs 和 BLSTM 模型上得到的 F1 - score 分别达到 92.55％ 和 97.39％。它们的表现已经优于传统的机器学习方案。在本次研究中提出的 LSTM-Attention 高血压识别模型，使用原始数据并利用神经网络充分提取 PPG 信号的深层特征，注意力机制的引入加强了模型在长周期情况下的特征表达能力，进一步提升了性能。其表现优于之前的研究结果。

表 2　不同研究分类性能对比

Method	Feature extraction	Database	Classifier	F1 score
PPG feature	10 PPG features	121 subjects (MIMIC database)	AdaBoost	80.11％
PPG feature	10 PPG features	121 subjects (MIMIC database)	KNN	86.94％
Raw PPG signal	Continuous wavelet transform (scalogram)	219 subjects (Figshare database)	CNNs	92.55％
Raw PPG signal	Short-time Fourier transform (spectrogram)	219 subjects (Figshare database)	BLSTM with time-frequency analysis	97.39％
Raw PPG signal (this study)	Raw PPG signal after preprocessing	30 subjects (Self-collecting database)	LSTM-Attention	99.10％

2. 总结

2.1　写作的逻辑

学术论文写作的一个关键点是贯穿整篇论文的严密的逻辑性，让整篇论文形成统一的整体。写作的逻辑从研究的背景调研和课题选定开始奠定基调，以现有的研究现状所存在的不足为出发点，以本次实验的改进与创新为重点进行阐述。论文的结构应围绕发现问题，提出假设，验证模型，总结展望进行展开，并在文章中将研究思路和实验内容巧妙结合，让读者也能跟着作者的思路一步步走进实验。在写作过程中，还需要注重文章内容的丰富，可以将实验的细节有重点得展开，使得论文的主干饱满且富有说服力。

2.2　投稿与发表的反思

在本次 *Sensors* 期刊论文的投稿过程中，我们收到了来自多位审稿人的评审建议，并逐一进行了修改和回复，也正是在这个过程中我认识到了论文写作的一些注意事项。在论文的结构上，需要具备严密的写作逻辑，每一章节都应该紧扣主题并充分论述该部分的研究结论，背景调研、实验开展、实验验证、讨论与展望是每一篇文章都必不可少的内容。此外，规整的图表排版、标准的学术用语、规范的符号和字体使用、清晰的文字表达和充分的研究结果展示等细节都会是审稿人看重和关注的部分，在写论文过程中应该严格把控好每一个细节，这样在投稿时也能给编辑和评审留下更好的印象，让文章发表更加顺利。

案例 5 　负载敏感挖掘机系统建模及轨迹控制策略

李桂琴*

 **案例来源**

H. SONG, G. LI, Z. LI, X. XIONG, Trajectory Control Strategy and System Modeling of Load-Sensitive Hydraulic Excavator, *Machines*, 2023, 11, 10.

简介

挖掘机执行机构轨迹的精确控制是实现其智能化、无人化发展的基础。挖掘机的操作过程需要多个执行器配合完成相应动作。然而，现有挖掘机轨迹控制方法多针对阀控系统下的开式液压系统且为单执行器轨迹的控制方法。基于此，针对泵控/阀控相耦合的负载敏感（Load sensitive, LS）系统挖掘机，本研究提出了一种混合自适应量子粒子群优化算法（Hybrid adaptive quantum particle swarm optimization algorithm, HAQPSO）来调整挖掘机 PID 控制器参数以实现 LS 挖掘机多执行机构复合轨迹的精确控制。为了提高粒子的随机性和搜索速度，避免 QPSO 的局部收敛，提出将 QPSO 与 circle 混沌映射、高斯突变算子和自适应调整因子相结合，同时将收缩-膨胀系数（CE）线性变换方式改进为动态调整。进一步，建立 LS 挖掘机的联合仿真平台，并进行

---

　* 李桂琴，上海大学机电工程与自动化学院副教授、博士生导师。主要研究方向：智能设计与智能制造、多物理场耦合仿真等。

了多执行器复合动作的轨迹实验。仿真结果表明，与ZN‐PID、和 QPSO‐PID 相比，动臂的轨迹误差精度分别提高了26.59％、32.95％ 和 9.44％，证明 HAQPSO-PID 在控制多个执行器的轨迹时具有较高的控制精度。研究结果可为负载敏感系统液压挖掘机智能化升级提供理论指导及工程应用价值。

方法谈

1. 论文之道

1.1　论文选题

论文的选题通常需要针对全球热点问题，结合课题组的研究方向与工业界的实际应用价值两个方面考虑。本文针对工程机械智能化发展，重点关注挖掘机智能化发展方向的热点问题及应用需求。近年来，随着能源开发、道路建设、基础设施建设等基建行业的发展，挖掘机作为典型的多功能工程机械被广泛应用。但是，挖掘机作业环境恶劣且存在加大的安全隐患。因此，提高挖掘机的智能化水平成为挖掘机行业发展的一个重要方向。

结合挖掘机的特性，液压挖掘机作为复杂的机电液一体化系统，具有非线性和多约束特性。同时，液压阀的死区、阀滞后、液体泄漏和机械磨损会导致液压执行器的轨迹控制存在一定的延迟和误差。传统挖掘机上的执行器由专业操作员使用操纵杆控制，并根据其观察结果完成挖掘作业。采用这种操作方法无法实现挖掘机轨迹的精确控制。智能化挖掘机的基础是精确的轨迹控制。挖掘机不同于室内机械机器人，其运行环境恶劣，情况复杂，干扰严重。如何通过简单的控制策略实现对作业轨迹的精确控制已成为挖掘机自动化研究中的热门话题。综上，确定最终的论文选题，即选择挖掘机轨迹的精确控制这一具体问题作为研究课题。

根据课题组研究领域，论文的选题应当针对研究领域热点方向中的具体课题，这样才可能对问题进行深入的研究，同时，对读者提供更明确的研究思路和参考价值，以本文为例，我们具体研究挖掘机轨迹的精确控制策略这一课题。

1.2　研究现状和出发点

一篇优秀的科研论文关键要突出研究者的出发点，而这通常是从对现有课题的背景分析，以及对研究现状的归纳总结中得到的。针对电液伺服系统中机构轨迹的控制策略，已存在 PID 控制、模糊控制、滑模控制等。此外，自适应控制方法也已出现并广泛应用于电液伺服系统中。尽管许多方法都能取得令人满意的控制效果，但有些方法由于结构复杂且依赖于模型参数，在工程实践中很难实现。

单液压泵控制多个执行器会导致挖掘机液压系统的非线性和时变性，这给精确建立挖掘机控制模型带来了挑战。现有研究主要集中在阀控系统下的开式中心液压系统上，而对结合泵控制和阀控制的负载敏感（LS）挖掘机轨迹控制研究较少。此外，大部分研究针对单一执行机构的轨迹控制，而不是复合作业中所有执行器的轨迹控制。

通过对课题的背景及现有方法的分析、归纳、总结可以得出，本文针对更加复杂的负载敏感系统研究复合作业中多执行机构轨迹的控制方法。因此，论文的出发点和突破点就要建立在与之相应的分析上，或是强调课题中未被解决的关键点，或是克服现有工作的瓶颈。进一步，对现有工作进行梳理，找到工作的创新点。

1.3　创新与建模

创新是科研工作的核心，同样也是学术论文的"灵魂"，而创新离不开对现有理论算法的深入理解和运用。科研工作中的创新通常包含基于现有理论面向应用的模型创新，以及基于应用场景的新理论的提出。以第一种创新为例，并结合挖掘机轨迹的控制策略进行创新性阐述。针对上述研究现状，并结合对相关问题的总结，提出一种基于混合自适应 QPSO 算法（HAQPSO-PID)的 PID 控制器，以实现挖掘机多执行器复合运行轨迹的精确控制。具体步骤如下：

（1）LS 挖掘机建模。

阀控子系统由执行器（动臂、斗杆、铲斗）、位移传感器、控制器和多路阀组成。泵控子系统由柴油发动机、变量泵、压力传感器和控制器组成。其中，泵控子系统用于调节泵出口压力实现负载敏感控制功能，以减少节流和溢流损失。挖掘机的轨迹由阀控子系统控制。LS 挖掘机的整个运行过程是通过阀控子系统和泵控子系统实现的。

在执行器运行过程中，执行器加载的压力信号实时反馈到多路阀压力补偿器的弹簧腔，由压力补偿阀实现压力补偿。节流口两端的压差保持恒定，多路阀的节流孔开度决定了执行器的流量。当多个执行器运行时，执行器的最大负载压力由梭阀检测并反馈到变量泵的控制端口。同时泵的摆角也进行调整，只提供执行器所需的流量和压力，有效降低节流和溢流损失。即使多个执行器的负载压力不同，仍然可以同时快速精确地控制多个执行器，并且可以保证执行器之间不会相互干扰。LS 液压挖掘机系统的控制流程图如图 1 所示。

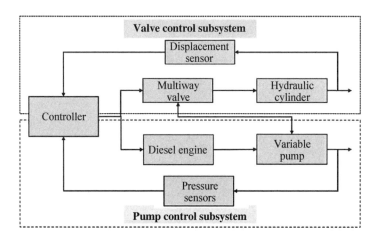

图 1　LS 液压挖掘机系统的控制流程图

（2）混合自适应 QPSO-PID 控制器设计。

混合自适应 QPSO 算法如表 1 所示：

表 1　混合自适应 QPSO 算法

HAQPSO Algorithm
1. Initialzation：population size，maximum iteration number.
2. Determine the initial particle population according to Equation (29).
3. While current number of iterations is less than the maximum number of iterations，calculate the fitness value of each particle according to Equation (34).
4. Calculate P_{best} for each particle and G_{best} for the swarm.
5. Calculate the best position m_{best} according to Equation (26).

HAQPSO Algorithm

6. Calculate φ and p_i^j according to Equations (23) and (32).

7. Calculate α and $m_j(t)$ according to Equations (30) and (33).

8. Update the position for each particle according to Equation (31).

9. Current number of iterations = current number of iterations +1.

10. Output：optimum PID parameters.

　　HAQPSO算法的目的是搜索最佳PID参数，以满足复合挖掘轨迹的精确控制。Kp，Ki，Kd分别表示每个粒子的三维搜索空间，通过HAQPSO算法寻找最佳位置，即得到最优的PID参数。在优化过程中，为获得被控对象的良好瞬态响应和最小的稳态误差，将ITAE（时间乘绝对误差积分）作为目标函数。同时，增加了输入控制信号的平方，避免了过度控制。通过HAQPSO算法对PID控制器参数进行在线优化，实现对LS液压挖掘机多执行器复合轨迹的精确控制。HAQPSO调整PID参数的流程如图2所示。

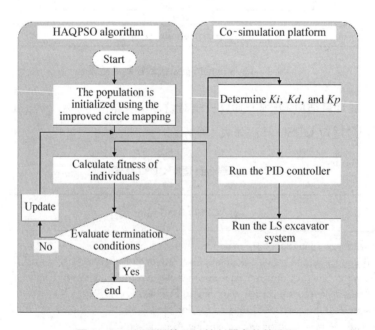

图2　HAQPSO调整PID控制器参数的流程

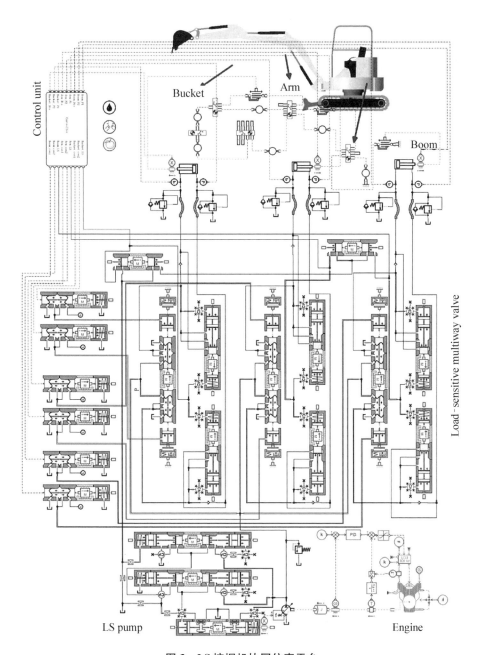

图3 LS挖掘机协同仿真平台

（3）LS 挖掘机联合仿真平台构建。

在挖掘机上直接进行控制器性能测试通常耗时、费力且危险。为此，建立 LS 挖掘机的仿真模型（图3），并测试 HAQPSO 算法在 LS 液压挖掘机多执行器复合轨迹控制中优化 PID 控制器的性能。LS 挖掘机模型是在 AMESIM 中构建的。液压系统由液压元件设计（HCD）库组成，包括 LS 泵、多路阀、梭阀、液压缸、油箱、油管等。机械系统由机械库构建，根据测量的各执行器的实际质量、尺寸和转动惯量建立。控制策略在 Matlab/Simulink 中建立。通过 AMESim 与 Matlab 联合仿真实现 LS 挖掘机模型的建立。

1.4 实验设计与验证

如果说模型的建立是科研工作的"灵魂"，那么实验方案的设计与论述就是论文的"肉体"。完善的实验方案可以对模型充分的验证，并增强论文贡献的可信度。实验方案设计需要包含算法性能实验、方法效果实验、对比实验及多场景实验等。该部分需要多组验证实验来充分论证所提方法的有效性及先进性。有效性体现在所提方法能够解决该领域的基本问题，先进性体现在与现有新方法的对比实验，论述方法具有何种优势。下面我们以论文中的实验章节为例，展示各类实验是如何设计和验证的。

（1）本文提出了一种新的 HAQPSO 算法，因此，首先需要验证 HAQPSO 算法的性能，选择 4 种经典的高维基准函数（表2）来比较 PSO，QPSO 及 HAQPSO 算法性能。

表 2　经典的高维基准函数

Name	Function Expression	Search Domain	Initial Range
Sphere	$f_1(x) = \sum_{i=1}^{n} x_i^2$	$[-100, 100]^n$	$[50, 100]$
Rosenbrock	$f_3(x) = \sum_{i=1}^{n-1} \left[100(x_{i+1} - x_i^2)^2 + (x_i - 1)^2 \right]$	$[-30, 30]^n$	$[15, 30]$
Rastrigin	$f_4(x) = \sum_{i=1}^{n} \left[x_i^2 - 10\cos(2\pi x_i) + 10 \right]$	$[-5.12, 5.12]^n$	$[2.56, 5.12]$

Name	Function Expression	Search Domain	Initial Range
Ackley	$f_5(x) = 20 + e - 20e\left(-\dfrac{1}{5}\sqrt{\dfrac{1}{n}\sum\limits_{i=1}^{n}x_i^2}\right)$ $-e\left(-\dfrac{1}{n}\sum\limits_{i=1}^{n}\cos(2\pi x_i)\right)$	$[-32, 32]^n$	$[16, 32]$

（2）通过 LS 液压挖掘机样机验证上述联合仿真平台的精度，如图 4 所示。因此，为了提高效率，通过协同仿真平台来评估不同控制器在控制挖掘机多个执行器复合轨迹方面的性能。将操纵杆角度用作输入信号，其仿真结果与实际结果如图 4 所示。可以看出，联合仿真平台可以有效地模拟挖掘机执行器的动作。

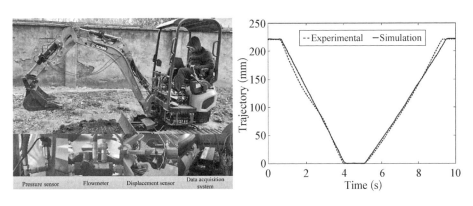

图 4　LS 挖掘机实验平台及验证结果

（3）针对最常见的挖掘机复合作业，进行挖掘机下降、内缩、上升和外摆动等操作。通过 HAQPSO-PID、ZN-PID、PSO-PID 和 QPSO-PID 等不同方法进行了对比实验，以验证 HAQPSO-PID 在挖掘机复合作业轨迹控制种的性能。动臂、斗杆和铲斗的轨迹和轨迹误差曲线如图 5 所示，可以看出 HAQPSO-PID 和 ZN-PID、PSO-PID、QPSO-PID 对多个执行器的轨迹有一定的控制作用。然而，由于压力和流量的突然变化，所有轨迹的最大误差都发生在执行器反转阶段。同时，由于三个执行器的相互耦合，轨迹控制精度会干扰其他执行器。以动臂为例，HAQPSO-PID 的轨迹误差范围为 0.040 3 m，小于 ZN-PID 的 0.060 1 m、PSO-PID 的 0.054 9 m 和 QPSO-

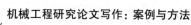
PID 的 0.044 5 m，误差精度分别提高了 32.95％、26.59％和 9.44％。因此，HAPSO-PID 在轨迹误差曲线方面具有最高的控制精度。

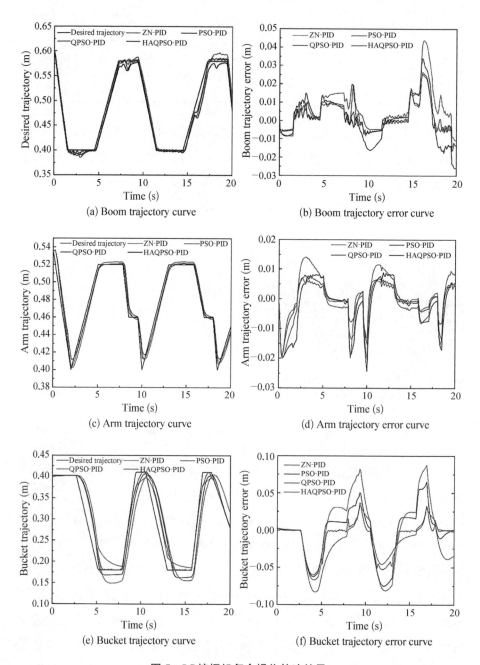

图 5　LS 挖掘机复合操作轨迹结果

2. 总结

2.1　写作的逻辑

学术论文写作的一个关键点是贯穿整篇论文的严密的逻辑性。这里写作的逻辑性与实验的逻辑性略有不同，优秀的文章要起到给读者娓娓道来一个"故事"的作用，这个"故事"要有丰富的背景，有鲜明的特点，有严密的架构及论证。对研究课题深入的调研和归纳总结会对论文的背景描述和出发点部分起着至关重要的作用，同时通过对已完成实验的整理，将实验的细节与提出模型的出发点一一对应，可以使得论文的主干饱满且富有说服力。写论文绝不仅仅是将实验过程完整地记录下来，更像是通过结合自身对课题的理解，将研究思路和实验内容进行巧妙的融合，并以"发现问题，提出假设，验证模型，总结展望"的方式讲解出来，让读者读懂所提出模型的同时，能够进一步地借鉴和拓展。

2.2　投稿与发表的反思

以本文为例，在学术论文的投稿过程中，我们收到了来自多位审稿人的审稿意见，并一一进行回复和修正，也通过这种方式认识到了写作过程中的一些注意事项。学术论文中，除了严密的写作逻辑和充足的实验架构外，优化的图表排版、标准的学术用语、实验实现细节的注释以及对后续工作的探讨等都会是包括审稿人在内的广大读者所关注的东西。俗话说，细节决定成败。在科研学术论文的写作工程中一定要把握包括选题、建模、实验论证以及图文注释的每一个环节。此外，对于具有工程应用背景的研究论文，进行实物验证是论文的加分项，可以提高论文发表期刊的层次。

案例 6　晶内 κ - 碳化物对奥氏体基 Fe-Mn-Al-(Cr)-C 轻质钢初始塑性行为影响的探讨

宋长江[*]

案例来源

J. ZHANG, Y. LIU, C. HU, A. MONTAGE, G. JI, C. SONG, Q. ZHAI, Probing the Effect of Intragranular Premature κ-carbide on Incipient Plasticity Behavior in Austenite-based Fe-Mn-Al-(Cr)-C Steels, *Materials Research Letters*, 2022, 10(3): 141 - 148.

简介

随着社会对汽车行业节能降耗的要求越来越高，汽车轻量化成为未来汽车发展的重要方向。近年来，通过在钢中大量添加 Al、Mn 元素开发的 Fe-Mn-Al-C 系轻质钢受到广泛关注，该系列轻质钢的密度相较传统钢铁材料降低近 20%，同时具备优异的综合力学性能。奥氏体晶内纳米 κ-碳化物是轻质钢中最重要的纳米强化相之一，不仅可以显著提高轻质钢的强度，还是影响轻质钢塑性变形过程中位错滑移方式的关键因素。然而，关于纳米 κ-碳化物与位错结构演变之间相互作用关系的研究尚不充分，尤其是缺乏原子

　＊ 宋长江，上海大学材料科学与工程学院教授、博士生导师。主要研究方向：先进凝固技术与新材料、凝固亚稳超性能结构材料等。

级水平的理解和认识。其难点在于：第一，纳米 κ-碳化物的原子级表征相对困难；第二，拉伸变形过程中位错结构的演变十分复杂，难以对其演变过程直接观察。在这篇论文中，我们使用球差校正高分辨扫描透射电子显微镜与三维原子探针技术相结合的方法，详细表征奥氏体中纳米 κ-碳化物的原子结构。同时，使用纳米压痕技术，分析轻质钢起始塑性变形过程中位错形核行为，并结合第一性原理计算分析纳米 κ-碳化物的原子结构与位错形核行为之间的关系。实验表征结果发现，平均尺寸 5 纳米的 κ-碳化物析出并不会引起奥氏体内元素的明显配分，仅表现为奥氏体中 $L'1_2$ 结构的非化学计量有序相。纳米 κ-碳化物有序结构中的间隙 C 原子可以提高周围原子间的内聚力，从而提高位错形核过程中原子移动的难度，使奥氏体起始塑性变形过程中位错形核更加困难。

 方法谈

1. 论文之道

1.1　论文选题

科技论文的选题应该首先立足于课题研究内容的需要性或价值性，一方面，论文研究的内容应当符合社会发展的迫切需要。Fe-Mn-Al-C 系轻质钢是为了应对汽车轻量化开发的新型先进高强钢，其优异的综合力学性能能够满足汽车结构安全性能的要求，同时其密度的降低还可以增加汽车的续航里程。在全球呼吁节能减排的大背景下，该新型轻质钢的前景巨大。另一方面，课题的研究还应当符合科学本身发展的需求。纳米 κ-碳化物的析出强化是轻质钢获得优异力学性能的重要原因，而纳米 κ-碳化物与位错之间的相互作用则是影响轻质钢应变硬化行为的关键因素。针对纳米 κ-碳化物与位错行为之间相互作用的研究有助于指导轻质钢中纳米析出行为的调控，从而优化轻质钢的力学性能。

1.2　研究现状与研究目的

针对课题研究现状的论述是论文内容叙述的线索和指引，通过对研究现状的论述应当明确论文主题，并体现出课题研究的学术价值。这部分不应该是对参考文献的简单罗列，而应该围绕论文研究内容开展批判性论述，为明确研究目的铺路搭桥。研究目的是论文工作开展的出发点和落脚点，结合研究现状的论述，明确需要突破的难点和需要解决的问题，从而加强读者对论文研究内容的认识。例如，本论文中首先针对轻质钢中纳米 κ-碳化物析出的重要性进行论述，并直接提出当前研究中轻质钢的起始塑性行为尚未有报道，关于 κ-碳化物对塑性影响认识受限的不足。接下来围绕当前研究中金属起始塑性行为的研究进展以及纳米压痕技术的使用展开论述，并最终提出使用原子分辨率表征、纳米力学测试和第一性原理计算相结合的方法，从原子层面详细阐述纳米 κ-碳化物与位错形核行为之间的相互作用关系，为理解 κ-碳化物对轻质钢力学行为的影响提供参考。

1.3　创新思路与理论挖掘

创新始终是科技论文的核心，其创新性可以体现在立意创新、思路创新、手段创新、理论创新等多个方面。有些论文从观点、题目到材料直至论证方法全是新的，也可以以新的角度或新的研究方法重做已有的课题，从而得出全部或部分新观点。在本论文中，轻质钢中的纳米 κ-碳化物析出强化本身是大家所熟知的内容，然而关于其机理的探索和理解受限于表征手段的局限性难以获得突破。作者借鉴前期工作中对纳米 κ-碳化物的表征经验，将球差校正高分辨扫描透射电子显微镜与三维原子探针技术相结合，实现了对纳米 κ-碳化物的全方位解析，从原子级层面深入理解纳米 κ-碳化物的晶格结构与原子分布，为分析其与位错的相互作用做了充分的铺垫，如图 1 所示。

纳米析出颗粒与位错之间相互作用的观察与表征是本论文课题的又一难点，常规拉伸变形中位错结构的变化十分复杂，往往位错形核、位错增殖、位错缠结以及后续位错结构的演变叠加在一起，导致难以直接观察。本论文采用纳米压痕技术，将所观察的微观变形量限制在约 10 纳米以内，使轻质钢样品处于起始塑性变形阶段，避免了大量位错的产生和缠结，并结合数据理论模型详细分析轻质钢起始塑性变形过程中的位错形核行为。

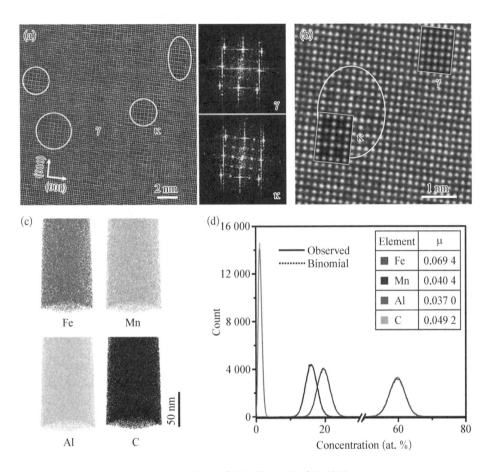

图1　纳米 κ‑碳化物的原子级表征结果

单纯地分析表征与测试的结果，获得的信息往往停留在表面，导致论文的质量不高。将表征结果与测试数据重新整合，并在此基础上进行针对性的理论挖掘不仅可以提高论文的可信度，还可以使论文质量获得质的提升。例如，本文中对 κ‑碳化物的表征结果和纳米力学性能测试仅能说明 κ‑碳化物数量的变化对起始塑性变形过程中最大剪切应力的影响，然而其原因并不能明确给出。由于针对纳米 κ‑碳化物的原子级表征可以明确说明其有序结构为 C 原子占据八面体间隙的 L'1$_2$ 结构，而且 5 纳米以下的 κ‑碳化物析出并不会引起任何元素配分现象，那么奥氏体中的纳米 κ‑碳化物可以近似为 C 原子的有序化结构。作者通过针对性的第一性原理计算发现，间隙 C 原子的存在导致周围原子之间发生电荷转移（如图 2 所示），增加周围原子间的内聚力，提高周围原子移动的难度，阻碍位错形核，从而揭示出纳米 κ - 碳化物与奥氏体塑性变形过程中位错形核行为的影响机制。

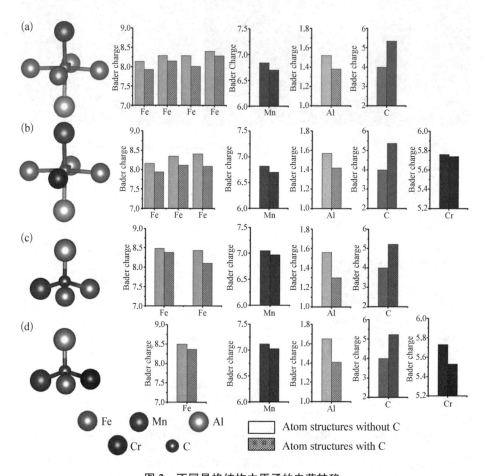

图 2　不同晶格结构中原子的电荷转移

2. 总结

2.1　写作的逻辑

科技论文的写作逻辑是贯穿整篇论文的一条思路线索，沿着这条线索可以将研究进展、研究目的、研究内容、研究结论各个方面顺序串联起来。但是，论文的内容绝不是这些内容的简单罗列，彼此之间存在着紧密的联系。通过对论文研究进展的论述引出论文的研究目的，并围绕研究目的设计实验思路、试验方法，然后详尽地阐述论文的实验结果，并在此基础上针对性地进行理论挖掘，使论文的实验结果得到升华。研究目的既是论文的出发点，又是论文的落脚点，论文结论必须与研究目的相呼应。整个论文的内容应当结构紧密、逻辑严谨、环环相扣，让读者沿着论文的思路清晰明了地完成阅读，并明晰论文的内容，从而有所收获和借鉴。

2.2　投稿与发表的反思

论文的投稿过程是论文完成过程中的关键步骤，为论文选择合适的期刊是关键中的关键。以本文为例，论文的内容相对较短，力求以短小的篇幅阐明研究的一个创新点，更加符合快速发表的 Letter 快报论文的要求，因此作者投稿过程中的期刊选择主要以这类为主。根据编辑与审稿人的评审意见，这类期刊对创新性的要求较高，要求论文小而精，对篇幅的要求也增加了论文撰写的难度。

案例 7　The Application of Blockchain in Social Media: A Systematic Literature Review

Mahamat Ali Hisseine　Deji Chen*

 **案例来源**

M. HISSEINE, D. CHEN, The Application of blockchain in Social Media: A Systematic Literature Review, *Applied Science*, 2022, 12: 6567.

 Background

Since their apparition, social media have played a considerable part in our lives and continue to increase their impact on our society. They have revolutionized communications, allowing anyone with an internet connection to interact and exchange with people worldwide. It also offers a variety of options for posting and sharing photos, videos, surveys, etc. Additionally, they contributed to accelerating the dissemination of information. Social media helps businesses enhance customer interaction after delivering products and services and hearing from them about those products and services. However,

---

＊ Mahamat Ali Hisseine, College of Electronic and Information Engineering, Tongji University, PhD candidate. Main research interests: Blockchain, Handle System, Network, IoT.

Deji Chen, Professor, College of Electronic and Information Engineering, Tongji University. Research focused on IIoT, Industrial Wireless, Real-time Systems.

even if they have considerably improved life in our societies, social networks have also brought some problems. All of the information you share in social media is accessible to anyone all over the world. That means your privacy will almost be compromised. And also, it is simple for false information and rumors to propagate. In recent years, false and misleading content, press articles, images, or videos have considerably amplified on the Internet. And it is easy to create fake identities and profiles to harass or harm someone today. Online harassment has affected many people, especially children. Currently, a possible solution to address some of those challenges, proposed by several studies, is the use of blockchain. It can be characterized as a decentralized, immutable, and transparent ledger used for recording transactions across several computers or nodes simultaneously. The application of blockchain in social media improved control and security. It also provides decentralized platforms, transparency, and along with others. Many papers on the application of blockchain in social media have been published in recent years. This paper conducts a systematic literature review (SLR) of the application of blockchain in social media. We considered 42 articles related to this topic by using different academic databases. Our study is the first systematic literature review focusing on this topic. The results of our study show that most of the previous studies on the applications of blockchains in social media have mainly focused on blocking fake news and improving user data privacy. Research in this area started in 2017. Furthermore, we have discussed some challenges and limitations of deploying blockchain in social media, suggested possible solutions to address those issues, and proposed ideas for future research.

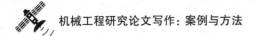

 方法谈

1. Steps followed

1.1 Topic selection

Choosing a topic can be delicate. Make sure your subject is interesting and within the guidelines of your assignment. Researching background information is the first step after coming up with an idea. This study is designed to perform an SLR to analyze the current status of the use of blockchain in social media and examine the proposed methods and models. The main reason we are interested in social networks is the data insecurity engendered by the increasing number of users. Indeed, nowadays, networks are widely used despite all the problems they can cause. It is more than necessary to find a way to make it safer and protect users at the same time. Although other technologies are used to improve them, blockchain appears to be the most promising. Blockchain is used in different sectors to solve different types of security problems. It impacts various industries, from improving contract execution to providing a more efficient management system. Unlike a centralized database, blockchain allows users to access and store data decentralized, making it incredibly secure. For all those reasons, we focus explicitly on the blockchain to review its use to secure social media. We have selected this topic to analyze the limitations and propose solutions to overcome them. We chose a systematic literature review because we want to eliminate any bias. The SLR review is always performed based on selected criteria, highlighting adequacy, and accuracy.

1.2 Starting point

The first step to do a systematic literature review is formulating specific key questions. As well as a protocol that defines the study design, objectives, and expected outcomes, a literature search must be conducted, and the results must be collected, examined, and analyzed according to a carefully planned approach. Developing a good research question involves being clear, concise, specific, and argumentative. That systematic literature review is framed around several research questions, which are listed below:

(1) What are the different methods and techniques proposed by past studies to leverage blockchain technology in social media?

(2) What are the existing challenges and limitations of blockchain applications in social media?

(3) What are the knowledge gaps that future research can address?

1.3　Methodology

A systematic literature review's method section presents what you did, how, and why you did it to accomplish your goals. A rigorous and replicable method is used for systematic literature reviews. Therefore, these methods must be clarified concisely and straightforwardly. A systematic literature review should be set up with an overview of the reliable techniques, and ideally, those methods should be outlined in great detail in a comprehensive protocol. We followed the PRISMA (Preferred reporting items for systematic literature reviews and meta-analyses) guidelines in that systematic literature review.

● Eligibility criteria

A systematic literature review is also determined by the eligibility criteria, which are prespecified and unambiguous. Authors can develop their eligibility criteria or adapt another review's criteria. For example, we excluded reviews, reports, case reports, abstract-only papers, patents, magazines, editorials, books, dissertations, etc. Papers for which the full text is not available online are also excluded.

● Information sourcing

An SLR aims to find all available information on a topic. Therefore, it is essential to search widely and thoroughly. As no database covers all the literature relevant to the case, it is necessary to search various databases. *Scopus*, *Web of Science*, *IEEE Xplore*, *ACM Digital Library*, *Science Direct*, *Wiley Online Library*, *EBSCO*, and *ProQuest* were considered for that review.

● Search strategy

An essential component of a systematic literature review is to devise a systematic search strategy to help identify all of the studies that meet the criteria for inclusion to conduct an SLR. Table 1 gives the approach adopted by that paper.

Table 1   Query Strings

Database	Query string
Scopus	TITLE-ABS-KEY ((("blockchain" OR "blockchain platform" OR "blockchain application") AND ("Social media" OR "Social network" OR "Social platform" OR "Online community" OR "media platform")))
Web of Science	TS= ((("blockchain" OR "blockchain platform" OR "blockchain application") AND ("Social media" OR "Social network" OR "Social platform" OR "Online community" OR "media platform")))
IEEE Xplore	("All Metadata": blockchain OR "All Metadata": blockchain platform OR "All Metadata": blockchain application) AND ("All Metadata": social media OR "All Metadata": social network OR "All Metadata": social platform OR "All Metadata": online community OR "All Metadata": media platform)
ACM Digital Library	[[All: "blockchain"] OR [All: "blockchain platform"] OR [All: "blockchain application"]] AND [[All: "social media"] OR [All: "social network"] OR [All: "social platform"] OR [All: "online community"] OR [All: "media platform"]] AND [[All: "blockchain"] OR [All: "blockchain platform"] OR [All: "blockchain application"]] AND [[All: "social media"] OR [All: "social network"] OR [All: "social platform"] OR [All: "online community"] OR [All: "media platform"]]
Science Direct	(("blockchain" OR "blockchain platform" OR "blockchain application") AND ("social media" OR "social network" OR "social platform" OR "Online community" OR "media platform"))

Table 1. *cont.*

Database	Query string
Wiley Online Library	"(blockchain OR blockchain platform OR blockchain application) AND (social media OR social network OR social platform OR online community OR media platform)" anywhere
EBSCO	("blockchain" OR "blockchain platform" OR "blockchain application") AND ("social media" OR "social network" OR "social platform" OR "online community" OR "media platform")
ProQuest	ti ((("blockchain" OR "blockchain platform" OR "blockchain application") AND ("social media" OR "social network" OR "social platform" OR "online community" OR "media platform"))) OR ab ((("blockchain" OR "blockchain platform" OR "blockchain application") AND ("social media" OR "social network" OR "social platform" OR "online community" OR "media platform")))

● Data selection process

A study selection process will generally take place in two steps: screening the title and abstract of the studies and reviewing the full texts. Regarding the eligibility criteria, each record should be checked for its title and abstract to determine if it should be excluded based on its title and abstract. If the title and abstract of a record indicate a lack of relevance, it might be appropriate for the paper to be moved forward for full-text review. The process followed by that review is illustrated in Fig. 1.

1.4 Results

By following the PRISMA protocol, the result section provides the number of papers that are screened, assessed for eligibility, and chosen in the review. There are the findings of all assessments of the potential for bias across studies. At present, for each study, a simple summary of information with a plot and estimates for all results. For that review, 6 762 records were retrieved through a search in eleven academic databases. In the end, 42 were included. Table 2 lists the selected papers organized by year, country, publication type, and application domain.

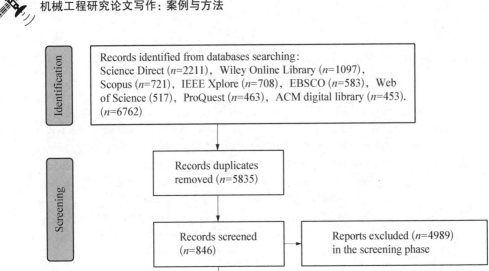

Fig. 1   PRISMA flow diagram for the data collection process

Table 2   Contours of selected studies

Year	Author	Title	Type	Subject area	Cited number
2022	Dawei Xu et al.	CL-BC: A Secure Data Storage Model for Social Networks	Journal	Computer Science	—
2022	Sakshi Dhall et al.	Blockchain-Based Framework for Reducing Fake or Vicious News Spread on Social Media/ Messaging Platforms	Journal	Computer Science	2
2022	Lakshmi Kanthan Narayanan et al.	Blockchain-Based Fictitious Detection in Social Media	Conference	Computer Science Engineering	—

Table 2. *cont.*

Year	Author	Title	Type	Subject area	Cited number
2022	Wahid Sadique Koly et al.	Towards a Location-Aware Blockchain-Based Solution to Distinguish Fake News in Social Media	Conference	Computer Science Mathematics	—
2021	Imran Ush Shahid et al.	Authentic Facts: A Blockchain-Based Solution for Reducing Fake News in Social Media	Conference	Computer Science	—
2021	Subhasis Thakur et al.	Rumor Prevention in Social Networks with Layer 2 Blockchains	Journal	Computer Science Engineering Social Sciences	—
2021	Md Arquam et al.	A Blockchain-Based Secured and Trusted Framework for Information Propagation on Online Social Networks	Journal	Computer Science Engineering Social Sciences	1
2021	Akash Dnyandeo Waghmare et al.	Fake News Detection of Social Media News in Blockchain Framework	Journal	Computer Science Engineering	—
2021	Gianluca Lax et al.	A Blockchain-Based Approach for Matching Desired and Real Privacy Settings of Social Network Users	Journal	Computer Science Decision Sciences Engineering Mathematics	3
2021	Tee Wee Jing et al.	Protecting Data Privacy and Prevent Fake News and Deepfakes in Social Media via Blockchain Technology	Conference	Computer Science Mathematics	1
2021	Ningyuan Chen et al.	A Blockchain-Based Autonomous Decentralized Online Social Network	Conference	Computer Science Engineering Physics and Astronomy	1
2021	Yang Zen, T. H. et al.	ABC-Verify: AI-Blockchain Integrated Framework for Tweet Misinformation Detection	Conference	Computer Science Decision Sciences Engineering	—

109

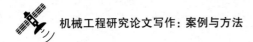

Table 2. *cont*.

Year	Author	Title	Type	Subject area	Cited number
2021	Alsaawy Yazed et al.	Lightweight Chain for Detection of Rumors and Fake News in Social Media	Journal	Computer Science	—
2021	Sari, R. F et al.	Social Trust-Based Blockchain-Enabled Social Media News Verification System	Journal	Computer Science Mathematics	—
2021	Xiaoqiang Jia	Construction of Online Social Network Data Mining Model Based on Blockchain	Journal	Computer Science Mathematics	—
2021	Zhang, S et al.	A Novel Blockchain-Based Privacy-Ppreserving Framework for Online Social Networks	Journal	Computer Science	15
2020	Dwivedi, A.D. et al.	Tracing the Source of Fake News using a Scalable Blockchain Distributed Network	Conference	Computer Science Decision Sciences Engineering	4
2020	Mohsin Ur Rahman et al.	Blockchain-Based Access Control Management for Decentralized Online Social Networks	Journal	Computer Science Mathematics	9
2020	Zakwan Jaroucheh et al.	TRUSTD: Combat Fake Content using Blockchain and Collective Signature Technologies	Conference	Computer Science Social Sciences	3
2020	Franklin Tchakounté et al.	Smart Contract Logic to Reduce Hoax Propagation across Social Media	Journal	Computer Science	2
2020	Feihong Yang et al.	An Efficient Blockchain-Based Bidirectional Friends Matching Scheme in Social Networks	Journal	Computer Science Engineering Materials Science	2
2020	Gowri Ramachandran et al.	Whistle Blower: towards A Decentralized and Open Platform for Spotting Fake News	Conference	Business Computer Science Decision Sciences Engineering	2

Table 2. *cont*.

Year	Author	Title	Type	Subject area	Cited number
2020	S. Phani Praveen et al.	The Efficient Way to Detect and Stall Fake Articles in Public Media using the Blockchain Technique: Proof of Trustworthiness	Journal	Agricultural and Biological Sciences Business Engineering	
2019	Le Jiang et al.	BCOSN: A Blockchain-Based Decentralized Online Social Network	Journal	Computer Science Mathematics Social Sciences	24
2019	Sara Migliorini et al.	A Blockchain-Based Solution to Fake Check-ins in Location-Based Social Networks	Conference	Computer Science	1
2019	Shuai Zeng et al.	A Decentralized Social Networking Architecture Enhanced by Blockchain	Conference	Business Computer Science Decision Sciences	—
2019	Yun Chen et al.	DEPLEST: A Blockchain-Based Privacy-Preserving Distributed Database toward User Behaviors in Social Networks	Journal	Computer Science Decision Sciences Engineering Mathematics	41
2019	Shovon Paul et al.	Fake News Detection in Social Media using Blockchain	Conference	Computer Science Engineering	18
2019	Gyuwon Song et al.	Blockchain-Based Notarization for Social Media	Conference	Engineering	17
2019	Mohamed Torky et al.	Proof of Credibility: A Blockchain Approach for Detecting and Blocking Fake News in Social Networks	Journal	Computer Science	5
2019	Gengxin Sun et al.	Research on Public Opinion Propagation Model in Social Network Based on Blockchain	Journal	Computer Science Engineering Materials Science Mathematics	29

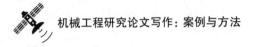

Table 2. *cont.*

Year	Author	Title	Type	Subject area	Cited number
2019	Ke Gu et al.	Autonomous Resource Request Transaction Framework Based on Blockchain in Social Network	Journal	Computer Science Engineering Materials Science	7
2019	Iago Sestrem Ochoa et al.	Fake Chain: A Blockchain Architecture to Ensure Trust in Social Media Networks	Conference	Computer Science Mathematics	11
2019	Muhammad Saad et al.	Fighting Fake News Propagation with Blockchains	Conference	Computer Science Decision Sciences Engineering	13
2019	Adnan Qayyum et al.	Using Blockchain to Rein in the New Post-Truth Worland Check the Spread of Fake News	Journal	Computer Science	29
2019	Renita Murimi	A Blockchain Enhanced Framework for Social Networking	Journal	Computer Science	5
2019	Karl Pinter et al.	Towards a Multi-party, Blockchain-Based Identity Verification Solution to Implement Clear Name Laws for Online Media Platforms	Conference	Business Computer Science Decision Sciences Engineering Mathematics	2
2019	Quanqing Xu et al.	Building an Ethereum and IPFS-Based Decentralized Social Network System	Conference	Computer Science	4
2018	Dong Qin et al.	RPchain: A Blockchain-Based Academic Social Networking Service	Conference	Computer Science	8
2017	Ruiguo Yu et al.	Authentication with Blockchain Algorithm and Text Encryption	Conference	Computer Science	27
2017	Steve Huckle and Martin White	Fake News: A Technological Approach to Proving the Origins of Content, using Blockchains	Journal	Computer Science Decision Sciences	29

Table 2. *cont*.

Year	Author	Title	Type	Subject area	Cited number
2017	Antorweep Chakravorty et al.	Ushare: User-Controlled Social Media Based on Blockchain	Conference	Computer Science	42

• Selected documents by year

A systematic literature review should specify if the publication time of the papers included is limited. For that SLR, the time for choosing research papers was unlimited (Fig. 2).

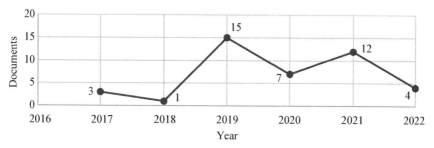

Fig. 2　Documents by year

• Studies by country

In an SLR, the geographical location of included papers can be analyzed. Figure 3 provides the partition of selected papers by country.

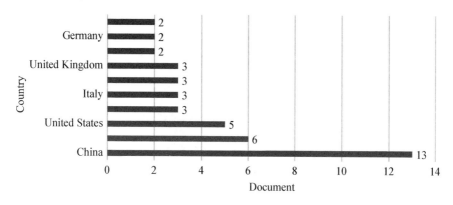

Fig. 3　Documents by country

● Type of publication

The proportion of publications can also be examined. We included journals and conference papers in that SRL. Figure 4 gives the percentage of each category.

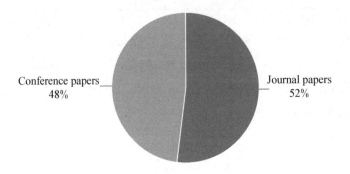

Fig. 4   Publication types

● Classification of selected papers

From the analysis of selected papers, we categorize them into two groups: one is based on the application of blockchain to resolve the issue of data privacy and security, and the other is providing solutions for fake content problems. There is also one article regrouping all those two-use cases. Figure 5 gives the proportion of different use cases.

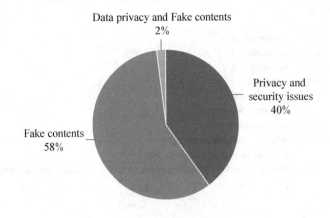

Fig. 5   Classification of selected studies

1.5 Discussion

Review findings are summarized and compared with existing literature, and the limitations of the review are listed in the discussion section. Authors' interpretations and implications for future research can also be found in the discussion section.

● Proposed methods and models by different studies

Many researchers have examined popular social media sites from various angles to identify problems and offer possible solutions. Table 3 gives all the solutions proposed for avoiding fake content, and Table 4 provides the solutions presented for protecting data.

Table 3   Solution to stop fake content

Reference	Proposed Model
[46]	Blockchain and keyed watermarking-based framework
[47]	Architecture of blockchain-based fictitious detection system
[48]	Architecture to store validation records in the blockchain
[49]	Rating system to detect the authenticity of news
[50]	A secure and privacy-preserving method
[51]	A framework for safely sharing information at the peer level
[52]	Machine learning-based model using blockchain
[56]	A. I. with a proof-of-stake smart contract algorithm architecture
[57]	Blockchain with text mining (T. M.) algorithm
[58]	Social media news-spreading model
[61]	A blockchain and watermarking-based social media framework
[63]	TRUSTD, a blockchain and collective signature-based ecosystem
[64]	A smart contract-based technique to avert fake posts
[66]	Whistle Blower, a decentralized fake news detection platform
[67]	Proof of trustworthiness (PoT)
[69]	Avoiding false check-ins in location-based social networks
[72]	Method using the concept of decentralization

Table 3. *cont*.

Reference	Proposed Model
[73]	A blockchain-based social media notarization method
[74]	A blockchain consensus called proof of credibility (PoC)
[75]	A public opinion communication model
[77]	Architecture using data mining as a consensus algorithm
[78]	A prototype to counter the dissemination of fake news
[79]	Proof of truthfulness (PoT) for news verification
[85]	Provenator, a blockchain-based distributed application

Table 4　Solution to protect data

Reference	Proposed Model
[45]	Model-based on security data storage
[53]	Solution to managing the privacy preferences of a user
[55]	Autonomous decentralized online social network architecture
[59]	Blockchain-based data mining methodology
[60]	A blockchain-based privacy-preserving framework (BPP)
[62]	An auditable and trustworthy access control structure
[65]	A hierarchical blockchain-based attribute matching system
[68]	BCOSN, a blockchain-based online social network
[70]	A decentralized social networking architecture
[71]	A blockchain-based model for data storage
[76]	An autonomous resource request transaction framework
[80]	Blockchain-enhanced version of social networking (BEV-SNSs)
[81]	Blockchain-based identity providers
[82]	A decentralized social network based on Ethereum and IPFS
[83]	RPchain, a blockchain-based academic social networking platform
[84]	A protocol and authentication with a blockchain algorithm
[86]	Ushare: a blockchain scheme for social networks

● Gaps and future research

Gaps in the literature are missing parts or insufficient information in the published research on an area. You can find the gaps by looking for the limitations in the literature. These areas have not explored can be suggested for further research. We identified among the limitations the scalability issues that can slow the platform and the energy consumption challenge. Future research can focus on this area. We proposed the use of persistent identifiers for authentication. The idea is to provide each user with a unique and persistent I.D. research in this area also can be explored.

2. Submission and acceptance

2.1　Journal selection

Finding a journal to publish an article is just as crucial as publishing the work. Choosing an explicit journal related to your topic increases the chance of publication. In recent years, there has been a rise in the number of systematic literature reviews published in journals. When choosing a target journal, authors often looked for publications with a high impact factor. After several searches, we opted for the *Applied Sciences Journal*.

2.2　First submission and reply to the reviewers

After you have chosen the journal you want to submit your manuscript to, it is necessary to check to see that you have satisfied all of the requirements for the submission. Peer review is a critical factor in the research process. We received several comments from four reviewers and resumed to preciously answer all their recommendations. The comments were very diverse. There was a recommendation about the style in which the article was written and the method in which we presented the results. Also, we received a recommendation to change the background and to improve the abstract and introduction. Additionally, more details about the inclusion or exclusion criteria were requested. After we did additional work and resubmitted, the paper was accepted.

案例 8　因果模型启发的复杂工业过程软传感器自动化特征选择方法

孙衍宁 *

案例来源

Y. SUN, W. QIN, J. HU, et al, A Causal Model-Inspired Automatic Feature-Selection Method for Developing Data-Driven Soft Sensors in Complex Industrial Processes, *Engineering*, 2023, 22(3)：82 – 93.

简介

关键性能指标（KPI）的软测量在复杂工业过程决策中起着至关重要的作用。许多研究人员已经使用先进的机器学习（ML）或深度学习（DL）模型开发出了数据驱动的软传感器。其中，特征选择是一个关键的问题，因为一个原始的工业数据集通常是高维的，并不是所有的特征都有利于软传感器的开发。一种完善的特征选择方法不应该过度依赖超参数和后续的 ML 或 DL 模型。换言之，它应该能够自动选择一个特征子集进行软传感器建模，选择的每个特征对工业 KPI 都有独特的因果影响。因此，本研究提出了一种受因果模型启发的自动特征选择方法，用于工业 KPI 的软测量。首先，受后

---
* 孙衍宁，上海大学机电工程与自动化学院讲师、硕士生导师。主要研究方向：工业人工智能、大数据分析决策、制造质量控制等。

非线性因果模型的启发，本研究将数据驱动的软传感器与信息论相结合，以量化原始工业数据集中每个特征和 KPI 之间的因果效应。然后，提出了一种新的特征选择方法，即自动选择具有非零因果效应的特征来构造特征子集。最后，利用所构造的子集，通过 AdaBoost 集成策略开发 KPI 的软传感器。两个实际工业应用中的实验证实了该方法的有效性。在未来，该方法也可以应用于更多实际的复杂工业过程，以帮助开发更先进的数据驱动软传感器。

 方法谈

1. 论文之道

1.1 论文选题

论文选题不仅是给论文定个题目或简单地规定个范围，而是课题组研究方向和实际工作的重要体现，也是实现个人价值和确定未来发展的重要环节。论文选题一般要从科学文献中获得难以解释的问题，或来自实际的工程技术难题，通过对该问题由浅入深地分析和探索，最后明确论文课题的研究方向，并确保课题的科学性、先进性、重要性和可行性。而论文题目的最终确定需要结合文章研究的对象、提出的创新方法、解决的实际问题，用最简洁的语言体现文章的主要贡献和特色，避免过长的陈述。

本文主要针对复杂工业过程的软测量问题。在很多工业场景中，产品质量、生产效率、能源消耗和污染排放等关键性能指标（KPI）难以在线测量，需要研究高可靠、低成本的软传感器，实现 KPI 的软测量，即构建以易测变量为输入、以难测 KPI 为输出的数学模型来描述系统的输入-输出特性。针对这一实际工程需求，通过机器学习或深度学习来开发数据驱动的软测量模型，已成为学术界及产业界的热点问题。然而，现有数据驱动方法仅关注关联关系，而不反映实际工业过程的因果关系，使得软传感器的稳健性和解释性不足。如何从数据中发现因果关系是国际前沿问题，本文将因果效应计算方法引入到软传感器的特征选择过程，推断各特征变量与目标变量之间的因

果关系，实现复杂工业过程软传感器的自动化特征选择。因此，本文题目为
《因果模型启发的复杂工业过程软传感器自动化特征选择方法》。

下面我们以本文为例，具体探讨有关论文写作的方法与技巧。

1.2　论文摘要

论文摘要是对文章核心内容的总结，是在审稿过程中期刊编辑、审稿专
家，以及文章发表后读者重点阅读的第一部分。为此，摘要应重点突出作者
的研究问题、学术观点、创新方法以及重要结论，以最大限度地吸引期刊编
辑、审稿专家和读者的注意力，并确保语言的逻辑性和严谨性。

除特殊要求外，摘要一般 200 字左右，最多不要超过 250 字，内容大致
可分为三部分。第一部分提供介绍性的背景信息，让读者知道你为什么要进
行这项研究，以及研究对象的特点及问题的难点，并很自然地引出关于你的
研究如何能独特地解决这个问题（第二部分）。第二部分一般采用总分结构，
简要地介绍你的研究方法以及实验设计或案例分析，展现本研究的主要贡
献，描述方法最具特色的部分，并不需要过多的细节。第三部分清楚地描述
研究最重要的发现或研究结论，可适当地描述研究意义并展望。同时，摘要
里不应出现冗长的背景信息，文献引用，主要贡献之外的研究方法、程序、
实验细节，过多甚至未定义的缩写或首字母缩略词，以及正文里没有提及的
结果或解释。

本文摘要首先提供了介绍性的背景信息"关键性能指标（KPI）的软测
量在复杂工业过程决策中起着至关重要的作用。许多研究人员已经使用先进
的机器学习（ML）或深度学习（DL）模型开发出了数据驱动的软传感器。
其中，特征选择是一个关键的问题，因为一个原始的工业数据集通常是高维
的，并不是所有的特征都有利于软传感器的开发"，并引出了本文要解决的
问题"一个完善的特征选择方法不应该过度依赖于超参数和后续的 ML 或
DL 模型。换言之，它应该能够自动选择一个特征子集进行软传感器建模，
选择的每个特征对工业 KPI 都有独特的因果影响"。进而很自然地引出本文
研究方法，采用总分结构"本研究提出了一种受因果模型启发的自动特征选
择方法，用于工业 KPI 的软测量。首先，受后非线性因果模型的启发，本研
究将数据驱动的软传感器与信息论相结合，以量化原始工业数据集中每个特

征和 KPI 之间的因果效应。然后，提出了一种新的特征选择方法，即自动选择具有非零因果效应的特征来构造特征子集。接着，利用所构造的子集，通过 AdaBoost 集成策略开发 KPI 的软传感器"。最后，描述了实验和结论"两个实际工业应用中的实验证实了该方法的有效性"，并进行了研究展望"在未来，该方法也可以应用于更多实际的复杂工业过程，以帮助开发更先进的数据驱动软传感器"。

1.3　论文引言

论文引言通常依据所属研究领域与背景，对已有研究进行批判性分析和讨论，总结前人的研究进展、成果、现实情况及存在问题，明确与本论文相关的研究现状，最后强调本文的研究动机与重要性。语言描述最好采用讨论式的口吻，避免对参考文献的叙述性的罗列，要有并列，有递进，有转折，做到抑扬顿挫并有逻辑地把研究问题和现状梳理清楚。本文的引言部分大致分为研究问题及领域、发展趋势、主要方法综述、问题总结、本文主要贡献及主要内容、文章结构，从问题总结到主要贡献是引言写作的核心。

通过对研究背景的描述和分析，本文引言部分首先引出了"软传感器技术在工业 KPI 的在线测量方面引起了广泛的关注"，即本文研究的是工业软传感器技术。本文第二段简要介绍了软传感器技术，目的是通过构建以易测变量为输入、以 KPI 为输出的数学模型来描述系统的输入-输出行为，有第一性原理（白盒）模型和数据驱动（黑盒）模型两种，给出了当前的发展趋势是数据驱动模型已成为工业 KPI 软传感器的主流。第三段进行主要方法综述时，按照由简单到复杂的逻辑，从浅层机器学习到深度学习模型，对前人研究工作先进行了正面的描述，随后指出"仍存在一些研究缺陷"。接着分别在第 4 和 5 段分析了两个方面的缺陷：第一，特征选择仍然是一个关键问题，因为一个原始的工业数据集通常是高维的，并不是所有的特征都有利于软传感器的建立；第二，实际的工业数据难以获取，而且成本昂贵，特别是对于离散工业，这阻碍了数据驱动的软传感器在工业中的应用。

至此，本文分析了研究背景，引出了研究问题，肯定了同行的研究工作，并总结了当前的研究缺陷。第一个缺陷实际上暗示本文重点关注软传感器建模中的特征选择问题，第二个缺陷实际上暗示本文有实际的离散工业数据，数据获取相当不容易。因此，本研究主要关注两个科学问题：第一，如何量化原始工业数据集中的每个特征和 KPI 之间的因果效应？第二，如何自动选择数据驱动的软传感器建模所需的特征子集？

本文指出因果模型应用很广泛，但在软传感器领域鲜有涉及，引出了本文主要的贡献有三点，每点按照做的内容和效果进行描述。第一点的内容是受后非线性因果模型的启发，将其与信息论相结合，以量化原始工业数据集中每个特征和 KPI 之间的因果效应；效果是可以避免数据生成机制的假设，并为理解复杂工业过程提供有用的见解。第二点的内容是提出一种新的特征选择方法，通过自动选择具有非零因果效应的特征来构造特征子集；效果是减少信息丢失，提高软传感器模型的可解释性，有助于提高准确性和鲁棒性。第三点的内容是利用所构建的子集，通过 AdaBoost 集成策略来开发 KPI 的软传感器，并在富士康科技集团的注塑成型过程和广西玉柴集团的柴油发动机装配过程进行应用验证；效果是实现了软传感器建模并证实了该方法的有效性。

1.4 论文方法论

方法论是工科领域论文的主体内容，也是对于读者而言最难读懂的部分，必须做到逻辑清晰，图文并茂地描述文章的主要工作。本文在第二部分对一些基础理论作了简要总结，包括特征选择中的子集搜索策略和子集评估标准、因果发现中的条件独立性测试（图 1）和结构方程模型（图 2），指出了现有方法的不足。对于特征选择问题，嵌入法和包装法依赖于 ML 和计算成本高昂的训练过程。它们的性能直接受所选 ML 模型的影响。过滤法，如基于方差的方法、基于 PCC 的方法和基于 MIC 的方法，不依赖于 ML 模型，并通过预先手动设置停止阈值来选择特征的子集。一个典型的停止阈值包括特定数量的选定特征，如特定的方差值、PCC 值或 MIC 值。显然，很难确定一个具有良好的可解释性和理论基础的停止阈值。因果发现通过量化原始工业数据集中的每个特征和 KPI 之间的因果效应，进而自动地选择特征用于数据驱动的软传感器建模，为解决这个问题带来了新的思路。第三部分和第四部分是本文提出的创新性方法，即受因果模型启发的特征选择、基于决策树 AdaBoost 的软传感器建模，要避免对已有理论和方法的过多描述。

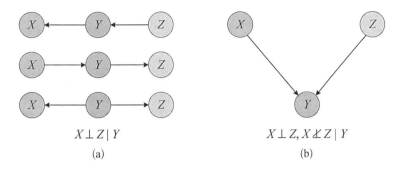

$$X \perp Z \mid Y \qquad\qquad X \perp Z, X \not\perp Z \mid Y$$

(a)   (b)

图 1 三元变量之间的因果关系：(a) 马尔可夫等价类；(b) V 型结构

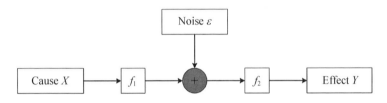

图 2 后非线性因果模型（PNM），f_1、f_2：非线性函数；ε：噪声或干扰

给定一组原因变量 $\{X_1, X_2, \cdots, X_k\}$（其中 k 是变量的数量）和结果变量 Y，前人的 PNM 模型可以被扩展为 $Y = f_2(f_1(X_1, X_2, \cdots, X_k) + \varepsilon_k)$。为了发现另一个变量 X_{k+1} 和 Y 之间的因果关系，上式进一步扩展为 $Y = f_2(f_1(X_1, X_2, \cdots, X_k, X_{k+1}) + \varepsilon_{k+1})$。如果 X_{k+1} 减少了噪声项，则它包含了 Y 的因果信息。因此，X_{k+1} 对 Y 的因果效应可以表示为 $CE_{X_{k+1} \to Y} = \dfrac{1}{2} \log \dfrac{\sigma^2(\varepsilon_k)}{\sigma^2(\varepsilon_{k+1})}$。上式的求解需要建立和依赖两个回归模型，具有较高的计算复杂度并影响精度。此外，对 PNM 中数据生成机制的假设也有待改进。

本研究通过信息论定义因果效应，以此来解决这些问题。信息论通过考虑不确定性而不是方差来扩展 PNM。换句话说，可以通过测量 X_{k+1} 降低 Y 的不确定性的程度来量化因果效应。如图 3 所示，给定一组原因变量 $\{X_1, X_2, \cdots, X_k\}$，$Y$ 中的剩余不确定度可以用下式计算：$H(Y \mid X_1, X_2, \cdots, X_k) = H(X_1, X_2, \cdots, X_k, Y) - H(X_1, X_2, \cdots, X_k)$。当进一步给出 X_{k+1}，Y 中的剩余不确定性可以表示为：$H(Y \mid X_1,$

X_2，$\cdots$，X_k，X_{k+1}）$=H(X_1$，X_2，$\cdots$，X_k，X_{k+1}，$Y)-H(X_1$，X_2，$\cdots$，X_k，X_{k+1}）。因此，得到 X_{k+1} 对 Y 的因果效应如下：$CE_{X_{k+1} \to Y} = H(Y \mid X_0$，$X_1$，$\cdots$，$X_k)-H(Y \mid X_0$，$X_1$，$\cdots$，$X_k$，$X_{k+1}$），该式仅依靠信息论来实现无回归模型的因果效应量化。

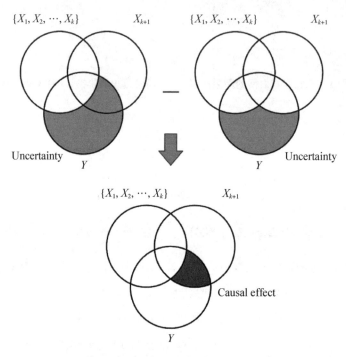

图3 改进的因果效应 Venn 图，其中第一个红色阴影表示：当给定一组原因变量 $\{X_1$，X_2，$\cdots$，$X_k\}$ 时，Y 中的剩余不确定性；第二个红色阴影表示：当进一步给出 X_{k+1} 时，Y 中的剩余不确定性；蓝色阴影表示 X_{k+1} 对 Y 的因果效应

　　基于上述因果效应的定义，本研究提出了一种新的特征选择策略，该策略以前向搜索策略作为子集搜索策略和以因果效应作为子集评价标准。其形式表达式如下：$S=S \bigcup \{CE_{X_i \to Y} \neq 0$，$X_i \in F \setminus S\}$。这种特征选择方法只需要按照特定的顺序遍历所有候选输入特征 X_i，不需要设置停止阈值，并自动选择具有非零因果效应的输入特征组合。在实际执行过程中，根据每个候选输入特征 X_i 与输出特征 Y 之间的互信息来确定遍历顺序。该方法的详细实现过程如图 4 所示。

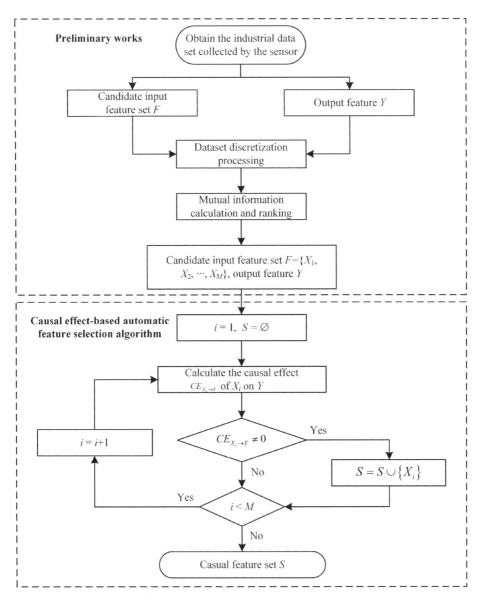

图 4 基于因果效应的自动化特征选择流程图

本文以决策树为基本学习器，采用 AdaBoost 集成 ML 算法对工业 KPI 进行软传感器建模。需要指出的是，该模型并不是为了优于所有现有模型而设计的，而是强调因果特征的重要性。一旦提取了因果信息，数据驱动的软传感器可以达到令人满意的准确性和可解释性。换句话说，本文的主要创新性实际上是第三部分"受因果模型启发的特征选择"，而第四部分仅是通过 AdaBoost 集成学习完成了软传感器建模，创新性较弱。这也表明，论文写作时可以如实地说明文章研究的局限性，不必夸大自己的研究工作，并借此指出未来仍然需要解决的问题。

1.5 实验验证

实验设计的主要目的是为了更好地验证提出的观点或方法，补充解决问题的研究过程，并增强读者的理解。通常来说，在大数据分析领域，实验的主要目标是验证模型的整体性能，并与其他相关算法进行比较，以最终通过对比结果来评估论文提出算法的先进性。

众所周知，方差、相关系数和最大信息系数是有效的过滤式特征选择方法，均具有良好的泛化性。因此，本文采用的实验设计方案便是将所提算法与这三种基准算法进行对比。特征选择的性能评价通常考虑两个方面：所选特征的数量和软传感器的性能。在本文两个复杂工业过程的实验数据中，是按照 6∶4 的比例随机分为两组数据集，即以 60% 作为训练集，以 40% 作为测试集。均方根误差（RMSE）和决定系数（R^2）是两个广泛使用的性能评价指标。最终，如果本文方法的 RMSE 和 R^2 优于三个基准算法的 RMSE 和 R^2，则可以验证所提方法的有效性。

实验一：注塑工艺的实验研究

第一个复杂工业过程是来自中国富士康科技集团的注塑成型过程。该过程使用注塑机在高温下熔化塑料原料。然后在高速、高压下将塑料熔体注入模具。熔体在恒定压力下经历复杂的物理化学变化，形成塑料制品。通过这个过程的重复操作，可以生产出大量相同的产品。在此过程中，最终产品质量的测量有较大延迟，严重影响了确保质量稳定性的及时决策。因此，采用注塑成型过程来验证和应用所提出的方法。收集了 16 600 个生产批次的数据，包括 86 个候选输入特征，以产品尺寸作为 KPI。

本实验量化了 86 个候选输入特征对注塑过程的产品尺寸（mm）的因果效应。如图 5 所示，发现只有 9 个候选输入特征包含关于产品尺寸的因果信息。考虑这 9 个特征，其余的特征对其没有因果影响。因此，利用这 9 个特征作为软传感器模型的输入特征来估计产品尺寸的值。这 9 个特征包括瞬时流量（m³·s⁻¹）、循环时间（s）、顶升时间（s）、冷却后时间（s）、模具温度（℃）、夹紧时间（s）、喷射时间（s）、夹紧压力（Pa）和开启时间（s）。

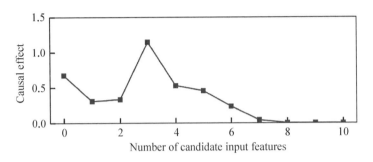

图5 注塑过程中不同候选输入特征对产品尺寸的因果效应

表1显示了 RMSE 和 R^2 对软传感器模型在不同的特征选择方法下进行的分析。可以看到，基于因果效应的特征选择方法提供了最低的 RMSE 和最大的 R^2。由于产品尺寸的因果信息提取准确，因此该方法优于三个基准方法，此外还有效消除了冗余的非因果信息。与基准方法相比，该方法不需要设置停止阈值，可以自然地避免信息丢失。

表1 在不同特征选择方法下注塑过程的软传感器模型的 RMSE 和 R^2

Method	RMSE（mm）	R^2（%）
Variance-based	0.031	65.1
PCC-based	0.031	65.2
MIC-based	0.027	73.2
Cause effect-based	0.023	80.4

实验二：柴油机装配工艺的试验研究

第二种复杂工业过程是广西玉柴集团有限公司的柴油机装配工艺。机器部件通过8条总装线组装成柴油机产品，包括主流水线、5条分装线、性能测试线、包装线。在相同的工况下，额定功率的一致性是最重要的 KPI 之一，但其检查需要耗时和高成本的台架测试。对1 763个样本进行测试。对于每个样本，沿着装配过程收集了39个过程变量的数据，并作为候选输入特征来验证和应用所提出的方法。

39 个候选输入特征对柴油机产品额定功率（kW）的因果效应被量化。如图 6 所示，发现只有 6 个候选输入特征包含关于额定功率的因果信息，而鉴于这 6 个特征，其余的特征对柴油机产品额定功率没有因果影响。因此，利用这 6 个特征作为软传感器模型的输入特征来估计额定功率的值。这 6 个特征包括：每 100 公里的油耗（L）、运行时间（min）、油耗率（%）、中冷器入口压力（Pa）、中冷器入口温度（℃）和轴向间隙（mm）。

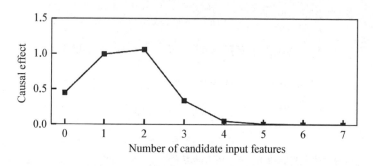

图 6   不同特征对柴油机装配过程中额定功率的因果影响

表 2 显示了 RMSE 和 R^2 对软传感器模型在不同的特征选择方法下进行的分析。可以看到，基于因果效应的特征选择方法提供了最低的 RMSE 和最大的 R^2。值得注意的是，这三个基准的 R^2 非常低，说明很难用所选的变量来解释输出特征。

表 2   在不同特征选择方法下软传感器模型的 RMSE 和 R^2

Method	RMSE (kW)	R^2 (%)
Variance-based	3.207	18.5
PCC-based	3.078	24.9
MIC-based	3.066	25.5
Cause effect-based	2.215	61.1

根据这两个实验的结果，可以得到以下几点见解。该方法是有效且通用的，有助于理解复杂的工业过程。在实际的工业应用中，该方法可以从原始的

工业数据集中选择一个紧凑且信息丰富的特征子集。例如，在注塑过程中的86个候选输入特征中，只有9个候选输入特征包含关于产品尺寸的因果信息。与这9个特征相比，其他特征对于软传感器建模是无用的或冗余的。通过两种方式可以进一步提高软传感器的性能。一是开发一个更先进的数据驱动模型，该模型可以更充分地拟合所选特征的数据分布。根据经验，当选择相同的输入特征时，现有的数据驱动模型的性能是相似的。因此，本文只介绍了一个用于软传感器建模的 AdaBoost 集成学习模型，而对不同模型的比较则超出了本文的研究范围。另一种方法是通过第一性原理，对工业过程有更深入的了解，从而获得更全面和足够的数据，以帮助训练更好的数据驱动模型。换句话说，虽然正在开发数据驱动的方法，但对复杂工业过程第一性原理的研究不应被忽视。

2. 总结

2.1　写作的逻辑

在学术论文写作中，逻辑性是确保文章质量和可读性的关键要素之一。逻辑性意味着文章的结构清晰，论据有序，读者能够轻松地跟随作者的思路来理解整篇文章的核心思路。通常情况下，学术论文包括摘要、引言、相关工作、所提出的方法、实验设计与结果以及总结，每个部分都应该有明确的目标和内容。摘要部分总结了整篇文章的要点，激发读者的兴趣；引言部分主要描述了研究背景及研究现状，引出论文的动机及提出的方法；相关工作部分介绍了以前的研究，特别是与本研究相关的工作，指出了它们的不足之处，并为论文提出的方法作了铺垫。论文所提方法部分详细介绍本文的创新方法，为整篇文章提供了支持，如果没有所提方法部分，论文将失去实用性；实验设计与结果部分是对所提方法的进一步验证及说明，增加读者对文章所作贡献及意义的信服度，充分展示文章的可信性和先进性；总结部分是对整篇文章的简要概括，帮助读者更好地回顾整篇文章，强调研究结果的理论价值、实用价值及其适用范围，并提出建议或展望。

2.2　投稿与发表的反思

"扎扎实实搞研究，认认真真做论文。"做科学研究，我们要研究真问题、真研究问题，力争为国家的科技进步做出贡献，而非单纯地生产论文。同时，真正地做了一项好的研究后，也需要使用规范的语言整理为一篇系统性的、逻辑性的论文。因此，对于学生来说，一定要尽早地提高写作水平，通过阅读一定数量的文献，对课题涉及的领域有宏观把握，跟踪知名团队、顶级 SCI 期刊的研究动态，及时记录收获和灵感。在日常生活中，需要多读、多写、多改、多思考，虚心向他人请教，不断完善自己的研究思路。

在论文投稿前，作者需要严格检查文章可能存在的问题，避免文章因存在过多问题而被直接拒稿，同时也要清楚所投期刊的写作风格、学术取向及选稿要求。一般投稿过程中会收到多位审稿人的审稿意见，而改稿是一个提升自身学术表达水平的过程。因此，投稿人需要认真研究投稿技巧，虚心接受审稿人提出的意见，把投稿过程视为学术研究的一个重要组成部分。在以往的论文投稿和发表中，使用优美的图表排版和便于理解的学术用语都能够增加审稿人和读者对所投文章的好感度及文章的美观性；同时还需要将难懂的专业用语用简单清晰的方式解释出来，增强文章可读性。

此外，作者应该以平和的心态应对审稿时间过长、拒稿等问题，认真思考审稿人提出的退稿意见，仔细修改稿件后可以选择重投同一期刊，或根据不同期刊的特点和征稿要求及时调整目标期刊。

案例 9　用于多重免疫测定的介电泳辅助高通量检测系统

杨士模*

 **案例来源**

S. YANG, Q. LIN, H. ZHANG, R. YIN, W. ZHANG, M. ZHANG, Y. CUI, Dielectrophoresis Assisted High-throughput Detection System for Multiplexed Immunoassays. *Biosensors & bioelectronics*, 2021, 180: 113148.

简介

数字 ELISA 作为一种新兴的检测平台，展现出在多种单分子检测方面的独特优势。为了进一步提高其检测灵敏度，我们采用了一种创新的免疫测定方法。该方法充分利用电动效应，成功地分离和限制了单个编码的珠子在微孔中，从而显著提高了细胞因子检测的效率。微流体的设计在这一方法中发挥了关键作用，它不仅提供了非均匀电场来诱导介电泳力，还能够精确操控这些珠子的位置。通过激发这些编码的珠子的两个波长的激发光，我们实现了同时检测多个报告子的目标。这些光线被巧妙地限制在底部的玻璃片上，采用全反射原理，进一步增强了检测的精度和可靠性。最终，通过从图像中提取每个珠子的颜色信息，我们能够对所发出的荧光强度进行积分，从

---

* 杨士模，上海大学机电工程与自动化学院副教授、硕士生导师。主要研究方向：微流控系统、器官芯片等。

而精确测定捕获的细胞因子的浓度。研究结果表明，通过介电泳效应的应用，编码珠子的填充率从之前的 10%～20% 显著提高到了 60%～80%。这一方法成功地实现了对四种靶细胞因子（IL-2、IL-6、IL-10 和 TNF-α）浓度的准确测定，达到了 pg/ml 级别。值得注意的是，超过 70% 的目标分子被捕获，验证了该方法的高效性和可靠性。此外，我们还通过使用流式细胞技术对结果进行验证，进一步证明了该方法的可靠性和准确性。综合来看，这项研究的成果为数字 ELISA 多重快速检测的灵敏度提升提供了有力的支持，为未来的生物医学研究和临床应用提供了重要的技术创新。

 方法谈

1. 论文写作

1.1　论文选题

论文的选题是基于学术价值、实际应用、研究现状和可行性等重要因素选择的。在选择选题时，我们注重选题的创新性和贡献，旨在填补知识空白、提出新观点，为学术领域带来新的视角。同时，我们关注选题的实际应用，追求解决实际问题，为社会和行业带来实际影响。

在明确选题的同时，我们深入了解选题领域的研究现状，寻找可以深入探索的空间。考虑到课题组的资源、设备、时间和技术支持，我们评估了选题的可行性，确保能够顺利进行研究。

本课题组长期专注于临床诊断学、治疗学、药物发现等领域。在这个多领域背景下，我们认识到疾病通常是多因素共同作用的结果，因此需要将多种生物标志物结合起来进行疾病诊断。

鉴于医学和工程学的交叉性质，我们关注如何将两个领域的专业知识融合，创造出更为精确、高效和可靠的细胞因子检测方法。这一领域逐渐成为研究的热点。在这个背景下，我们的论文选题着眼于高通量多重免疫检测细胞因子，探索如何结合医学和工程学，为细胞因子检测领域带来新的突破和创新。

1.2 研究出发点及目标

本文研究出发点源自临床医学和生物工程学领域的现实问题和需求。在疾病诊断和治疗中，尤其是多因素性疾病，传统的单一生物标志物检测方法难以全面准确地反映疾病状态。举例而言，在肺癌诊断中，需要同时检测多个肿瘤标志物，如 NSE、SCCA、TPA、CEA、CA125 等，以确保准确性。同样，在炎症相关疾病中，多种细胞因子如 TNF-α、IFN-α、INF-γ、IL-1α、IL-1β、IL-6 和 IL-10 被用于药物发现和治疗筛选。

数字化 ELISA 为多种蛋白质的同时检测提供了可能，然而，在临床应用中需要更高的灵敏度。例如，某些细胞因子如 IL-17A，在血液中的浓度非常低，可能无法被 100% 检测到，这增加了炎症反应的监测和定量的难度。此外，一些蛋白质浓度非常稀少，难以在复杂样本（如粪便和脑脊液）中检测到。样品处理中的稀释步骤也可能对检测结果产生负面影响。

因此，我们的研究的核心目标是开发一种高灵敏度的数字 ELISA 方法，以克服当前细胞因子检测面临的挑战。主要目标具体如下：（1）提升多路复用检测的准确性，确保在同一样本中同时检测多个细胞因子时的可靠性和精确性；（2）创新性地引入电动效应（DEP）辅助技术，实现高通量细胞因子检测，从而加快数据获取速度，提高效率；（3）研发能够捕获并排列成阵列的四种荧光编码磁珠，通过精确的空间排布，实现更精准的细胞因子检测；（4）实现极低浓度下目标分子的分析，达到 pg/ml 水平，以应对疾病早期诊断和治疗的需求。如能够实现上述目标，将有助于提高多因素性疾病的准确诊断和治疗，促进生物医学研究，为临床实践和药物研发提供更可靠的工具。

1.3 研究内容与规划

研究内容与规划在论文写作中扮演着关键的双重角色。一方面，研究内容作为论文的核心，涵盖了问题定义、研究目标、方法选择等关键要素，它的明确性和合理性能够为读者提供清晰的研究思路，帮助我们深入理解研究的重要性和方法论。另一方面，研究规划则是将研究内容变为实际成果的蓝图，包括时间安排、资源分配、数据收集和分析等，它的合理性和有效性能够确保研究按计划顺利进行，避免资源浪费和时间延误。因此，清晰明了的研究内容为论文奠定了坚实基础，而合理高效的研究规划则保障了论文的实际完成和质量保证。只有这两者紧密结合，才能确保论文在理论与实践之间取得有力的平衡，为学术界和实际应用领域带来有价值的贡献。

我们对研究目标进行了明确的分解，将其分为磁珠操作系统、光学成像系统、微流控芯片以及样品液体的进样自动控制几个关键部分，更加清晰地把握了整个研究的脉络。现在，为了有条不紊地推进研究，我们需要对每个部分进行更详细的规划：

首先，我们将深入研究磁珠操作系统（MBS），包括研究磁珠操控的物理原理，设计并制作精确控制磁场的发生器，以及通过一系列实验验证磁珠在微流控系统中的操控效果。其次，我们着眼于光学成像系统（OIS），选择适合微流控环境的光学成像技术，设计高分辨率显微镜装置或光学路径，并开发图像处理算法以提取微流控系统内部状态的信息。然后，我们致力于设计微流控芯片系统（MFCS），从流道布局到连接通道，确保支持样品的流动和混合，利用微纳加工技术制造实体模型，并通过实验验证流体特性，如流速、流动阻力和混合效果。最后，我们关注样品液体的进样自动控制（ASAC），开发集成液体泵、阀门等元件的进样系统，设计控制算法以实现精确的进样和混合，同时进行实验验证以确保系统的稳定性和精确性。通过这些有序的部分，我们将实现对微流控系统的全面研究，为未来的科学和应用提供有价值的贡献。

1.4 创新与系统建立

在论文中，创新和系统建立都占据着重要的位置。创新不仅能引发读者兴趣，还衡量着论文的学术价值和独特贡献。它不仅填补知识空白，还将我们的研究与现有研究联系起来，推动领域的发展。系统建立则展示了我们的研究方法的可靠性和实验过程的可重复性。它解释了我们的实验设计、数据处理和结果解释，帮助其他研究人员理解我们的研究并验证其可信度。此外，系统建立还揭示了我们的研究如何在实际应用中发挥作用，为可持续发展提供支持。因此，创新和系统建立在论文中具有不可或缺的地位，共同构建了一个有力的研究框架。

　　基于前述研究内容和规划，本文采用一系列创新方法，以实现研究目标。首先，我们利用编码磁珠与细胞因子的结合，借助介电电泳的作用，将其精准地引导到微流控芯片内的孔洞中。这一步骤确保了样品的准确处理和定位。接下来，我们运用全反射光技术，将孔洞中的磁珠进行照亮，从而使其在显微镜下成为可视目标。而后，通过高精度的摄像头，我们对亮光磁珠进行拍照，并借助图像处理技术对实验结果进行详细分析。通过这一组合，我们能够实现对微流控芯片内部复杂过程的实时监测与定量评估。这一完整流程的创新性和系统性有力地支撑了论文研究的深入展开，并为最终的实验结果提供了高度可信的支持。

　　完整的系统建立如下图 1 所示：

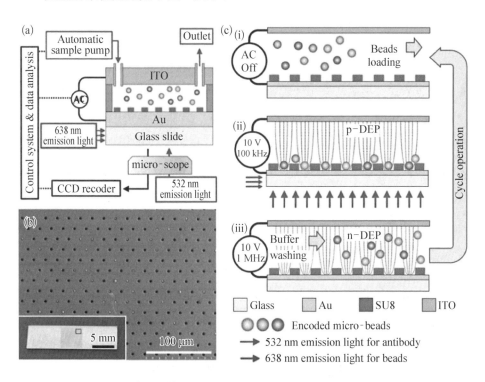

图 1　(a) 快速和精确检测不同细胞因子的系统示意图；(b) 微孔
　　　　阵列的扫描电子显微镜；(c) 磁珠检测程序

　　图 1（a）为系统整体示意图，包括编码磁珠、介电电泳模块、微流控芯片、激光及摄像头模块以及自动样品液体注入模块。在系统操作的详细流程

中，首先将编码磁珠与目标细胞因子液体发生酶联免疫吸附反应，形成类似于三明治结构。随后，通过自动控制的液体泵，将反应产物引入带有介电电泳电极的微流控芯片。芯片内部的电压和频率控制了磁珠的运动，通过正相电极，磁珠被准确引导至微孔中，而通过反相电极，未被吸附的磁珠则被排除出芯片。一旦磁珠成功落入孔洞中，利用缓冲液将未发生反应的磁珠排出，实现了目标选择性。此后，利用不同波长的激光照射微流控芯片内的微孔，借助全反射技术，激发荧光编码微球和标记免疫三明治中的荧光蛋白标签。最终，通过摄像头捕捉荧光信号，并经过图片分析和数据处理，获得关键的实验结果。这一设计在实验操作中通过创新地整合多种技术，展示了系统建立的有效性和创新性，为论文研究提供了坚实的实验基础。图 1（b）为微流控芯片上的微孔阵列图片，为高通量测量因子提供保障。图 1（c）为磁珠在介电电泳不同极性下的运动情况。

各模块细节如图 2 所示。图 2（a）由于 PMMA 粒子与环境液体之间的介电常数关系，当函数发生器提供约 kHz 的频率时，磁珠会被正 DEP 的力量捕获到微孔中。当频率增加到约 MHz 时，磁珠将被负 DEP 的力推出空腔。图 2（b）仿真图显示，最强的电场在微孔边缘，也导致粒子被正 DEP 力吸引到微孔。图 2（c）显示只有接触底面的珠子在 638 nm 光下被激发和成像。

1.5 结果与讨论

论文的结果与讨论在整个研究中占据核心地位。结果部分通过呈现实验数据，提供了客观的证据，加强了研究的可信度和可重复性。这些数据不仅是论文的基石，也为讨论部分的推导提供了坚实的依据。而讨论部分则承担着解释和分析的任务，对实验结果进行深入阐释，分析数据与预期结果的一致性，探讨可能的原因和影响。此外，讨论部分还将您的研究成果置于现有知识背景中，突出其创新性和学术价值，同时透彻地探讨研究的局限性。这一部分的逻辑性和推导性能够为研究结果提供合理的解释，同时为未来的研究方向和应用提供有益的指导。综上所述，结果与讨论部分相互交织，构成了论文的思想脉络和学术价值，彰显了研究的深度和广度，同时也为读者提供了深刻的思考与理解。

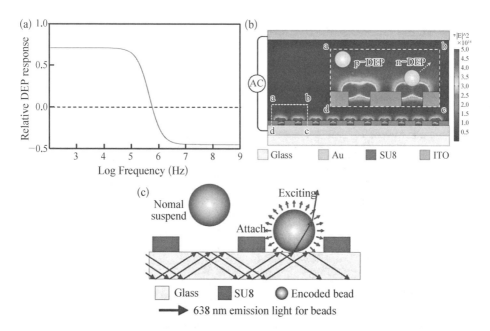

图 2　(a) CM 因子与频率的关系图；(b) 芯片内部的电场分布；
(c) 底部载玻片具有全反射效果的激发特定珠子示意图

　　通过三个方面，即微孔内的珠子组装结果、多细胞因子检测以及流式细胞术验证，本文对结果进行了验证。在图 3 中，图 3（a）和图 3（b）呈现出在重力作用下磁珠进入微孔的比例，以及在介电电泳力干预下填充微孔的比例分别为 20%至 30%和 60%至 80%。通过进行梯度实验并获得标准曲线以及信号的平均值后，我们能够计算出检测限（LOD）为 2.34 pg/ml。

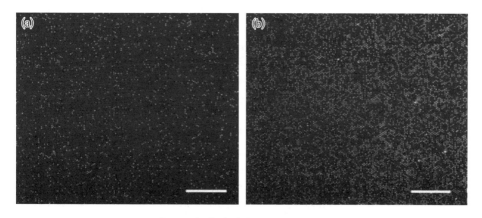

图 3　重力（a）与电动效应（b）下的珠子捕获对比

图 4 展示了在不同波长下（通道 1 为 670 nm，通道 2 为 720 nm）解码不同编码珠子的混合情况下的荧光强度。最终，通过将珠子表面的荧光强度与标准关系曲线进行比较，我们能够获得各种编码珠子捕获的目标细胞因子浓度的信息。

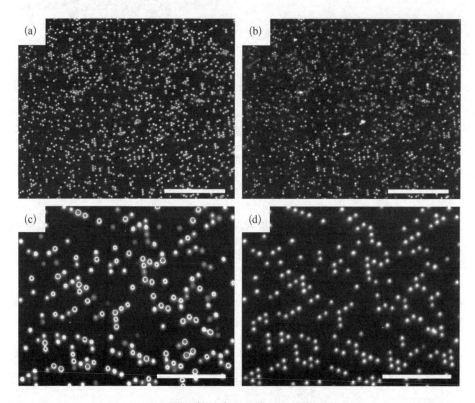

图 4　测量颗粒种类和细胞因子的表面浓度

　　图 5（a）和图 5（b）呈现了对四种细胞因子在我们的系统和流式细胞术上进行的 16 组测量数据。两个坐标轴显示了嵌入在珠子中的两种荧光颜色。在一个坐标轴上，识别出了两种不同浓度的染料分子，对应于两个不同的组，从而能够在图上绘制出四组珠子的数据点。图 5（c）显示了这四种类型珠子的混合物的解码结果。每个珠子的设计是在通道 1（CH1）和通道 2（CH2）处显示不同的荧光强度。在混合物中，涂有 IL-2、IL-6、IL-10 和 TNF-α 的珠子的比例分别为 23.82％、24.37％、27.57％和 24.24％。

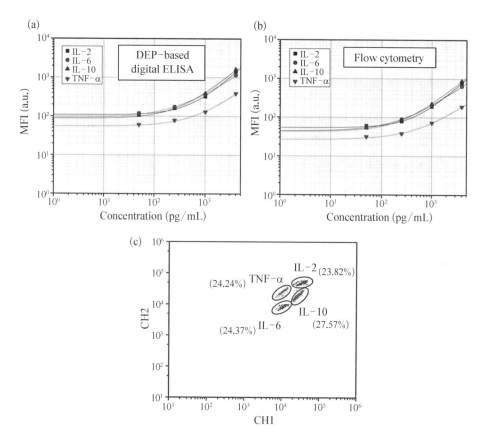

图 5　（a）IL‑2、IL‑6、IL‑10 和 TNF‑α 的中位荧光强度（MFI）与浓度的关系曲线；（b）流式细胞仪中的相同关系曲线；（c）系统中测量的混合样品中四种细胞因子的比例

2. 总结

　　写作的逻辑在整个论文的各个阶段都显著体现。首先，在选题和研究出发点上，写作的逻辑要求研究者选择一个明确的课题，既具有学术意义，又符合实际需求。其次，研究目标应当明确，能够在整个论文中为读者提供清晰的方向。

　　在内容与规划阶段，写作的逻辑意味着信息的有序呈现。论文的结构应该具有层次感，每个段落或章节都需要紧密联系，构成一个连贯的整体。

创新与系统建立部分，则需要写作的逻辑来确保创新点的清晰呈现。研究方法和系统设计要有逻辑上的合理性，以支持论文的主题。

在结果与讨论部分，写作的逻辑需要将实验结果与研究目标联系起来，展示实验数据并解释其含义。论文的讨论部分也需要逻辑上的严密推理，将实验结果与已有文献结合，提出合理的观点和解释。

芯片设计、制作、组装、模拟等环节都需要严格的逻辑，以确保每个步骤的合理性和相互关联性。实验过程中的拍照、分析需要按照一定的逻辑顺序进行，以获取准确的数据和结论。

最后，写作阶段是整个过程的总结与呈现。从撰写到润色，都需要将论文的思路和内容组织得有条不紊，以便读者能够顺利理解和吸收论文的核心信息。

总之，写作的逻辑贯穿论文的始终，确保信息的有序传递、思路的清晰呈现以及观点的合理推理，从而使整个论文成为一个连贯且有说服力的整体。

案例 10　人机协作的新型鲁棒有限时间轨迹控制方法

任　彬[*]

 **案例来源**

B. REN, Y. WANG, J. CHEN, A Novel Robust Finite-Time Trajectory Control with the High-Order Sliding Mode for Human-Robot Cooperation, *IEEE Access*, 2019, 7: 130874 - 130882.

 简介

　　人机协作系统是近年来的研究热点，机器人与人之间的协同工作可以极大地提高工作的效率。本章以笛卡尔坐标系中的机械臂末端执行器为研究对象，探讨一种用于人机协作系统的控制器设计方法。为了实现全局快速收敛并最小化跟踪误差，本章利用一种新型的快速终端滑模切换面，设计了等效控制器。另外，利用高阶滑模技术，设计了鲁棒控制器，用于提高控制系统的鲁棒性和抗干扰能力。最后，通过理论分析和仿真结果证明了该控制器的有效性。

　　* 任彬，上海大学机电工程与自动化学院副教授、博士生导师。主要研究方向：人工智能、脑机交互、外骨骼人机协同。

方法谈

1. 学术笔锋

1.1 论文选题

选题是学术研究的关键起点，通过选择既有挑战性又处于前沿的课题，有助于推动学科的不断发展，为学术界引入新的观点和理念。合理选题具有双重意义，一方面，合理选题使研究具备现实意义，能够有效解决实际问题，从而产生积极的社会、行业或特定领域影响。另一方面，合理选题不仅有助于当前研究的深入，还为未来相关研究提供了坚实的基础和明晰的引导。在选题之前，需要深入了解所在领域的研究现状、热点和争议，以确保选题具有明确的针对性。此外，选择与实际问题相关的选题是至关重要的，确保研究成果能够具有实际应用价值，切实解决社会或行业中的问题。在选题时也要明确研究的目标和范围，确保研究问题既有深度又有可行性，以取得更加有意义的研究成果。

以本文的选题分析来看，近年来人机协作系统在科研领域备受关注，机器人与人协同工作的潜力为提高工作效率提供了新的可能性。然而，当前高度耦合的人机系统在复杂的非线性时变动态环境中往往面临控制性能下降的问题，主要源于控制系统不能保证有限时间内的收敛性以及不确定性和外部干扰对鲁棒性的影响。为了解决这一问题，本论文建议在人机协作系统中引入非奇异快速终端滑模控制器（NFTSMC），以提高系统的稳定性和鲁棒性。与传统控制方法相比，NFTSMC 具有全局快速收敛和最小化跟踪误差的优势。研究对象将聚焦于笛卡尔坐标系中的机械臂末端执行器，通过设计一种新型的快速终端滑模切换面，构建等效控制器，同时结合高阶滑模技术，设计鲁棒控制器，以提高系统的抗干扰能力。

1.2 研究现状和出发点

文献综述是学术研究的重要组成部分，通过对相关成果进行回顾、分析、阐述与评价，实现建立桥梁与概括成果的作用。文献综述概括了先前研

究领域的成果，将这些成果与当前研究问题相联系，从而在学术知识体系中
建立起有机的桥梁。通过这个过程，研究者能够清晰了解他人在相关领域的
贡献，为自己的研究目标定位提供指导；揭示问题与寻找切入口：文献综述
不仅总结了已有成果，还揭示了当前研究领域存在的问题和薄弱环节。通过
梳理文献中的差异、争议和辩论，研究者能够明确问题的发展和不同观点之
间的争议，为自己的研究提供有力的切入口；比较与阐明新异：文献综述通
过对不同研究的方法、结论、贡献和局限进行比较，帮助研究者发现自己研
究问题的新异之处。这种比较有助于阐明研究的独特性和新颖性，使研究者
更好地理解自己的研究问题在学术界的位置。

　　本篇文章所在领域的研究现状：当前，人机协作系统在现代生产和制造领
域日益重要。由于这些系统是高度耦合的复杂非线性时变动态系统，包括人体
和机器人末端执行器，不确定性和外部干扰容易降低系统的控制性能。为提高
人机协作效率，先前的研究采用了可变阻抗控制、导纳控制、神经网络自适应
控制等方法。然而，目前的研究普遍存在两个主要问题：（1）控制系统无法在
有限时间内确保收敛性；（2）系统的鲁棒性受到不确定性和外部干扰的制约。

　　本文研究出发点：本文的目的是为了解决人机协作系统中的不确定性和
外部干扰对控制系统性能的负面影响。为此，文章采用了 NFTSMC 作为主
要控制方法，以提高系统的稳定性和鲁棒性。NFTSMC 是一种滑模控制方
法，具有传统滑模控制器的优点，并能够保证系统在有限时间内的收敛性。
然而，滑模控制方法存在抖振问题，可能危及人机协作过程中操作员的安
全。为克服这一问题，文章综合运用了高阶滑模技术，特别是高阶滑模
（HOSM）技术，以降低抖振并提高系统的鲁棒性。

　　文章的核心目标在于将非奇异快速终端滑模控制技术和高阶滑模技术整
合到控制器设计中，以确保所提出的控制器在有限时间内能够实现全局收敛
性，同时在不失鲁棒性的情况下减轻控制力矩中的抖振现象。通过这一研
究，期望为人机协作系统的控制性能提升提供有效的解决方案。

　　1.3　问题描述与理论方案

　　问题的清晰阐述对于研究的方向和实际价值至关重要。问题陈述应该明
确而具体，使读者能够准确理解研究的目标。阐述研究中的核心问题，明确

指出问题的重要性和紧迫性，有助于引导研究方向，并确保研究的针对性和实际意义。在详细描述问题时，有必要引用相关的前人研究，突显已有工作和成果。这不仅有助于展示研究的创新性和差异，同时也为读者提供了研究领域的背景。问题的多层次和多因素的复杂性需要在描述中得以体现，以便准确定位研究的难点，并为解决方案的设计提供明确指导。为了确保研究既有足够深度又具备可行性，需要明确界定问题的范围。问题太宽泛可能导致研究无法深入，而问题太狭窄则可能使研究缺乏实际应用的可能性。因此，问题的范围界定应该经过深思熟虑，以确保研究的可行性和实际意义。

在阐述理论方案时，要清晰地说明解决方案相对于已有方法的优势，给出详细的理论推理过程或者如何填补前人研究的空白。这有助于突出研究的严谨性和独特性。除此之外，解决方案也必须是可行的。在描述解决方案时，考虑到技术可行性和实施可能遇到的挑战，论文的问题描述与解决方案要有实际应用的意义。

以本文的问题描述和理论方案为例：

（一）问题描述

在关节空间中，人机协作系统的动力学模型如下表示：

$$D(q)\ddot{q} + C(q, \dot{q})\dot{q} + G(q) = \tau(t) - J^{\mathrm{T}}(q)f(t), \qquad (1.1)$$

式中，q，$\dot{q}$，$\ddot{q} \in \mathcal{R}^n$ 分别表示机械臂关节的位置、速度和加速度。$D(q) \in \mathcal{R}^{n \times n}$ 是对称正定惯性矩阵，$C(q, \dot{q})\dot{q} \in \mathcal{R}^n$ 表示向心力和哥氏力，$G(q) \in \mathcal{R}^n$ 表示重力矩向量，$\tau(t) \in \mathcal{R}^n$ 是输入力矩，$J(q) \in \mathcal{R}^{n \times n}$ 是雅可比矩阵，$f(t) \in \mathcal{R}^n$ 是人机交互力。

为了实现机械臂末端执行器的控制设计，需要将关节空间的动力学模型（1.1）转换为笛卡尔坐标系的动力学模型。笛卡尔坐标系和关节空间坐标系的关系描述为：

$$\dot{x} = J \cdot \dot{q}, \qquad (1.2)$$

式中，x 是笛卡尔坐标系中机械臂末端执行器的位置。对式（1.2）求导得：

$$\ddot{x} = \dot{J}\dot{q} + J\ddot{q} = \dot{J} \cdot J^{-1} \dot{x} + J \cdot \ddot{q}, \qquad (1.3)$$

因此，$\ddot{q}$ 可以表示为：

$$\ddot{q} = J^{-1}(\ddot{x} - \dot{J} \cdot J^{-1} \dot{x}), \tag{1.4}$$

将式（1.2）和（1.4）代入（1.1），可以得到基于笛卡尔坐标系的人机合作系统动力学模型，如下表示：

$$D_x(q)\ddot{x} + C_x(q, \dot{q})\dot{x} + G_x(q) = F_x - K_f f(t), \tag{1.5}$$

或者：

$$\ddot{x} = D_x^{-1}(q)(F_x - K_f f(t) - C_x(q, \dot{q})\dot{x} - G_x(q)), \tag{1.6}$$

式中，K_f 是人机交互力的增益，$D_x(q) = J^{-T}D(q)J^{-1}$，$C_x(q, \dot{q}) = J^{-T}(C(q, \dot{q}) - D(q)J^{-1}\dot{J})J^{-1}$，$G_x(q) = J^{-T}G(q)$，$F_x = J^{-T}\tau(t)$。一般而言，动力学模型（1.5）或者（1.6）具有以下有用的结构特性。

特性 1：雅可比矩阵 $J(q)$ 与机械臂结构有关，假定在有限的工作空间内 $J(q)$ 是非奇异的。

特性 2：惯性矩阵 $D_x(q)$ 是一个对称正定矩阵，且满足 $\lambda_{\min}(D_x)I \leqslant D_x \leqslant \lambda_{\max}(D_x)I$，其中，$\lambda_{\min}(D_x)$ 和 $\lambda_{\max}(D_x)$ 表示 D_x 的最小特征值和最大特征值。

特性 3：x_d，$\dot{x}_d$ 和 $\ddot{x}_d$ 存在且有界，其中 $x_d \in \mathscr{R}^n$ 表示期望的运动轨迹。

假设 1：交互力 $f(t)$ 是一致有界的，即存在常数 $\bar{f} \in \mathscr{R}^+$ 满足条件：$|f(t)| < \bar{f}$，$\forall t \in [0, \infty)$。

考虑笛卡尔坐标系中的人机协作系统，本章节的目的是设计一个轨迹控制器以实现机械臂末端执行器的轨迹（x，$\dot{x}$）能够追踪期望轨迹（x_d，$\dot{x}_d$），同时确保整个人机协作闭环系统的控制信号是有界的。

针对本章节中出现的公式以及符号先给出如下定义。

记 $z = (z_1, z_2, \cdots, z_n)^T$ 为任意一个实向量，其幂函数定义如下：

$$z^c = (z_1^c, z_2^c, \cdots, z_n^c)^T \in \mathscr{R}^n, \tag{1.7}$$

$$|z|^c = \mathrm{diag}(|z_1|^c, |z_2|^c, \cdots, |z_n|^c) \in \mathscr{R}^{n \times n}, \tag{1.8}$$

$$|\dot{z}|^c = \mathrm{diag}(|\dot{z}_1|^c, |\dot{z}_1|^c, \cdots, |\dot{z}_1|^c) \in \mathscr{R}^{n \times n}. \tag{1.9}$$

定义 z 的积分项如下：

$$\int \mathrm{sgn}(z)\mathrm{d}t = \left(\int \mathrm{sgn}(z_1)\mathrm{d}t, \quad \int \mathrm{sgn}(z_2)\mathrm{d}t, \quad \cdots, \quad \int \mathrm{sgn}(z_2)\mathrm{d}t\right)^{\mathrm{T}} \in \mathscr{R}^n.$$

(1.10)

符号函数定义如下：

$$\mathrm{sgn}(z) = \left(\mathrm{sgn}(z_1), \quad \mathrm{sgn}(z_2), \quad \cdots \mathrm{sgn}(z_n)\right)^{\mathrm{T}} \in \mathscr{R}^n. \qquad (1.11)$$

（二）理论方案

（1）鲁棒有限时间轨迹控制的控制器设计。

一般而言，设计一个滑模控制器需要两个步骤。第一步是先选择一个适当的滑模面，第二步是设计一个控制率，使系统的状态变量在有限的时间内到达期望的滑动面。现在，定义机械臂末端执行器轨迹跟踪的误差函数 $e(t)$ 及其一阶导数 $\dot{e}(t)$ 如下：

$$e(t) = x(t) - x_d(t), \qquad (1.12)$$

$$\dot{e}(t) = \dot{x}(t) - \dot{x}_d(t). \qquad (1.13)$$

线性滑模面设计如下：

$$s = \dot{e} + \sigma_1 e. \qquad (1.14)$$

终端滑模面设计如下：

$$s = e + \sigma_2 \mid \dot{e} \mid^{\frac{\alpha_1}{\beta_1}} \mathrm{sgn}(\dot{e}). \qquad (1.15)$$

快速终端滑模面设计如下：

$$s = \dot{e} + \sigma_3 \mid e \mid^{\varphi_1} \mathrm{sgn}(e) + \sigma_4 \mid e \mid^{\frac{\alpha_2}{\beta_2}} \mathrm{sgn}(e). \qquad (1.16)$$

式中，$\sigma_j = \mathrm{diag}(\sigma_{j1}, \quad \sigma_{j2}, \quad \cdots, \quad \sigma_{jn}) \in \mathscr{R}^{n \times n}$ 是一个正定矩阵，表示滑模系数，$j = 1, \quad 2, \quad 3, \quad 4$。$\alpha_1$，$\beta_1$，$\alpha_2$ 和 β_2 正奇数且满足关系式 $1 < \dfrac{\alpha_1}{\beta_1} < 2$ 和 $0 < \dfrac{\alpha_2}{\beta_2} < 1$，$\varphi_1 \geqslant 1$。线性滑模面式（1.14）的特点是渐进收敛性，即 LSMC 不能保证系统的状态变量在有限时间内收敛至平衡点。终端滑模面（1.15）能够实现系统的状态变量在有限时间内收敛至平衡点，但是当系统的状态变量远离平

衡点时，使用终端滑模面的收敛速度低于使用线性滑模面的收敛速度。快速终端滑模面式（1.16）能够提高系统状态变量的收敛速度。不过，当 $e < 0$ 时，$e^{\frac{a_2}{\beta_2}}$ 可能会趋于无穷大，出现奇异性问题。

为了提高系统的全局收敛速度及避免奇异性问题，本章采用一种新型的非奇异快速终端滑模面，其表示如下：

$$s = e + \lambda_1 \mid e \mid^{\varphi} \mathrm{sgn}(e) + \lambda_2 \mid \dot{e} \mid^{\frac{\gamma}{\iota}} \mathrm{sgn}(\dot{e}), \tag{1.17}$$

式中，γ 和 ι 是正奇数且满足条件 $1 < \dfrac{\gamma}{\iota} < 2$ 和 $\varphi > \dfrac{\gamma}{\iota}$。式（1.17）的快速收敛性可以表述为：当系统的状态变量远离平衡点时，$\lambda_1 \mid e \mid^{\varphi} \mathrm{sgn}(e)$ 起主要作用，式（1.17）可以近似为 $s = e + \lambda_1 \mid e \mid^{\varphi} \mathrm{sgn}(e) = 0$，保证了系统状态变量能够快速地收敛至切换面；当系统状态变量靠近平衡点时，$\lambda_2 \mid \dot{e} \mid^{\gamma/\iota} \mathrm{sgn}(\dot{e})$ 起主要作用，式（1.17）可以近似为 $s = e + \lambda_2 \mid \dot{e} \mid^{\gamma/\iota} \mathrm{sgn}(\dot{e}) = 0$，保证了系统的状态变量能够在有限时间内收敛至切换面。

式（1.17）对时间求导得：

$$\begin{aligned}
\dot{s} &= \dot{e} + \lambda_1 \varphi \mid e \mid^{\varphi-1} \dot{e} + \lambda_2 \frac{\gamma}{\iota} \mid \dot{e} \mid^{\frac{\gamma}{\iota}-1} \ddot{e} \\
&= \dot{e} + \lambda_1 \varphi \mid e \mid^{\varphi-1} \dot{e} + \lambda_2 \frac{\gamma}{\iota} \mid \dot{e} \mid^{\frac{\gamma}{\iota}-1} \cdot (\ddot{x} - \ddot{x}_d).
\end{aligned} \tag{1.18}$$

将式（1.6）代入式（1.18）得：

$$\begin{aligned}
\dot{s} &= \dot{e} + \lambda_1 \varphi \mid e \mid^{\varphi-1} \dot{e} + \lambda_2 \frac{\gamma}{\iota} \mid \dot{e} \mid^{\frac{\gamma}{\iota}-1} \\
&\quad \cdot (D_x^{-1}(F_x + K_f f(t) - C_x \dot{x} - G_x) - \ddot{x}_d).
\end{aligned} \tag{1.19}$$

不考虑人机交互力及额外干扰的影响，等效控制器（Equivalent controller）可以通过 $\dot{s} = 0$ 求得，如下所示：

$$\begin{aligned}
F_{eq} &= D_x \left(-\frac{1}{\lambda_2} \frac{\iota}{\gamma} (\mid \dot{e} \mid^{2-\frac{\gamma}{\iota}} \mathrm{sgn}(\dot{e}) + \lambda_1 \varphi \mid e \mid^{\varphi-1} \cdot \mid \dot{e} \mid^{2-\frac{\gamma}{\iota}} \mathrm{sgn}(\dot{e})) + \ddot{x}_d \right) \\
&\quad + C_x \dot{x} + G_x.
\end{aligned} \tag{1.20}$$

在假设 1 成立的前提下，本章提出的鲁棒有限时间轨迹控制器如下：

$$F_x = F_{eq} + F_{re} + F_f, \tag{1.21}$$

其中：

$$F_{re} = -D_x(\delta + \eta)\mathrm{sgn}(s), \tag{1.22}$$

是鲁棒控制器，此项用于补偿系统中存在的不确定性以及建模误差，δ 表示不确定性的上边界，η 是一个值较小的正常数。F_f 是力补偿项，如下表示：

$$F_f = K_f \bar{f}. \tag{1.23}$$

定理 1.1：针对式（1.5）描述的人机协作系统且满足假设 1 的条件，在由等效控制器（1.20）、鲁棒控制器（1.22）和力补偿项（1.23）构成的鲁棒有限时间轨迹控制器（1.21）的作用下，可以得到以下结论：第一，机械臂末端执行器的轨迹跟踪误差 $e(t)$ 能够在有限的时间内快速收敛至零；第二，使用控制器（1.21）不会引起奇异性问题。

稳定性分析：选择如下表示的李雅普诺夫函数：

$$V(t) = \frac{1}{2}s^{\mathrm{T}}s. \tag{1.24}$$

式（1.24）对时间求一阶导数得：

$$\dot{V} = s^{\mathrm{T}}\dot{s} = s^{\mathrm{T}}\Big(\dot{e} + \lambda_1\varphi\,|\,e\,|^{\varphi-1}\,\dot{e} + \lambda_2\,\frac{\gamma}{\iota}\,|\,\dot{e}\,|^{\frac{\gamma}{\iota}-1}$$
$$\cdot(D_x^{-1}(F_x - K_f f(t) - C_x\dot{x} - G_x) - \ddot{x}_d)\Big). \tag{1.25}$$

将式（1.20）、（1.21）和（1.23）代入式（1.25）得：

$$\dot{V} = s^{\mathrm{T}}\cdot\Big(\lambda_2\,\frac{\gamma}{\iota}\,|\,\dot{e}\,|^{\frac{\gamma}{\iota}-1}\cdot(D_x^{-1}F_{re} + \Delta(q,\ \dot{q},\ t))\Big), \tag{1.26}$$

式中，$\Delta(q,\ \dot{q},\ t) = -D_x^{-1}K_f\tilde{f}$，$\tilde{f} = \bar{f} - f(t)$。

将式（1.22）代入式（1.26）得：

$$\dot{V} = s^{\mathrm{T}}\cdot\Big(\lambda_2\,\frac{\gamma}{\iota}\,|\,\dot{e}\,|^{\frac{\gamma}{\iota}-1}\cdot(\Delta(q,\ \dot{q},\ t) - (\delta + \eta)\mathrm{sgn}(s))\Big)$$
$$\leqslant -\eta\lambda_2\,\frac{\gamma}{\iota}\sum_{i=1}^{n}|\,s_i\,|\cdot|\,\dot{e}_i\,|^{\frac{\gamma}{\iota}-1} = -\eta\lambda_2\,\frac{\gamma}{\iota}\cdot\rho(s_i,\ \dot{e}_i), \tag{1.27}$$

式中，$\rho(s_i, \dot{e}_i) = \sum_{i=1}^{n} |s_i| \cdot |\dot{e}_i|^{\gamma/\iota - 1}$，因为 $1 < \gamma/\iota < 2$，$0 < \gamma/\iota - 1 < 1$，所以 $|\dot{e}_i|^{\gamma/\iota - 1} \geqslant 0$，并且当 $\dot{e}_i \neq 0$，有 $|\dot{e}_i|^{\gamma/\iota - 1} > 0$；当 $\dot{e}_i = 0$，有 $|\dot{e}_i|^{\gamma/\iota - 1} = 0$。当 $s_i \neq 0$ 时，有以下两种情况需要考虑：(1) $\dot{e}_i \neq 0$；(2) $\dot{e}_i = 0$ 但 $e_i \neq 0$。针对情况（1），当 $s_i \neq 0$ 且 $\dot{e}_i \neq 0$ 时，有 $\rho(s_i, \dot{e}_i) > 0$，则 $\dot{V} < 0$，因此，根据李雅普诺夫定理，控制系统是稳定的且系统的状态变量能够在有限的时间内快速地收敛至滑模面（$s_i = 0$）处。针对情况（2），将式（1.20）～（1.23）代入式（1.6）得：

$$\ddot{e}_i = -\frac{1}{\lambda_2} \frac{\iota}{\gamma} (|\dot{e}_i|^{2-\frac{\gamma}{\iota}} \mathrm{sgn}(\dot{e}_i) + \lambda_1 \varphi |e_i|^{\varphi-1} \cdot |\dot{e}_i|^{2-\frac{\gamma}{\iota}} \mathrm{sgn}(\dot{e}_i))$$
$$+ (\Delta(q, \dot{q}, t) - (\delta + \eta) \mathrm{sgn}(s_i)). \tag{1.28}$$

因为 $\dot{e}_i = 0$，所以式（1.28）又得：

$$\ddot{e}_i = \Delta_i(q, \dot{q}, t) - (\delta + \eta) \mathrm{sgn}(s_i). \tag{1.29}$$

根据式（1.29），当 $s_i > 0$ 时有 $\ddot{e}_i < -\eta$，当 $s_i < 0$ 时有 $\ddot{e}_i > \eta$。$\dot{e}_i$ 不是一个有效的吸引子，即系统状态变量不会始终保持在平衡点（$\dot{e}_i = 0$ 但 $e_i \neq 0$）上。另一方面，可以合理地假设在 $\dot{e}_i = 0$ 的附近存在一个很小的边界 ξ（ξ 是一个正常数），即 $|\dot{e}_i| \leqslant \xi$，满足当 $s_i > 0$ 时有 $\ddot{e}_i < -\eta$，当 $s_i < 0$ 时有 $\ddot{e}_i > \eta$。因此，在有限的时间内，系统的状态变量能够收敛至 $\dot{e}_i$ 的边界之内，并且一直保持在 $\dot{e}_i$ 的上边界和下边界之间移动。所以，根据李雅普诺夫定理，控制系统是稳定的，且所有的控制信号都是有界的。另外，系统状态到达平衡点的时间为

$$t_s = \frac{\frac{\gamma}{\iota} |e_i(0)|^{1-\frac{\gamma}{\iota}}}{\lambda_1 \left(\frac{\gamma}{\iota} - 1\right)} \cdot F \left[\frac{\iota}{\gamma}, \ 1 + \frac{\frac{\gamma}{\iota} - 1}{(\varphi - 1)\frac{\gamma}{\iota}}; \ -\lambda_1 |e_i(0)|^{\varphi-1}\right], \tag{1.30}$$

式中，$F(\cdot)$ 是 Gauss Hypergeometric 函数。

备注 1：$\Delta(q, \dot{q}, t)$ 表示由人机交互力引起的系统不确定性。根据假

设 1，交互力 $f(t)$ 是有界的，因此 $\Delta(q,\ \dot{q},\ t)$ 亦是有界的，即 $|\Delta(q,\ \dot{q},\ t)| \leqslant \delta$。同时，假设 $\dot{\Delta}(q,\ \dot{q},\ t)$ 也是有界的，即 $|\dot{\Delta}(q,\ \dot{q},\ t)| \leqslant \delta'$，其中 δ' 是一个正常数。

备注 2：与线性滑模控制器（1.14）、终端滑模控制器（1.15）和快速终端滑模控制器（1.16）相比，本章节提出的鲁棒有限时间轨迹控制器（1.21）具有以下特征：第一，系统状态变量能在有限的时间内收敛至平衡点且收敛速度较快；第二，由于滑模面（1.17）和控制器（1.21）中不包含任何负次幂项，所以控制系统中不会出现奇异性的问题。

（2）高阶滑模的鲁棒有限时间轨迹控制。

在上节提出的鲁棒有限时间轨迹控制器（1.21）中存在一个不足之处，即用于提高系统鲁棒性能的鲁棒控制器 F_{re} 是不连续的。另外，为了提高控制系统的稳定性和鲁棒性，控制项的增益 $\delta + \eta$ 会选择较大的值，通常控制增益会远大于系统不确定性的上边界值。由于 F_{re} 不连续且增益值较大，因此人机协作系统的控制信号会出现严重的抖振现象。为了削弱抖振，我们首先考虑以下几种方法：

a）采用连续函数设计鲁棒控制器，如下所示：

$$F_{re} = -D_x \left(k'_1 \lambda_2 \frac{\gamma}{\iota} \mid \dot{e} \mid^{\frac{\gamma}{\iota}-1} s + k'_2 \mid s \mid^{\upsilon} \mathrm{sgn}(s) \right). \tag{1.31}$$

b）利用饱和函数替代鲁棒控制器 F_{re} 中的符号函数，如下所示：

$$F_{re} = -D_x (\delta + \eta) \mathrm{sat}(s), \tag{1.32}$$

其中：

$$\mathrm{sat}(s) = \begin{cases} \mathrm{sgn}(s) & \text{if } \mid s \mid > \phi, \\ \dfrac{s}{\phi} & \text{if } \mid s \mid \leqslant \phi, \end{cases} \tag{1.33}$$

式中，$k'_1 > 0$，$k'_2 > 0$，$0 < \upsilon < 1$，ϕ 是一个值较小的正常数。上述两种方法很大程度上能够削弱控制信号中的抖振现象，不过系统的跟踪精度和鲁棒性会降低。因此，本节利用 Super-twisting 算法，设计一个高阶滑模控制器，该方法不仅能够削弱抖振，同时能够提高系统的控制性能。鲁棒高阶滑模控

制器设计如下：

$$F_{re} = D_x \left(-k_1 \mid s \mid^{\frac{1}{2}} \mathrm{sgn}(s) - \int k_2 \mathrm{sgn}(s) \mathrm{d}t \right), \qquad (1.34)$$

式中，$k_1 > 0$，$k_2 > 0$。利用鲁棒高阶滑模控制器（1.34），并结合等效控制器（1.20）和力补偿项（1.23）构成基于高阶滑模的新型鲁棒有限时间轨迹控制器，其控制结构如图 1 所示。

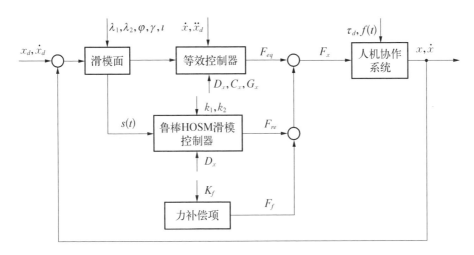

图 1　新型鲁棒有限时间轨迹控制器（NRFTC）控制结构框图

定理 1.2：针对式（1.5）描述的人机协作系统且满足假设 1 的条件，在由等效控制器（1.20）、鲁棒高阶滑模控制器（1.34）和力补偿项（1.23）构成的基于高阶滑模的新型鲁棒有限时间轨迹控制器（1.21）的作用下，可以得到以下结论：第一，机械臂末端执行器的轨迹跟踪误差 $e(t)$ 能够在有限的时间内快速收敛至零；第二，使用控制器（1.21）不会引起奇异性问题；第三，与传统滑模控制项相比，该控制器能够有效地削弱抖振，且不会降低系统的控制性能。

稳定性分析：将式（1.33）代入式（1.26）得：

$$\dot{V} = s^{\mathrm{T}} \cdot \left(\lambda_2 \frac{\gamma}{\iota} \mid \dot{e} \mid^{\frac{\gamma}{\iota}-1} \cdot \left(-k_1 \mid s \mid^{\frac{1}{2}} \mathrm{sgn}(s) - \int k_2 \mathrm{sgn}(s) dt + \Delta(q, \ \dot{q}, \ t) \right) \right)$$

$$\leqslant -\lambda_2 k_1 \frac{\gamma}{\iota} \sum_{i=1}^{n} \mid s_i \mid^{\frac{3}{2}} \mid \dot{e}_i \mid^{\frac{\gamma}{\iota}-1} - \lambda_2 \frac{\gamma}{\iota} \sum_{i=1}^{n} \mid s_i \mid \mid \dot{e}_i \mid^{\frac{\gamma}{\iota}-1}$$

$$\cdot \int k_2 \mathrm{d}t + \lambda_2 \frac{\gamma}{\iota} \sum_{i=1}^{n} \mid s_i \mid \mid \dot{e}_i \mid^{\frac{\gamma}{\iota}-1} \cdot \int \mid \dot{\Delta}_i(q, \dot{q}, t) \mid \mathrm{d}t$$

$$\leqslant -\lambda_2 \frac{\gamma}{\iota} \rho(s_i, \dot{e}_i) \sum_{i=1}^{n} \int (k_2 - \mid \dot{\Delta}_i(q, \dot{q}, t) \mid) \mathrm{d}t, \qquad (1.35)$$

式中，k_2 满足条件 $k_2 \geqslant \delta'$。对于处在任意位置的系统状态变量，该控制系统都能保证状态变量在有限的时间内快速地收敛至平衡点。因此，可以推出整个闭环控制系统是稳定的，且控制信号中的抖振现象被极大程度上地削弱。

1.4 结论

结论作为论文的总结性部分，扮演着回顾研究内容和结论的角色，同时要强调研究的重要性和贡献。首先，需要着重总结论文的核心主题和研究问题，简明扼要地回顾文章的研究焦点，突出解决的问题或回答的研究问题。其次，要强调研究的创新性和重要性。指出研究在相关领域的创新之处，以及这种创新对理论或实践的影响。明确指出研究为学术界或实际应用带来的价值。在强调创新性的同时，对研究的局限性和未来工作提出建议，诚实地讨论本文研究的限制，并提出进一步研究的方向。这有助于展示对研究领域的深刻理解，并为其他研究者提供探索的空间。最后，确保小结与引言和论文的目标一致。小结应该呼应引言中提出的问题和目标，形成一个完整的论述线索。强调本文的研究不仅回答了问题，还对领域有所贡献。

以本文的本章小结为例：人机协作是机器人控制系统中面临的主要挑战，因为控制器必须将人的行为动作和机器人末端执行器的复杂运动耦合在一起。在人机协作系统中，机器人的末端执行器是主要的研究对象，即末端执行器在笛卡尔坐标系中的运动控制。本章首先建立了机器人关节在笛卡尔坐标系中的动力学模型，并对其结构特性进行了分析。之后，为了实现机器人末端执行器对目标轨迹的高精度跟踪，本章提出了一种新型的鲁棒有限时间轨迹控制器（NRFTC）。控制器 NRFTC 采用的是一种新型的非奇异快速终端滑模面，该滑动切换面的特点是收敛速度快且具有全局性。利用 Super-twisting 算法设计了鲁棒高阶滑模控制器，用于提高系统的鲁棒性和抗干扰能力。作为对比，在仿真实验中引入了线性滑模控制器（LSMC）和非奇异终端滑模控制器（NTSMC）。仿真结果表明，与控制器 LSMC 相比，控制器 NRFTC 能够提供全局的收敛特性，轨迹跟踪的误差更小。与控制器 NTSMC 相比，控制器 NRFTC 的响应速度更快。另外，本章还利用饱和函数、连续函数、高阶滑模三种不同的方法设计了鲁棒控制器，仿真结果表明，利用高阶滑模技术设计的鲁棒控制器的鲁棒性更强，同时，对抖振也有更好的削弱效果。综上，控制器 NRFTC 在人机协作系统的控制设计具有很强的实用性和可行性。

2. 总结

以本篇文章为例，论文写作的关键步骤包括深入的文献综述、清晰的问题陈述、合理的理论方案设计、精准的仿真分析执行以及明确的小结。

文献综述通过回顾、分析和评价相关成果，为研究建立了学术知识框架。这不仅是对过去工作的梳理，更是对研究领域脉络的理解。通过文献综述，研究者找到研究问题的切入点，为后续研究提供了理论基础。

问题陈述阶段明确阐述研究方向和实际价值。清晰的问题陈述使读者准确理解研究目标，指出问题的重要性和紧迫性，为研究方向提供引导。引用前人研究成果突显了研究的创新性，同时为读者提供研究领域背景支持。

理论方案的阐述中，清晰说明解决方案相对于已有方法的优势是保证研究严谨性和独特性的关键。技术可行性和实施挑战的考虑确保解决方案实际应用的意义。小结通过简明扼要地回顾研究的主要内容和结论，强调研究的重要性和贡献。小结不仅总结了核心主题和研究问题，还强调了研究的创新性和重要性。整个写作过程需要保持逻辑清晰、表达准确，注重实际应用。论文的成功不仅在于回答问题，更在于对领域的贡献。研究者须在每个步骤中保持专业性和创新性。

案例 11　网络化非完整约束多机器人系统的分群共识协调控制

李恒宇[*]

 **案例来源**

T. ZHANG, J. LIU, H. LI, S. XIE, L. JUN, Group Consensus Coordination Control in Networked Nonholonomic Multirobot Systems, *International Journal of Advanced Robotic Systems*, 2021,18(4)：17298814211027701.

 简介

本文根据开源科技论文的特点，针对案例《网络化非完整约束多机器人系统的分群共识协调控制》，依次介绍了摘要、引言、建模与分析、理论验证和结论等部分的写作思路。本文详述了非完整约束多机器人系统相关文献研究的背景，结合多机器人系统完成高性能协调控制任务的需求，引出现有的建模方法构建的共识控制器无法保证稳定性和精度等突出问题，阐释了从动力学角度发展共识控制协调智能范式的重要性。但受限于非完整约束机器人欠驱动的结构以及系统线性化模型的不可控特性，如何达成其在复合任务物理场景下的分群共识协调控制是一个开放且极具挑战性的课题。作为多机器人系统自组织协调机理的一种核心策略，本文围绕分群共识的创新性展开

＊ 李恒宇，上海大学机电工程与自动化学院研究员、博士生导师。主要研究方向：机器人智能感知与控制、多机器人协同。

分析，说明从 Lagrange 动力学角度开发非完整约束多机器人系统多目标分群共识控制协议，是推进自组织行为理论研究的一个关键突破口，内容主旨体现了核心学术价值。随后从介绍图论和动力学建模、分群网络与问题情境构建和算法设计与稳定性分析三个方面，具体说明了如何通过设计嵌入运动学控制器的自适应转矩控制协议，建立全新的非完整约束多机器人系统分群共识收敛准则。参考非完整约束多机器人系统的完全共识理论，通过模拟仿真验证了分群共识结论，并讨论了网络参数对分群共识的行为演化规律的影响，揭示了复合任务与单一任务的共识控制的根本性不同。最后对参考文献、公式、字符和出处等细节进行了说明。

 方法谈

科技论文具有科学性和真理性两个本质属性，其展现是求真的过程。而开源传播的方式又赋予了科技论文开放的宣传性，以传达科学研究的重要性和贡献，并实现资源互惠共享。同时，准确合理的呈现方式为提升学术传播的影响力提供了条件。因此，本文从论文写作的基本流程入手，通过分析案例《Group Consensus Coordination Control in Networked Nonholonomic Multi-robot Systems》，阐述了开源科技论文的写作方法和思路。

开源科技论文大致可分为三类：（1）创新理论方法，发现重大现象与规律；（2）对理论方法进行拓展，以及对发现的现象有新解释；（3）根据现有理论方法解决问题，发现新的细微现象与规律。所讨论案例隶属于第二类论文的研究范畴，拟从以下六个部分进行写作分析。

1. 摘要与关键词

摘要是整篇文章的精髓。为体现文章的研究重点，便于文章的搜索与分类，开源科技论文的摘要部分须高度凝练课题研究的创新性，包含明确的目标、研究重点和研究方法等，并在其中选取符合通用习惯的关键词。案例的创新性体现在：通过嵌入自适应转矩控制协议中的运动学控制器，建立了一种全新的非完整约束多机器人系统分群共识收敛准则。所得结果与传统共识相比优点在于：对比严格代数假设下的共识机制，研究发现在一个简单的几何条件下即可实现非完整约束多机器人系统的分群共识。此外，摘要还应准确地表述核心部分的逻辑结构与内在联系。例如，摘要突出了在无循环划分（关键词）的网络结构下进行非完整约束（关键词）系统的稳定性分析是验证分群共识是否达成的关键。

2. 引言

开源科技论文良好的宣传性特征，需要文献清晰的结构、翔实的数据和客观的表达作支撑。Introduction 一节介绍了非完整约束多机器人系统相关文献研究的背景，阐述了从动力学角度发展新的共识控制协调方式的优势。

（1）课题研究的目的和意义。研究的出发点基于两点。一方面，考虑机器人日益成为军事、民用、航空与航天等领域创新发展的引擎，但随着任务需求越来越多元化，对信息处理的要求也越来越高，面向智能化、数字化和网络化发展的机器人技术也从单一机器人控制向着多机器人控制发展。多机器人协调控制是指各个机器人子系统如生物界的鸟群与蜂群一样，展现出簇拥、交会、编队和共识等自组织群集行为的演化，如图 1 所示。而共识作为实现各种群集行为的控制算法中最基本的一种算法，是实现多机器人协调控制的重要途径。然而，对大规模机器人个体的控制导致了系统整体状态的不确定性增加、系统协调的管理难度加大等新的问题，严重影响了共识控制的稳定性和可靠性。

另一方面，多机器人系统完成整体任务的关键在于实现高性能的协调控制，但是在系统高速或高负载等情况下，其仅依靠运动学和线性动力学建模方法构建的共识控制器精度不高，甚至方法失效。在需要精确力反馈的情形下，采用 Lagrange 动力学的多机器人共识控制可显著改善系统动态性能，为新一代信息技术在军事科技和高端装备产业中的应用创造了条件。其中，受非完整约束的机器人是一类应用广泛的欠驱动机器人，通过 Lagrange 动

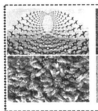
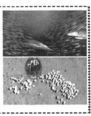

生物群集现象　　　　　群集应用

图 1　自然界各种群集现象与各种群集应用

力学构建该类机器人的共识控制器，达成被驱动自由度和欠驱动自由度之间的解耦，是提升整个系统动态性能的有效手段。但非完整约束线性化模型的不可控性以及不满足稳定光滑状态反馈律的 Brockett 必要条件，使得即使是简单构型的动力学共识控制律设计仍具有极大的挑战性。介绍了上述背景信息后，引言梳理了存在的突出问题，继而说明设计非完整约束多机器人系统有效分群共识控制器的必要性。

（2）国内外综述。科学性和真理性依然是开源科技论文首要考虑的问题。综述部分需准确展示该领域的研究现状，并结合已有文献推导的理论、采用的方法或所得结论的优点与不足，客观地点明存在的问题，为课题的后续研究奠定基础。一般情况下，文献须按时间排序展开，在内容方法等方面具有明显的递进关系。比如，案例的目标是利用机器人之间的局部信息和有限的沟通能力设计控制协议，揭示 Lagrange 动力学背景下的非完整约束多机器人系统共识形成机制。案例首先介绍了单一非完整约束机器人的稳定跟踪的控制方法，其解决方案有基于行为的方法、基于规划的方法和基于优化的方法等，随后指出基于连续时变和不连续时不变控制律的控制理论是研究系统共识问题的重要基础，并介绍研究领域的代表性成果。其中，Dimarogonas 和 Kyriakopoulos 设计了非完整约束多机器人的分散反馈交会控制器，其收敛依赖于通信图的连通性，并借助非光滑李雅普诺夫理论检验了整体系统的稳定性。有文献分别设计了光滑时变和持续激励的控制器，实现了非完整约束多机器人系统的编队控制问题。另有文献基于方位研究了任意维空间中具有 Leader-first follower 结构的群集控制问题，分析了几乎全局稳定到理想目标的纯方位控制律，以及重新调整目标编队的策略，拓展了编队与交会的理论研究框架。查阅到的文献均采用运动学建模阐述了共识算法研究的路线，展现了本领域研究的一些重要成果，但设计的控制器无法实时响应系统的动力学，在一定程度上简化了建模的复杂性，特别是对于高速和大型的移动机器人易导致意外的跟踪错误，各种不确定性在控制过程中同样无法避免，亟须从动力学角度设计抑制参数不确定性的共识控制器。综述介绍了几类动力学相关的共识问题解决方案：Dong 和 Farrell 设计了一类参数不确定的非完整约束多机器人分散共识控制方案。Liu 等使用状态反馈滑模控制器设计了力矩协议，提出了一类参数不确定的非完整约束多机器人系统的共识控制方法。上述方案为后续该类系统的分群共识问题的实现提供了条件，但受限于非完整约束机器人欠驱动的结构以及系统线性化模型的不可控特性，如何达成其在复合任务物理场景下的分群共识协调控制是一个开放且极其具有挑战性的课题。

（3）本研究的主要内容。开源科技论文的研究成果，应重点突出目前阶段所研究课题的前沿性，体现研究对象和待解决问题间的关系：案例针对现有共识理论局限在使用运动学模型构建非完整约束多机器人系统单一目标任务框架的不足，研究了复合任务的共识问题，实现了一类非完整约束多机器人多目标协调形式的共识控制。此外，内容主旨需要体现一定的学术价值：作为多机器人系统自组织协调机理的一种核心策略，案例从 Lagrange 动力学角度开发的非完整约束多机器人系统多目标分群共识控制协议，是推进自组织行为理论研究的一个重要突破口。

3. 建模与分析

文章的主体部分须根据研究的对象与目标详细介绍建模、简化的过程，每一步的建模过程都要有相应的解释，为有兴趣的读者复现提供有价值的参考。Presentation 一节从以下三个部分展开：非完整约束多机器 Lagrange 动力学建模；基于多目标控制的分群网络构建与问题情境；非完整约束多机器人系统分群共识的控制器设计与稳定性分析。

第一，图论和动力学建模的相关知识。案例的研究对象是具有不确定参数的网络化多机器人系统，系统之间的信息交互一般通过无向图或有向图进行描述，若在图中用箭头表示方向，则图是有向图。本案例采用有向图刻画多机器人系统之间的连接关系，研究对象的个体动力学为非完整约束动力学。为了实现分群共识的控制目标，生成树的条件是对网络拓扑连接最基本的要求。非完整约束受制于一组速度不可积的物理约束方程，概念最早由德国物理学家海因里希·赫兹提出，其不会减少系统广义坐标的自由度，但会减少系统广义速度的自由度。因此，非完整约束系统的运动状态可在任意两种位形之间切换而不违反速度约束。假设网络拓扑由 d 个机器人节点组成，则非完整约束机器人的模型可用 Lagrange 动力学表示，表示为如下形式：

$$\mathbb{M}_i(q_i)\ddot{q}_i + \mathbb{C}_i(q_i,\ \dot{q}_i)\dot{q}_i + \mathbb{G}_i(q_i) = \mathbb{B}_i(q_i)\tau_i + \mathbb{A}_i^{\mathrm{T}}(q_i)\lambda_i, \quad (1)$$
$$i = 1,\ 2,\ \cdots,\ d.$$

需要说明，上述动力学方程的本质为 Lagrange 力学，但由于受物理约束的限制，直接讨论该模型比较困难，而坐标的等价变换是模型分析中经常采用的处理方法，通过式（1）可对非完整约束的动力学模型进行转换，在形式上消除约束项，然后使用与 Lagrange 力学相似的性质进行分析。

第二，分群网络与问题情境。与传统的完全共识不同，分群共识涉及群与群之间的耦合关系，如何结合非完整约束动力学方程，在共识行为演化过程中构建稳定的网络拓扑结构是首先要解决的问题。基于此，考虑具有严格物理背景的无循环划分的网络拓扑，其对应的 Laplacian 矩阵 L 具有如下的下三角块状矩阵形式：

$$L = [\iota_{ij}] = \begin{bmatrix} L_{11} & \cdots & 0_{n_1 \times n_k} \\ \vdots & \ddots & \vdots \\ L_{k1} & \cdots & L_{kk} \end{bmatrix}. \quad (2)$$

矩阵 L 的表达式在后续的稳定性分析中起到了关键作用。无循环划分的网络拓扑图说明排序在前的子群能够传输信息给后面的子群，但反之不然。因此准备知识部分很自然地构建了实现 k 个目标控制的分群共识的问题情境，在存在群间耦合相互作用的情况下，给出了实现非完整约束系统（1）分群共识的定义：通过设计控制输入 τ_i 并构造光滑的参考速度辅助向量 $v_{ia} = [\mu_{ia}, \quad \eta_{ia}]^T = P_i(e_i, \quad v_{r_i}, \quad \Psi_i)$，进而找到闭环系统控制反馈策略的稳定性判据，使得 $v_i \rightarrow v_{ia}$，$\lim\limits_{t \rightarrow \infty}(q_i - q_{r_i}) = 0$，且当指标集 $\hat{i} = \hat{j}$ 时，

$$\lim_{t \rightarrow \infty}(q_i - q_j) = 0,$$

$$\lim_{t \rightarrow \infty}(\dot{q}_i - \dot{q}_j) = 0, \quad i, \quad j = 1, \quad 2, \quad \cdots, \quad d. \tag{3}$$

需要说明，如果 Laplacian 矩阵 L 不具有式（2）的形式，那么总是可以重新排列顺序，使新的矩阵具有无循环划分的形式。因此本文的讨论的网络拓扑结构具有广泛的适用性。

第三，算法设计与稳定性分析。分群共识控制器的设计中，一般是将多目标等复合任务分解为小的、复杂度较低且更容易管理的子任务，通过对子任务整合以实现总体目标。在本例中，我们考虑每一个子任务状态变量的稳定性。首先引入运动学控制器参考速度辅助向量 v_{ia}：

$$v_{ia} = \begin{bmatrix} \mu_{ia} \\ \eta_{ia} \end{bmatrix} = \begin{Bmatrix} \mu_{r_i}\cos e_{i_3} + k_{i_1}e_{i_1} \\ \eta_{r_i} + k_{i_2}\mu_{r_i}e_{i_2} + k_{i_3}\mu_{i r_i}\sin e_{i_3} \end{Bmatrix}, \tag{4}$$

式（4）保证了位置误差的渐进收敛，推导时需构造类李雅普诺夫函数，包含跟踪误差的所有组成部分。然后设计速度交互通讯变量 v_{ri} 以及滑模变量 s_i：

$$v_{ri} = v_{ia} - \alpha \sum_{j=1}^{d} a_{ij} \int_0^t (v_i(r) - v_j(r))\mathrm{d}r - \beta_i \int_0^t (v_i(r) - v_{ia}(r))\mathrm{d}r, \tag{5}$$

$$s_i = v_i - v_{ri}, \quad s_i \in R^p. \tag{6}$$

再利用上述设计的运动学参考速度辅助向量，可实现子群速度与对应参考速度的一致性。随后设计如下的自适应力矩控制协议 τ_i：

$$\tau_i = \widetilde{\mathbb{B}}_i^{-1}(\mathbb{Y}_i(q_i, \quad \dot{q}_i, \quad \dot{v}_{ri}, \quad v_{ri})\hat{\rho}_i - \mathbb{K}_i s_i), \tag{7}$$

$$\dot{\hat{\rho}}_i = -\Xi_i \mathbb{Y}_i^{\mathrm{T}}(q_i, \quad \dot{q}_i, \quad \dot{v}_{ri}, \quad v_{ri})s_i. \tag{8}$$

控制器通过提供额外的运动学模块接口嵌入到力矩控制协议中，将低维的模式输入数据变换到高维空间，使得输入匹配了相同数目的控制变量，由此克服了欠驱动的结构限制。

在稳定性的分析过程中，我们将动力学方程（1）变换为如下的一阶闭环系统：

$$\widetilde{\mathbb{M}}_i(q_i)\dot{s}_i = -\widetilde{\mathbb{C}}_i(q_i, \dot{q}_i)s_i - \mathbb{Y}_i(q_i, \dot{q}_i, \dot{\mathbf{v}}_{ri}, \mathbf{v}_{ri})\widetilde{\rho}_i - \mathbb{K}_i s_i. \quad (9)$$

利用 Laplacian 矩阵零特征值对应的左特征向量性质，作相应的矩阵变换分离不稳定的零特征值，即引入矩阵 Δ 对滑模向量的紧凑形式变形，将闭环系统（9）的状态分析归结为验证转化后的子系统 X_r 和 X_R 的稳定性问题，即：

$$X_r = -\int_0^t (\Theta_r \otimes I_p)X_r \mathrm{d}r + ((v_1, v_2, \cdots, v_k)^{\mathrm{T}} \otimes I_p)(\mathbf{S}+\mathbf{U}), \quad (10)$$

$$X_R = -\int_0^t ((\alpha L_R + \Theta_R) \otimes I_p)X_R \mathrm{d}r + S_R. \quad (11)$$

定理 1 将系统模块化为小的、内聚的子组，根据动力学与运动学模型联合构建的多目标控制律，结合输入－状态稳定等非线性控制理论，给出了一类非完整约束多机器人系统实现分群共识的充要条件。注释（Remark）从三个角度展现了课题研究的前沿性，并进一步阐明创新点、方法与结论之间的内在联系。

为方便读者理解整个闭环系统的运行过程，我们给出第 i 个机器人的控制框图，如图 2 所示。过程分为以下四个步骤：i) 设定目标姿态 q_{ri} 和当前姿态 q_i 的初始值，同时定义误差姿态 e_i，并引入参考速度向量 $v_{i\alpha}$；ii) 通过上述状态变量构建速度滑模辅助向量 v_{ri} 以及滑模向量 s_i 并设计群通讯算法；iii) 利用群通讯算法设计控制协议，求得机器人控制输入力矩 τ_i，并作用于非完整约束 Lagrange 动力学系统方程，更新系统速度信息 v_i；iv) 使用更新的速度信息，通过运动学方程定位机器人位姿，更新误差姿态 e_i，由此构建闭环系统。

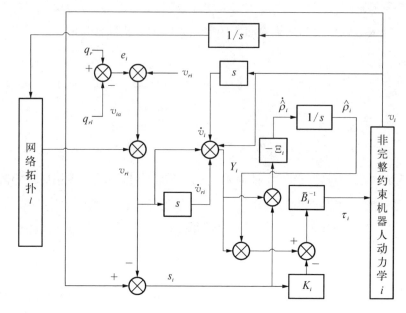

图 2　第 i 个机器人的控制框图

4. 理论验证

开源科技论文的验证方式包括实证研究、实验验证、数值模拟和数据共享等。由于本案例参考的问题是非完整约束多机器人系统完全共识的理论，因而采用仿真模拟验证了结论，通过对标参考对象，从前提条件、分析角度和结论差异等方面进行了说明。Simulations 一节以两轮移动多机器人系统为例，设计了通过非完整约束 Lagrange 动力学模型提供输入指令的模拟仿真，在无循环划分网络下对非完整约束两轮移动多机器人系统分群共识算法进行验证。示例 1～3 分别从不同轨迹的算法实现、耦合强度和代数连通度对分群共识演化行为的作用等方面验证了所设计的分群共识算法的有效性。

示例 1 考察了当多个子群之间存在信息传输的影响时，设计的控制律能否确保每一个子群的机器人稳定追踪对应的参考轨迹。通过对不同复合轨迹的追踪，示例 1 在九个移动机器人的两种网络拓扑有向图 $\mathcal{G}_1$ 和 $\mathcal{G}_2$（图 3）下跟踪了其对应子群的不同参考轨迹（图 4），并通过分析线-圆轨迹交点的平滑度对速度状态的影响，揭示了不平滑的轨迹会导致移动机器人速度以及加速度的突变（图5），引起系统状态的不稳定，导致航程计算时的严重偏差。

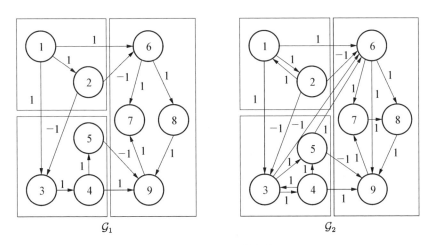

图3　两种网络拓扑有向图

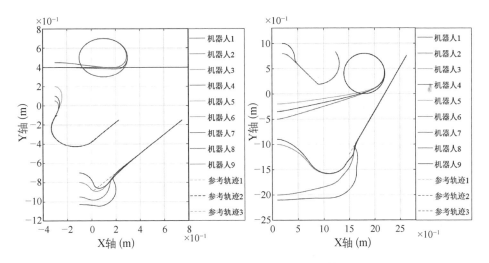

图4　不同参考轨迹的跟踪效果比较

　　结合稠密图和稀疏图的代数连通度性质，示例2考察不同代数连通度对系统性能的影响，结果显示系统每个子群的速度均收敛到一致值，但增大每个子群的代数连通度，并未提升共识收敛速率。示例说明了在具有无循环划分的两轮移动多机器人系统分群共识演化过程中，代数连通度与收敛速度之间不存在完全共识中的正相关关系。

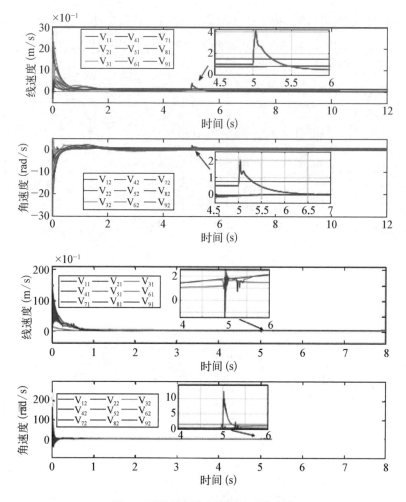

图5　不同参考轨迹的跟踪速度比较

　　在不同耦合强度下，示例3分析了分群网络的状态演化。在完全共识的结果中，当耦合强度增大时，非完整约束两轮移动多机器人系统的轨迹跟踪效果会改善。本示例的跟踪效果显示（图6），上述结论不适用于分群共识控制，根本原因是由于在无循环划分的网络拓扑下，耦合强度的变化对机器人所在子群内部的信息交互与子群之间的协调起到了相反作用，而定量分析其与共识协商速度的关系是一个困难的问题。

　　案例强调了网络参数及其结构特性是影响分群共识达成的重要因素，尤其对规模可扩展的多目标控制影响显著，仿真示例的结论进一步说明了本课题研

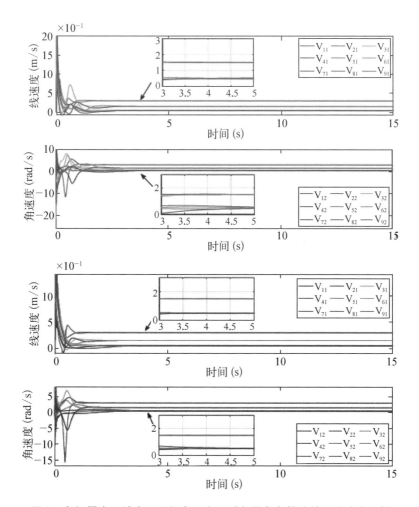

图6 多机器人系统在不同耦合强度下对多圆参考轨迹的跟踪速度比较

究的重要意义。这里需要注意的是，仿真图是展示科技论文成果最直观的窗口，图像的展示要清晰易懂，并注意图的规范，明确标注图的名称，方便读者以最快的速度理解图的含义，必要时还须公开关键性数据和代表性数据。

5. 结论

该部分与摘要部分相比，侧重点在于总结结论或规律并展示其重要性。此外，还应结合论文的核心论点，针对未解决的相关问题或未考虑的方面进行下一步工作的展望。本案例的结论中，强调了基于 Lagrange 动力学的控制方法，构建了非完整约束多机器人系统分群共识的理论框架，讨论了网络参数对分群共识的行为演化规律，揭示了复合任务与单一任务的共识控制的根本性不同。未来期望在更通用的网络拓扑中实现非完整约束多机器人分群共识的协调控制。为更直观地展示案例研究模块间的关系，图 7 给出了论文的组织架构图。

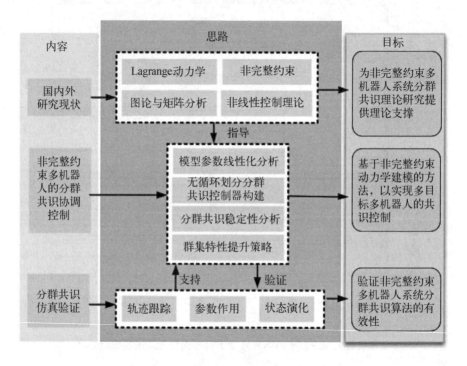

图 7　案例论文的组织架构图

6. 其他须注意的细节

（1）参考文献。格式需根据所投稿的开源期刊杂志要求书写。参考文献的编号要与引文一致。

（2）公式和字符。图、表、公式的编号要和引用位置处的编号保持一致，注意书写规范。关键词描述准确并且前后统一，缩写在文中第一次出现时必须解释。

（3）出处。文章中若引用前人的理论方法，须注明并进行简要描述，创新的方法需详述推导过程。关键数据需要标明引文出处，参数取值也要有依据。

结合具体的案例，本文介绍了开源科技论文写作的基本流程与注意事项。基于开放包容、互惠共享的原则，开源科技论文的撰写要照顾到尽可能多的读者群体，并符合科学规范和道德要求，这就要求研究者根据不同领域和特定开源期刊的特点，全面准确地了解已经发布的高质量科技工作与成果，提升研究工作的专业性，以便更顺畅高效地传播科学知识，增进学术交流。

案例12 一种全新的用于永磁直流电机故障诊断的监督式特征选择方法

陆利新[*]

 **案例来源**

W. WANG, L. LU, W. WEI, A Novel Supervised Filter Feature Selection Method Based on Gaussian Probability Density for Fault Diagnosis of Permanent Magnet DC Motors, *Sensors*, 2022, 22: 7121.

 简介

对于永磁直流电机，在电机启动后，电流信号的波动幅度逐渐减小。在这项工作中，从电流信号的几个连续片段中提取的时域特征和时频域特征组成了一个特征向量，用于永磁直流电机的故障诊断。许多冗余特征会导致诊断效率下降并增加计算成本，因此有必要消除冗余特征和具有负面影响的特征。本文提出了一种利用高斯概率密度函数降低特征维度的监督滤波器特征选择方法，称为高斯投票特征选择方法。为了评估所提出的高斯投票特征选择方法的有效性，我们利用永磁直流电机的数据将其与其他 5 种滤波器特征选择方法进行了比较。此外，还利用高斯朴素贝叶斯（GNB）、k 近邻算法

---

* 陆利新，上海大学机电工程与自动化学院教授级高工、博士生导师。主要研究方向：工厂自动化非标装备、先进在线检测技术及仪器等。

（k‑NN）和支持向量机（SVM）来构建故障诊断模型。实验结果表明，所提出的高斯投票特征选择方法比其他 5 种特征选择方法具有更好的诊断效果，故障诊断的平均准确率从 97.89％提高到 99.44％。

 方法谈

1. 回复审稿信核心思想

编辑对审稿人的审稿意见通常会做出大修、小修、拒稿、接收 4 种决定，直接接收概率极小，拒稿后应根据审稿人意见认真修改并转投其他期刊，收到最多的编辑意见通常是大修和小修。当收到这两种决定后认真修改，大概率稿件会被接收。以下为回复编辑与审稿人审稿信的核心思想，在修改文章过程中应当时刻牢记。

（1）对编辑和审稿人的付出表示真心感谢。

（2）Cover letter 里写清楚稿件编号、文章题目。

（3）必须点对点单独回答问题。

（4）收到审稿意见后大致浏览，当天不要马上处理，放松思考一天后再做回复。

（5）回答问题第一步表明态度，同意或不同意审稿人意见。

（6）对审稿意见表明态度后表示感谢或者表示抱歉。

（7）勤于感谢和道歉，尽量避免和审稿人争论。

（8）把原文和修改后的内容紧跟于回复后面并作明显区分，方便审稿人阅读。

（9）修改部分内容作颜色区分，方便审稿人对比阅读。

（10）有礼貌的回复。

（11）在截止日期之前交稿。

（12）粘贴原文时在结尾标清楚原文所处的页码和行号，方便审稿人查阅。

（13）字体与行号进行调整，阅读起来舒适即可。

（14）不要有多余的空格和换行符，采用标准行间距、段前段后距离、换页符等。

接下来围绕以上 14 条中心思想，对常见的 6 种状况做出详细说明。

1.1 将审稿意见整理好顺序逐个回应

有些审稿人提问或提建议时会按 1、2、3 逐条列出，但仍有可能在一个条目中提出两个比较独立的问题；有些审稿意见则是大段的回复和略显无序的问号。因此，作者极有可能错过几点意见。在这种情况下，一定要明确回应这两个问题。如果两个问题非常相关，可以将自己的回复内容穿插起来一起回答。

1.2 使回复尽量独立于稿件之外

在对论文或图片进行修改后，直接在回复中引用更改的内容。必要的话，提供修改内容的具体行号，注意说明是参考原文还是修改稿中的行号。

一封独立于稿件之外的回复信能让审稿人更容易理解你所写的内容，而不必在你的稿件和回复之间来回切换。此外更是减少了审稿人阅读全文并发现新内容（新问题）的可能性。

1.3 坦诚接受审稿人的要求

不要完全排斥去做审稿人要求的额外实验或分析。有时候审稿人要求特别多，这些要求超出了你所认为的当前论文的研究范围，你需要询问导师或翻阅文献，先尽自己所能努力补全数据，然后根据大多数文献的研究向审稿人论证自己是否需要补他提出的所有数据。如果文章受篇幅限制，也可向编辑咨询意见，然后向审稿人说明该问题。对于正确的指导一定要认真接受并表示感谢；如果审稿人所要求的修改看起来没有必要，通常还是修改一下，目的是向评审者表明作者有在听取和理解他们的建议；如果审稿人所要求的修改是错误的，那更需要找到足够的证明（多个高质量文献引用），有理有据但态度和缓地告知审稿人。

在极少数情况下，你可能会觉得审稿人所做出的评论不礼貌。此时要弄清楚你的主要目的是发表科学成果，一个粗鲁的评论并不能成为你粗鲁回应的理由，而应该通过编辑进行正当的自我维护。

1.4 回复每条评论前，先回复是否赞同审稿人的意见

你可以提供背景信息，但应该在给明确回复之后这么做。尽可能先做出"同意"或"不同意"审稿意见这样清晰的表达。

1.5　使用不同排版来帮助审稿人浏览你的回复

使用字体、颜色或缩进的变化来区分三种不同的元素：审稿意见、对意见的回复，以及对稿件的修改。你可以在回复前言中解释这些排版习惯。

1.6　表明修改稿与原稿的不同

当你为了回应审稿人的评论而做出修改时，有时候很难准确地传达给他那个改动是什么。一个常见的错误是，作者回复审稿人的评论，"This point is addressed in the manuscript in the following way ..."这个回复并没有说明新旧版本的不同，因为审稿人可能忘记原稿存在的问题，作者需要明确地提及原稿和修改过的版本对比有哪些变化。

2. 常见审稿意见分类及回复技巧

以下为常见的 6 种审稿意见以及我们的应对策略。

2.1　审稿人对文章创新性提出质疑

对策：善用参考文献。

通读全文，找出你认为是新意的地方。对你的研究成果对科学界意味着什么详加描述。有必要的话，增加一些领域其他研究的介绍并且指出你的研究有何不同。

2.2　审稿人对文章观点提出质疑

对策 1：善用参考文献。

用别人对该研究的评价和总结来佐证自己的观点。一项研究完成并发表后，必将接受全世界该领域学者们的共同审视和验证，这样在其他学者对该项研究的评述中应该能找到对自己有利的观点。这个方法的关键在于检索论文的技巧要比较高明，才能迅速准确定位文献。

对策 2：善用事实数据。

对于可以补充的研究内容，尽量进行补充研究并详细说明。

对于确实难以补充的研究内容，用你的研究重点和创新点进行规避。

2.3　审稿人对文章数据提出质疑

对策：善用图表说明问题。

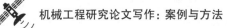

所增加的图表内容一定要详尽，用足够多的图表资料将问题讲透彻讲明白，使审稿人感受到你的认真和真诚。

2.4 审稿人提出各类细节修改问题

对策：按照所提意见修改。

对于这类问题没有争论的必要，审稿人既然提出此问题，一定是基于其以往经验，利于提高文章质量，认真按照审稿人所提细节建议逐个修改，老老实实地把该解释的内容补上。

2.5 审稿人认为文章英语水平达不到发表要求

对策：寻求帮助。

求助英语水平高的同学、朋友、导师，最好是和你的研究相似或懂得科学出版语言要求的人，让他们来评价一下你文章的英语水平，也可求助语言润色公司，这种公司润色后一般会出具润色证书。

2.6 审稿人的意见有问题

这种情况发生的概率很小，但不是不存在。

注意言辞，不要在文中带有"审稿人的意见是错的"这样的句子。在那条审稿意见下，列出你的理由和证据就可以，也不用刻意强调你的观点是正确的。

3. 审稿意见回复案例

3.1 对 1 号审稿人的回复

感谢您的精心工作和以下建设性意见，这些意见帮助我们大幅改进了我们的手稿！我们认真处理了这些意见，并做出了相应的修订。修改稿中的改动用绿色标记。下面，您将看到我们对您意见的逐点回复。

意见 1：建议方法的详细技术程序应在图中清楚地显示。

回复 1：感谢您的周到建议，首先，我们对没有清楚地介绍 GVFS 的过程表示歉意。根据您的建议，我们改进了图 4，并添加了图 3 和图 10 来呈现 GVFS 方法。我们希望我们的表达足够清晰。再次谢谢。原稿和修改后的说明书中的相关表述如下：

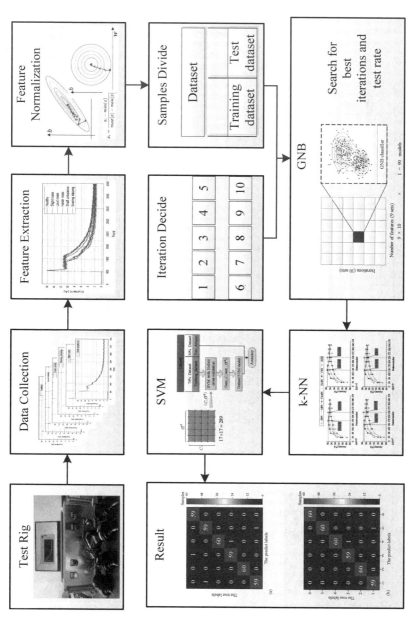

（修改前 1）

图 4　实验架构图

（修改后 1）

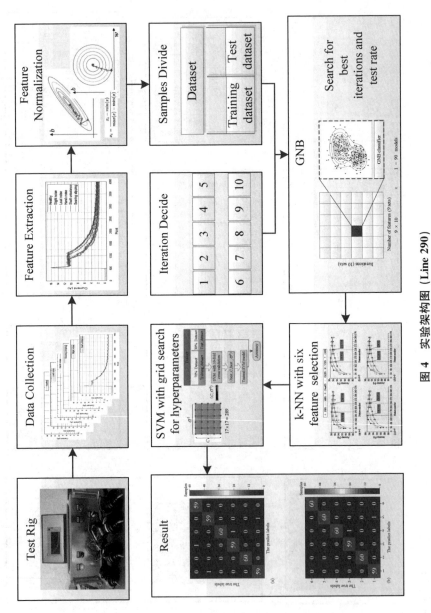

图 4 实验架构图（Line 290）

（修改前 2）None.

（修改后 2）如图 3 所示。

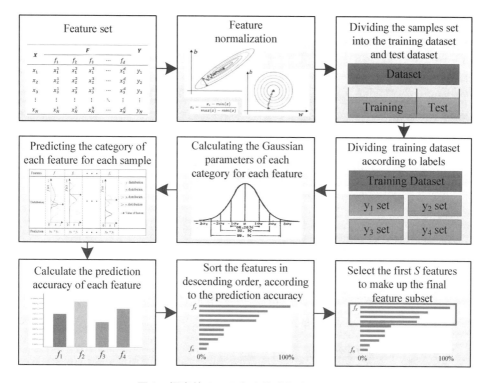

图 3　提出的 GVFS 方法的过程（Line 263）

（修改前 3）None.

（修改后 3）利用具有不同 k 值的 k－NN 分类器，利用六种特征选择方法进行特征选择的实验过程如图 10 所示（Line 511～514）。

意见 2：为什么需要迭代过程应该清楚地显示和解释。

回复 2：由于我们缺乏相关表达，我们对您的误解感到抱歉。谢谢你周到的建议。虽然迭代次数可以根据之前的研究来确定，但为了使论文更加严谨，使迭代次数更适合我们在本文中的故障诊断实验，我们对不同的迭代进行了实验。同时，在手稿中添加了相关说明。原稿和修改后的说明书中的相关表述如下：

（修改前 1）None.

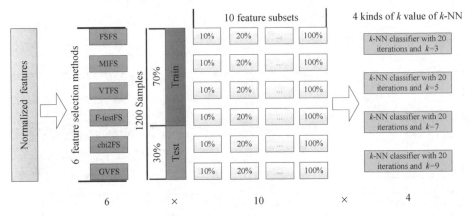

图10 利用六种特征选择方法和利用不同 k 值的 k－NN 分类器进行特征选择的实验过程

（修改后 1）对于 GNB 分类器，没有需要调整的超参数，因此，GNB 分类器适用于确定迭代次数和划分训练数据集和测试数据集的样本比例。虽然迭代次数和样本分割比可以根据以往的研究来决定，但为了使实验更加严格，使迭代次数和采样分割比更适合 PMDCM 的数据集。利用 GNB 分类器建立了不同迭代次数和样本分割率的 PMDCM 故障诊断模型。实验结果如表 6（见原论文）所示。

意见 3：所提出的方法只是故障诊断方法的一个重要步骤。所提出的方法的性能应该独立于 SVM、KNN 等分类方法进行评估。

回复 3：非常感谢你指出这个问题。根据您深思熟虑的建议，我们在手稿中添加了对所提出的 GVFS 方法与其他五种特征选择方法的更详细的比较描述。原稿和修改后的说明书中的相关表述如下所示。如果我们不能正确理解您的意思，请提供更详细的解释，我们将进行相应的修改。

（修改前 1）None.

（修改后 1）从图 11（见原论文）中可以看出，当 k－NN 的 k 值设置为 3、5、7 和 9 时，PMDCM 的故障诊断精度具有相同的变化趋势。因此，我们仅详细分析当 k 值设置为 7 时的结果。如图 6（见原论文）所示，如图 11（c）（见原论文）所示，当特征数量从 34 个增加到 204 个时，当使用 FSFS 和 MIFS 方法时，PMDCM 的故障诊断准确率分别从 91.92％增加到 95.58％ 和从 92.82％ 增加到 96.49％，然后随着特征数量的增加，PMDCM 故障诊断准确度呈波动性下降。当使用 F－testFS 方法选择特征时，当所有特征都用于建立故障诊断模型时，随着特征数量从 34 个增加到 272 个，PMDCM 的故障诊断准确率从 88.76％逐渐提高到 96.43％，故障诊断准确率下降到 95.12％。当特征数量从 34 个增加到 272 个时，利用 Chi2FS 方法，PMDCM 的故障诊断准确度以波动的方式从 90.1％增加到 96.21％，当所有特征都用于建立故障诊断模型时，故障诊断准确性下降到 95.01％，当采用 VTFS 方法时，PMDCM 的故障诊断准确率从 90.11％提高到 97.01％，然后随着特征数量的增加，PMDCM 故障诊断准确度呈波动性下降。当使用所提出的 GVFS 方法构建 PMDCM 的故障诊断模型时，特征数量从 34 个增加到 238 个，PMDCM 故障诊断准确率从 87.11％增加到 97.39％，当特征数量从 238 个增加到 340 个时，PMDCMs 的故障诊断准确度从 97.39％下降到95.51％(Line 553～573)。

3.2　对 2 号审稿人的回复

我们非常感谢审稿人对这份手稿的宝贵意见。根据您深思熟虑的建议，我们的论文也得到了很好的改进。修订稿中的更改已用绿色标记，对您的意见的逐点回复如下：

意见 1：摘要太长，无法抓住这份手稿的关键内容。

回复 1：谢谢您的友好建议。根据您的建议，我们对摘要进行了精简，希望重写能得到您的批准。原稿和修改后的说明书中的相关表述如下：

（修改前 1）对于永磁直流电机（PMDCM），在电机启动后，电流信号的振幅逐渐减小。在这项工作中，从电流信号的几个连续片段中提取的时域特征和时频域特征组成了一个特征向量，用于 PMDCM 的故障诊断。许多冗余特征会导致诊断效率下降并增加计算成本，因此有必要消除冗余特征和具有负面影响的特征。本文提出了一种利用高斯概率密度函数（GPDF）降维的监督滤波器特征选择方法，称为高斯投票特征选择（GVFS）。GVFS 的过程包括特征归一化和计算每个类别中每个特征的高斯参数。接下来，基于测试样本获得每个特征的预测精度，最后，基于每个特征的预报精度按降序对特征进行排序。为了提高 PMDCM 的故障诊断精度并评估所提出的 GVFS 的有效性，我们利用 PMDCM 的数据将其与其他五种滤波器特征选择方法进行了比较。此外，还利用高斯朴素贝叶斯（GNB）、k 近邻算法（k‑NN）和支持向量机（SVM）来构建故障诊断模型。实验结果表明，与其他五种特征选择方法相比，所提出的 GVFS 具有更好的诊断效果，故障诊断的平均准确率从 97.89% 提高到 99.44%。本文为 PMDCM 的故障诊断奠定了基础，并提供了一种新的滤波特征选择方法。

（修改后 1）对于永磁直流电机（PMDCM），在电机启动后，电流信号的振幅逐渐减小。在这项工作中，从电流信号的几个连续片段中提取的时域特征和时频域特征组成了一个特征向量，用于 PMDCM 的故障诊断。许多冗余特征会导致诊断效率下降并增加计算成本，因此有必要消除冗余特征和具有负面影响的特征。本文提出了一种利用高斯概率密度函数（GPDF）降维的监督滤波器特征选择方法，称为高斯投票特征选择（GVFS）。为了评估所提出的 GVFS 的有效性，我们利用 PMDCM 的数据将其与其他五种滤波器特征选择方法进行了比较。此外，还利用高斯朴素贝叶斯（GNB）、k 近邻算法（k‑NN）和支持向量机（SVM）来构建故障诊断模型。实验结果表明，与其他五种特征选择方法相比，所提出的 GVFS 具有更好的诊断效果，故障诊断的平均准确率从 97.89% 提高到 99.44%。本文为 PMDCM 的故障诊断奠定了基础，并提供了一种新的滤波特征选择方法。

意见 2：应该更清楚地讨论和强调这项工作的动机和主要贡献。

回复 2：非常感谢你指出这个问题。我们调整了引言的结构，使其更加清晰，并详细描述了研究动机和主要贡献。原稿和修改后的说明书中的相关表述如下：

（修改前 1）

1. 简介

（修改后 1）

1. 简介

1.1　研究动议

1.2　特征选择的文献综述

1.3 故障诊断文献综述

1.4 贡献和创新

1.5 研究大纲

（修改前2）永磁直流电机（PMDCM）广泛应用于汽车、家用电器、工业生产等领域。PMDCM故障可能会导致噪声、振动和机械损伤，从而造成经济损失和用户体验不佳。因此，有必要在PMDCM出厂前对其进行全面的故障诊断。然而，人工诊断很容易导致误判。请注意，随着计算机、通信和存储技术的快速发展，人工智能是解决这一问题的有效途径。然而，在数据收集和存储过程中会产生许多冗余和不相关的数据。因此，对这些数据进行有效处理是一个紧迫的问题。虽然特征工程旨在减少特征的维数和消除冗余，但特征选择方法是为了找到最佳的特征子集空间。特征选择消除了不相关和冗余的特征，这些特征对提高模型性能、避免过度拟合和节省运行时间有负面影响。

（修改后2）永磁直流电机（PMDCM）广泛应用于汽车、家用电器、工业生产等领域。PMDCM故障可能会导致噪声、振动和机械损伤，从而造成经济损失和用户体验不佳。因此，有必要在PMDCM出厂前对其进行全面的故障诊断。然而，人工诊断很容易导致误判，而且耗时。请注意，随着计算机、通信和存储技术的快速发展，人工智能是解决这一问题的有效途径。然而，数据量的增加会给通信带来巨大的负担，容易导致通信数据丢失和通信延迟。顾等人发现通信延迟呈伽马分布，分别对网络控制系统的分布式跟踪控制、电力系统的负载频率控制和图像加密进行了研究，并利用伺服电机实验验证了该方法的有效性。为了减轻通信负担，Yan等人提出了一种新的加权积分事件触发方案（IETS），并将其应用于图像加密，以展示所提出的IETS的优势。为了减轻通信负担，本文提出了一种新的监督滤波器特征选择方法。

本文将高斯朴素贝叶斯（GNB）、k近邻算法（k-NN）和支持向量机（SVM）用于PMDCM的在线故障诊断，以提高故障诊断的准确性。考虑到在线故障诊断的效率，本文提出了一种新的基于高斯概率密度函数（GPDF）的监督滤波器特征选择方法，用于PMDCM的故障诊断，以提高故障诊断效率，同时保证故障诊断的准确性（Line 26～50）。

（修改前 3）在特征选择方面，到目前为止已经提出了许多方法。然而，有些应用于特定领域，有些旨在解决高维问题，有些用于解决样本不平衡的问题，有些侧重于特征之间的关系，有些采用启发式算法。它们仅限于特定的领域或条件。因此，我们提出了一种新的监督特征选择方法，其特征只需要是数值的。

（修改后 3）在以往的故障诊断研究中，利用机器学习方法，基于振动信号、电信号和声学信号，提出了许多电机故障诊断方法。PMDCM 的在线故障诊断不仅需要保证诊断的准确性，还需要保证诊断效率。因此，本文提出了一种新的特征选择方法，将其与机器学习相结合，通过降低特征的维数来确保诊断效率。关于降维，迄今为止已经提出了许多方法。然而，有些应用于特定领域，有些旨在解决高维问题，有些用于解决样本不平衡的问题，有些侧重于特征之间的关系，有些采用启发式算法。它们仅限于特定的领域或条件。因此，我们提出了一种新的监督特征选择方法，该方法的特征只需要是数值的，适用于 PMDCM 的故障诊断。本文的主要贡献总结如下。

在本研究中，通过依次使用 GNB、k－NN 和 SVM 分类器，将电流信号用于 PMDCM 的故障诊断。为了提高 PMDCM 的故障诊断效率，提出了一种基于 GPDF 的监督滤波器特征选择方法。

本文提出的 PMDCM 故障诊断方法不仅提高了诊断的准确性和效率，而且削弱了对人工经验的依赖，提高了诊断结果的可靠性，具有潜在的商业推广和应用价值（Line 124～145）。

意见 3：由于本文只研究了高斯分布，因此对伽马分布等其他概率分布的讨论似乎不够充分。最近，研究伽马分布的一些相关结果如下：通过电路实现的具有随机延迟和网络攻击的电力系统的概率密度相关负载频率控制；提出了一种具有概率通信时延的模糊神经网络同步算法；H∞加权积分事件触发的混合时滞神经网络同步；具有分布式传输延迟的网络控制系统的事件触发控制。

回复 3：非常感谢您对我们论文的肯定。我们仔细阅读了你推荐的文章。

通信延迟确实对人工智能构成了巨大挑战。因此，我们提出了一种新的特征选择方法，以尽可能减少通信负担。文章中增加了相关说明。谢谢你深思熟虑的建议，这使我们的文章更加严谨。原稿和修改后的说明书中的相关表述如下：

（修改前 1）永磁直流电机（PMDCM）广泛应用于汽车、家用电器、工业生产等领域。PMDCM 故障可能会导致噪声、振动和机械损伤，从而造成经济损失和用户体验不佳。因此，有必要在 PMDCM 出厂前对其进行全面的故障诊断。然而，人工诊断很容易导致误判。请注意，随着计算机、通信和存储技术的快速发展，人工智能是解决这一问题的有效途径。然而，在数据收集和存储过程中会产生许多冗余和不相关的数据。因此，对这些数据进行有效处理是一个紧迫的问题。虽然特征工程旨在减少特征的维数和消除冗余，但特征选择方法是为了找到最佳的特征子集空间。特征选择消除了不相关和冗余的特征，这些特征对提高模型性能、避免过度拟合和节省运行时间有负面影响。

（修改后 1）永磁直流电机（PMDCM）广泛应用于汽车、家用电器、工业生产等领域。PMDCM 故障可能会导致噪声、振动和机械损伤，从而造成经济损失和用户体验不佳。因此，有必要在 PMDCM 出厂前对其进行全面的故障诊断。然而，人工诊断很容易导致误判，而且耗时。请注意，随着计算机、通信和存储技术的快速发展，人工智能是解决这一问题的有效途径。然而，数据量的增加会给通信带来巨大的负担，容易导致通信数据丢失和通信延迟。顾等人发现通信延迟呈伽马分布，分别对网络控制系统的分布式跟踪控制、电力系统的负载频率控制和图像加密进行了研究，并利用伺服电机实验验证了该方法的有效性。为了减轻通信负担，Yan 等人提出了一种新的加权积分事件触发方案（IETS），并将其应用于图像加密，以展示所提出的 IETS 的优势。为了减轻通信负担，本文提出了一种新的监督滤波器特征选择方法（Line 26～44）。

意见 4：应提供更多与现有方法的比较结果，以显示所提出方法的优势。

回复 4：我们非常感谢你的提问。根据您的建议，我们在手稿中添加了对所提出的 GVFS 方法与其他五种特征选择方法的更详细的比较描述。原稿和修改后的说明书中的相关表述如下所示。

（修改前 1）None.

（修改后 1）从图 11（见原论文）中可以看出，当 k‑NN 的 k 值设置为 3、5、7 和 9 时，PMDCM 的故障诊断精度具有相同的变化趋势。因此，我们仅详细分析当 k 值设置为 7 时的结果。如图 6（见原论文）和图 11（c）（见原论文）所示，当特征数量从 34 个增加到 204 个时，当使用 FSFS 和 MIFS 方法时，PMDCM 的故障诊断准确率分别从 91.92% 增加到 95.58% 和从 92.82% 增加到 96.49%，然后随着特征数量的增加，PMDCM 故障诊断准确度呈波动性下降。当使用 F‑testFS 方法选择特征时，当所有特征都用于建立故障诊断模型时，随着特征数量从 34 个增加到 272 个，PMDCM 的故障诊断准确率从 88.76% 逐渐提高到 96.43%，故障诊断准确率下降到 95.12%。当特征数量从 34 个增加到 272 个时，利用 Chi2FS 方法，PMDCM 的故障诊断准确度以波动的方式从 90.1% 增加到 96.21%，当所有特征都用于建立故障诊断模型时，故障诊断准确性下降到 95.01%，当采用 VTFS 方法时，PMDCM 的故障诊断准确率从 90.11% 提高到 97.01%，然后随着特征数量的增加，PMDCM 故障诊断准确度呈波动性下降。当使用所提出的 GVFS 方法构建 PMDCM 的故障诊断模型时，特征数量从 34 个增加到 238 个，PMDCM 故障诊断准确率从 87.11% 增加到 97.39%，当特征数量从 238 个增加到 340 个时，PMDCMs 的故障诊断准确度从 97.39% 下降到 95.51%（Line 553～573）。

意见 5：为了使论文更清晰，要求在图标题中添加图 13 中两个图的详细信息。

回复 5：我们感谢您提出这个问题。根据图中的详细信息，我们将图 12 重命名为图 14，同时将图 13 重命名为图 15，以使图更清晰地显示给读者。原稿和修改后的说明书中的相关表述如下：

（修改前 1）

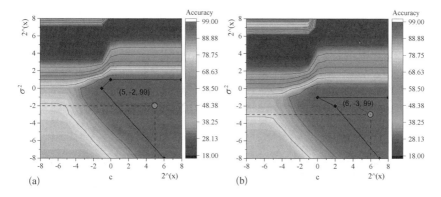

图 12 具有不同超参数的 PMDCM 的故障诊断准确率

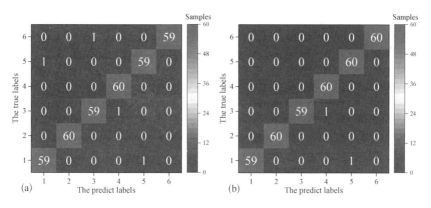

图 13 PMDCM 的故障诊断混淆矩阵

（修改后 1，见图 14 和图 15）

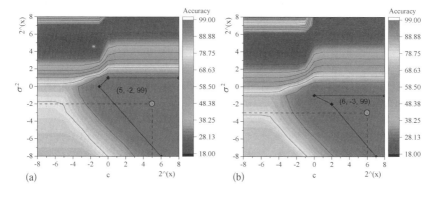

图 14 通过利用具有不同超参数的 SVM 分类器（a）通过 VTFS 方法
选的 136 个特征；（b）通过 GVFS 方法选择 238 个特征，
PMDCM 的故障诊断准确率（Line 640）

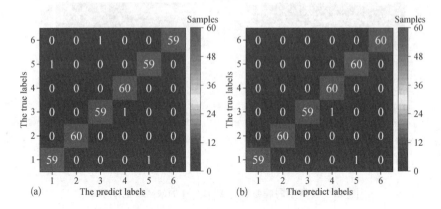

图15 通过利用 360 个 PMDCM 样本（每个类别具有 60 个样本）的 SVM 分类器，故障诊断混淆矩阵具有通过 VTFS 方法（a）选择的 136 个特征，以及通过 GVFS 方法；（b）选择的 238 个特征

意见 6：这里有一些语法错误和拼写错误，请仔细检查演示文稿。

回复 6：谢谢您的建议。在修改后的手稿中，语法错误已更正（见第 15 页和第 18 页）。此外，我们还仔细检查了手稿的语法，并请一位以英语为母语的人帮助检查语言。我们很抱歉用这种本应避免的错误打扰您。

3.3 对 3 号审稿人的回复

感谢您的精心工作和建设性意见，这些意见帮助我们大幅改进了我们的手稿！我们认真处理了这些意见，并做出了相应的修订。修改稿中的改动用绿色标记。下面，您将看到我们对您意见的逐点回复。

意见 1：在我看来，由于论文中涉及的主题与故障诊断有关，作者应该介绍 PMDCM 中可能发生的主要故障类型、它们的分布、故障机制以及它们是如何表现出来的。

回复 1：谢谢你周到的建议。同时，我们对没有引入故障机制以及如何获得故障 PMDCM 表示歉意。本研究课题来源于生产需求，制造企业提出了 PMDCM 的故障诊断问题，并提供了标注的 PMDCM。现在，我们在手稿中添加了相关描述。原稿和修改后的说明书中的相关表述如下：

（修改前 1）None.

（修改后 1）本课题的研究来源于生产需求，PMDCM 的故障诊断问题是由制造企业提出的。为了及时检测和修复 PMDCM 的故障，有必要在 PMDCM 出厂前进行质量的最终检查。本研究中使用的 PMDCM 来自电机制造商，PMDCM 的故障是自然的。根据电机制造商的经验，PMDCM 的故障分为六类，如表 3（见原论文）所示。故障是生产过程中的自然故障，而不是人为故障。电机将因轴不平衡而振动。噪声是由轴承摩擦引起的，轴承打滑会产生明显的间歇性噪声和轻微的振动（Line 317～326）。

意见 2：作者介绍了一个非常完整的特征选择方法的技术现状，然而，该论文缺乏对永磁直流电机故障诊断的文献综述。

回复 2：谢谢你周到的建议。我们调整了引言的结构，使其更加清晰，并增加了永磁直流电机故障诊断的文献综述。你的意见对改进手稿很有帮助。原稿和修改后的说明书中的相关表述如下：

（修改前 1）

1. 简介

（修改后 1）

1. 简介

1.1　研究动议

1.2　特征选择的文献综述

1.3　故障诊断文献综述

1.4　贡献和创新

1.5　研究大纲

意见 3：作者应该更详细地描述经验，即不同的故障条件是如何实现的。

回复 3：很抱歉给您带来这个问题，我们很抱歉没有介绍如何获得故障 PMDCM。现在，我们在手稿中添加了相关描述。我们再次为我们缺乏表达而道歉。原稿和修改后的说明书中的相关表述如下所示。如果我们不能正确理解您的意思，请提供更详细的解释，我们将进行相应的修改。

（修改前 1）None.

（修改后 1）本课题的研究来源于生产需求，PMDCM 的故障诊断问题是由制造企业提出的。为了及时检测和修复 PMDCM 的故障，有必要在 PMDCM 出厂前进行质量的最终检查。本研究中使用的 PMDCM 来自电机制造商，PMDCM 的故障是自然的。根据电机制造商的经验，PMDCM 的故障分为六类，如表 3 所示。故障是生产过程中的自然故障，而不是人为故障。电机将因轴不平衡而振动。噪声是由轴承摩擦引起的，轴承打滑会产生明显的间歇性噪声和轻微的振动（Line 317～326）。

意见 4：将所提出的解决方案（GVFS 方法）与其他五种特征选择方法进行比较，然而，作者也应将所提出解决方案与永磁直流电机的现有故障诊断进行比较。

回复 4：谢谢你周到的建议。非常感谢您对我们论文的肯定，并感谢您提出的友好问题。根据您深思熟虑的建议，我们在手稿中添加了对所提出的 GVFS 方法与其他五种特征选择方法的更详细的比较描述。原稿和修改后的说明书中的相关表述如下所示。如果我们不能正确理解您的意思，请提供更详细的解释，我们将进行相应的修改。

（修改前 1）None.

（修改后 1）从图 11（见原论文）中可以看出，当 k‑NN 的 k 值设置为 3、5、7 和 9 时，PMDCM 的故障诊断精度具有相同的变化趋势。因此，我们仅详细分析当 k 值设置为 7 时的结果。如图 6（见原论文）和图 11（c）（见原论文）所示，当特征数量从 34 个增加到 204 个时，当使用 FSFS 和 MIFS 方法时，PMDCM 的故障诊断准确率分别从 91.92％增加到 95.58％和从 92.82％增加到 96.49％，然后随着特征数量的增加，PMDCM 故障诊断准确度呈波动性下降。当使用 F‑testFS 方法选择特征时，当所有特征都用于建立故障诊断模型时，随着特征数量从 34 个增加到 272 个，PMDCM 的故障诊断准确率从 88.76％逐渐提高到96.43％,故障诊断准确率下降到 95.12％。当特征数量从 34 个增加到 272 个时，利用 Chi2FS 方法，PMDCM 的故障诊断准确度以波动的方式从 90.1％增加到 96.21％，当所有特征都用于建立故障诊断模型时，故障诊断准确性下降到 95.01％，当采用 VTFS 方法时，PMDCM 的故障诊断准确率从 90.11％提高到 97.01％，然后随着特征数量的增加，PMDCM 故障诊断准确度呈波动性下降。当使用所提出的 GVFS 方法构建 PMDCM 的故障诊断模型时，特征数量从 34 个增加到 238 个，PMDCM 故障诊断准确率从 87.11％增加到 97.39％，当特征数量从 238 个增加到 340 个时，PMDCMs 的故障诊断准确度从 97.39％下降到 95.51％（Line 553～573）。

意见 5：在第 5.1 节第 2 行中，我认为在表（表 6 而非表 3）（见原论文）的识别方面存在错误。

回复 5：谢谢您的友好建议。同时，我们很抱歉为这种本应避免的错误打扰您。我们已经修改了手稿中的相关描述。原稿和修改后的说明书中的相关表述如下：

（修改前 1）基于 GNB 分类器的 PMDCM 模型的故障诊断精度如表 3 所示。迭代次数表示通过利用 GNB 分类器训练模型的次数，并且迭代次数在 10 次的步骤中为 10 到 100 次。在特征数量为 10％的步骤中，测试率在 10％到 90％之间，特征数量如表 5 所示，测试率表示测试样本数量占样本总数的比例。如图 7 所示，对于每个数量的测试样本，模型在十次不同的迭代中进行。本工作共有 9 组测试样本，共建立了 $10 \times 9 = 90$ 个模型。

（修改后 1）基于 GNB 分类器的 PMDCM 模型的故障诊断精度如表 6 所示。迭代次数表示通过利用 GNB 分类器训练模型的次数，并且迭代次数在 10 次的步骤中为 10 到 100 次。在特征数量为 10％的步骤中，测试率在 10％到 90％之间，特征数量如表 5 所示，测试率表示测试样本数量占样本总数的比例。如图 8 所示，对于每个数量的测试样本，模型在十次不同的迭代中进行。本工作共有 9 组测试样本，共建立了 $10 \times 9 = 90$ 个模型。

意见 6：建议方法的详细技术程序应在图中清楚地显示。

回复 6：非常感谢您指出这个问题。根据您的友好建议，我们改进了图 4，并添加了图 3 和图 10 来呈现 GVFS 方法。再次谢谢。您的意见对改进手稿很有帮助。原稿和修改后的说明书中的相关表述如下：

（修改前 1）

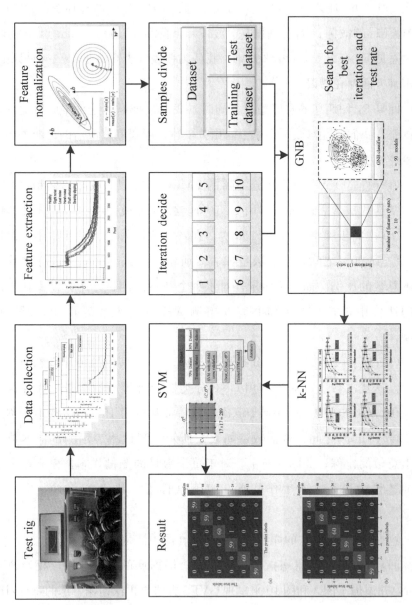

图 4　实验架构图

（修改后 1）

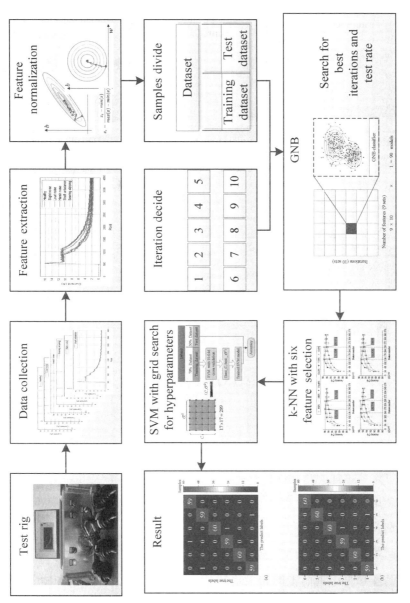

图 4　实验架构图 （Line 290）

（修改前 2）None.

（修改后 2）如图 3 所示。

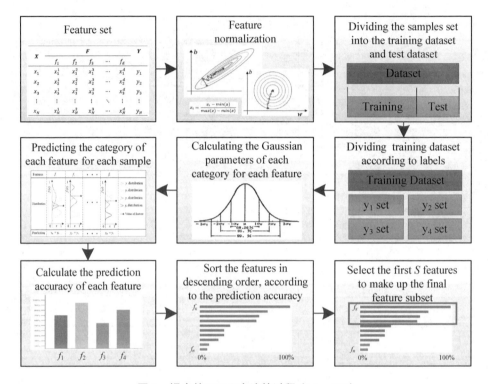

图 3　提出的 GVFS 方法的过程（Line 263）

（修改前 3）None.

（修改后 3）利用具有不同 k 值的 k - NN 分类器，利用六种特征选择方法进行特征选择的实验过程如图 10 所示（Line 511～514）。

意见 7：在第 5.2 节的第 7 行，我认为在表（表 7 而非表 3）（见原论文）的识别方面存在错误。

回复 7：谢谢您的友好建议。我们很抱歉用这种本应避免的错误打扰您。我们已经修改了手稿中的相关描述。原稿和修改后的说明书中的相关表述如下：

（修改前 1）从电动机电流信号中提取的特征的数量如表 3（见原论文）所示，特征的数量从 34 开始，到 340 结束。

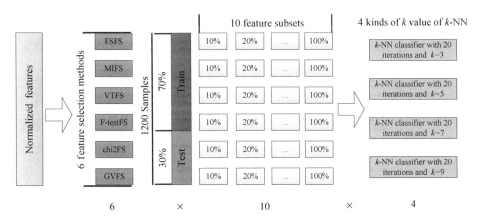

图 10 利用六种特征选择方法和利用不同 k 值的 k－NN 分类器进行特征选择的实验过程

（修改后 1）从电动机电流信号中提取的特征的数量如表 7（见原论文）所示，特征的数量从 34 开始，到 340 结束（Line 517～518）。

意见 8：作者还应讨论所提出的解决方案在商业应用中的适用性。

回复 8：感谢您的热情建议，根据您的热情意见，我们已经讨论了所提出的解决方案在商业应用中的适用性，原始手稿和修改后的描述中的相关表述如下：

（修改前 1）None.

（修改后 1）本课题的研究来源于生产需求，PMDCM 的故障诊断问题是由制造企业提出的。为了及时检测和修复 PMDCM 的故障，有必要在 PMDCM 出厂前进行质量的最终检查。本研究中使用的 PMDCM 来自电机制造商，PMDCM 的故障是自然的。根据电机制造商的经验，PMDCM 的故障分为六类，如表 3（见原论文）所示。故障是生产过程中的自然故障，而不是人为故障。电机将因轴不平衡而振动。噪声是由轴承摩擦引起的，轴承打滑会产生明显的间歇性噪声和轻微的振动（Line 317～326）。

案例13 基于骨架数据的多流融合建筑工人动作识别网络

陈嘉宇[*]

 **案例来源**

Y. TIAN, Y. LIANG, H. YANG, J. CHEN, Multi-Stream Fusion Network for Skeleton-Based Construction Worker Action Recognition, *Sensors*, 2023, 23: 9350.

简介

在过去几十年中，建筑任务的复杂性给工人的行为和安全表现带来了重大关切和挑战。随着建筑行业的不断发展，对工人在施工现场的行为进行准确监测成为确保工作安全和提高工作效率的迫切需求。为了满足这一需求，我们引入了一种创新的多尺度深度学习融合网络，旨在加强在复杂动作中的特征提取能力。该策略的核心在于多特征融合网络（MF-Net），通过在不同的网络输入流中利用多尺度特征，捕捉关键关节的局部和全局特征。与传统方法相比，这种方法不仅仅关注于捕获关节点的局部特征，还涵盖了更广泛的连接，例如身体各部分之间的互动，以及头部和脚部之间的关联等。为了更全面地考虑动作的时空特性，我们引入了速度和加速度作为时间特征，并

---
　* 陈嘉宇，清华大学土木水利学院副教授、博士生导师。主要研究方向：人因智能建造、建筑信息化等。

将它们与空间特征相融合，以增强帧内空间特征以及帧间关节位置与时间的相关性。最终，为了进一步提升模型的性能和效率，我们采取了一系列措施，包括设计瓶颈结构和增加分支式注意力块。这种综合的输入策略显著提高了模型对建筑工人动作的准确分类能力。本研究对改善建筑行业的管理模型具有重要的实际意义，最终目标是提高工人的健康和工作效率。通过有效监测和识别建筑工人的行为，我们有望为行业提供更安全、高效的工作环境，从而推动整个建筑领域的可持续发展。

 方法谈

1. 论文之道

1.1　论文选题

在确定论文选题时，需要全面考虑多个因素。这包括综合考虑课题组的研究方向和工业界的实际应用价值，同时关注学术前沿的创新性、社会问题的紧迫性以及研究资源的可行性等多个层面。研究者在选择选题时必须在这些因素之间取得平衡，以确保选题既能够充分发挥课题组的专业实力，又能够在实际应用中产生显著影响。除了关注课题组的研究方向和工业界的实际需求，还需要考虑学术界当前的研究趋势和领域内的空白，以确保选题具备前瞻性和创新性。此外，研究者还应当重视社会问题的紧迫性，选择那些对社会有实质性影响和提供解决方案的问题，以确保研究具备深远的社会价值。在确定选题时，还需要全面考虑研究资源的可行性，包括实验条件、数据获取、技术支持等因素。一个可行的选题应当在当前研究条件下能够取得实质性的研究成果。本文主要聚焦于结合人工智能与骨骼数据进行建筑工人行为分析，以满足提高建筑管理安全性的市场需求。鉴于建筑业被认为是最危险的行业之一，建筑工人面临多种危险，包括安全问题和肌肉骨骼障碍（WMSDs），这些问题导致了严重的伤亡和长期的人体工程学伤害。近年来，随着深度学习算法的推广和高性能传感器设备的普及，如何有效实施人员安全管理引起了广泛关注。因此，我们在选题中选择了动作识别这一热门研究课题。同时，为了更明确地提供研究思路和参考价值，我们特别关注了热点方向中的一个具体课题，即基于骨骼数据的建筑工人动作识别。这一具体课题既契合当前研究趋势，也有望为提升建筑工人安全管理水平提供实质性的解决方案。

1.2　研究现状和出发点

科研论文的关键在于凸显研究者的初衷，源自对课题背景深刻分析和研究现状全面总结。通过剖析课题背景、相关领域最新发展和潜在挑战，研究者能更精准明确研究方向，为论文独特贡献奠定基础。全面的分析和总结使研究者更好地理解课题知识脉络，为在研究基础上创新提供关键启示。以建筑工人识别为例，随着信息技术的迅猛发展，工人行为识别得到了显著进步。早期研究主要集中在机器学习和特征提取，如基于 RGB 视频和图像的方法，如视频特征词袋模型与贝叶斯学习方法的分析。近年来，随着运动捕捉系统的发展，研究者开始更多地关注三维（3D）运动信息，通过 RGB-D 摄像机资源和可穿戴传感器获取数据。这类数据提供了关于人体运动的丰富信息，如骨架数据、角度信息和关键关节轨迹。深度学习算法在这一系统中的应用显著提高了识别的准确性。

然而，识别建筑工人行为具有相当的挑战性，主要体现在三个方面。首先，人类骨骼结构的特殊依赖关系使得原始的单个 3D 关节坐标难以进行建筑工人动作描述。其次，建筑工人的活动具有独特的特征，包括复杂的施工任务、粗细粒度的动作和施工习惯的差异，这使得姿势/动作识别变得极具挑战性。最后，缺乏能够自动化识别基于骨骼的人体工程学动作的算法。虽然在通用动作识别方面已经取得了许多进展，但建筑工人的动作独具特色，导致许多现有算法无法胜任识别建筑工人的动作。因此，在对课题背景和现有算法进行全面分析总结后，本文的出发点和创新点将在解决这些挑战上建立，强调尚未解决的关键问题，凸显论文的创新性。

1.3　创新与建模

科研工作中的创新通常分为两大类：一是基于现有理论面向应用的模型创新，二是基于应用场景的新理论的提出。我们以前者为例，结合建筑工人动作识别，详细阐述如何进行创新。面对前文提到的三个挑战，结合对相关问题的深入总结，我们提出了一种基于骨骼数据的多流融合建筑工人动作识别深度网络模型。通过引入注意力模块，显著提高了模型的动作识别准确率。模型的流程如图 1 所示。

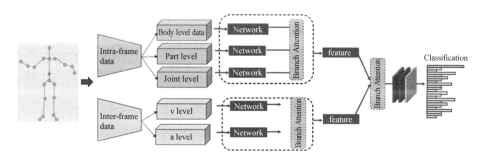

图 1　多流融合建筑工人动作识别深度网络模型流程图

这一创新的关键在于充分利用骨骼数据，通过多流融合的方式从不同角度捕捉建筑工人的动作信息。注意力模块的引入进一步增强了模型对关键信息的关注，提高了动作识别的准确性。这种创新既展现了对现有理论的深刻理解与灵活运用，也是对实际应用场景深入思考的产物。通过这一案例，我们演示了在科研工作中如何通过创新性的模型设计解决现实挑战，为领域研究注入新的活力与成果。

具体而言，以一个骨骼数据样本为例，我们从中提取了五个不同的输入特征。这些特征包括三个专为学习空间特征序列而设计的输入流：（1）Body-level 输入：以全身的骨骼节点作为输入，利用图卷积网络，提取人体空间特征；（2）Part-level 输入：根据常见的划分方式，将人体划分为五个不同的部分，包括左臂（LA）、右臂（RA）、左腿（LL）、右腿（RL）和躯干，作为输入；（3）Joint-level 输入：针对建筑工人严重依赖手工操作的行为特征，提出了两个代表性的几何特征，即 Joint-joint euclidean distance（JJED）和 Joint-joint orientation（JJO）。这些特征提取了身体各个节点与手部之间的几何关系，形成了身体关节之间的协作稳健特征，具体示意见图 2。在时间特征方面，我们引入速度和加速度作为与空间特征融合的要素。这样设计的目的是使模型能够有效地学习帧内的各种空间特征以及帧间的关节位置与时间的相关性，从而增强建筑工人动作分类的预测性能。这种综合的输入策略有助于提高模型对建筑工人动作的准确分类能力。

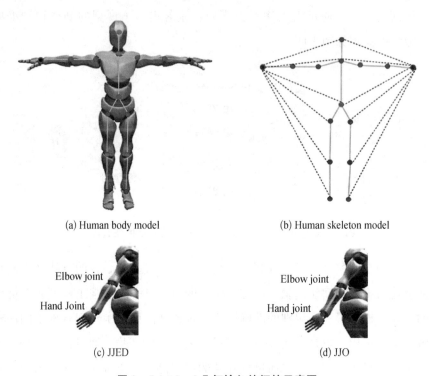

(a) Human body model
(b) Human skeleton model

Elbow joint
Hand Joint

Elbow joint
Hand joint

(c) JJED
(d) JJO

图 2　Joint-level 几何输入特征的示意图

1.4　实验设计与验证

在学术写作中，实验章节是论文的关键组成部分，承担着验证和展示研究成果的使命。合理的实验设计不仅仅是简单的操作过程，更是对模型可靠性和研究贡献的有力证明。首先，实验是确保模型在广泛应用场景下具有普适性的关键，即对模型整体的验证和与相关算法的比较。通过模块化增减和参数调整，使用研究课题的数据集和标准评价指标，我们可以深入挖掘模型的内在机制，为模型的实际应用提供更有力的支持。其次，进一步细化各种常见的评估指标，更加深入地验证提出模块的有效性和鲁棒性。最后，结合课题和模型特点的实验，通过可视化中间和最终结果，不仅可以提高论文的可读性，还使得读者更容易理解抽象模型的复杂性。这种可视化呈现不仅仅是结果的展示，更是对研究过程和模型运作原理的生动呈现，为读者提供更直观的认知。因此，通过巧妙设计和精心展示各类实验，实验章节能够成为论文的亮点，进一步确立研究的重要性和创新性。

为了评估模型的有效性，我们进行了全面的实验，采用了专为建筑相关动作中的运动识别而定制的建筑运动库（CML）数据集。该数据集包含超过61 275 个样本，相当于大约 1 000 万帧，涵盖了由大约 300 个体受试者执行的73 个不同的动作类别。每个样本都提供了由 20 个关节骨架表示的运动数据。CML 数据集大致分为四种基本活动类型，包括：生产活动（Production activities）、不安全活动（Unsafe activities）、尴尬活动（Awkward activities）和常见活动（Common activities），详细分类见表 1。建模工作是在一台配备i7 - 11700@ 2.50 GHz CPU 和 GeForce GTX 3060Ti GPU 的台式计算机上完成的。总共有 61 275 个样本，这些样本被随机洗牌并分为训练集（70%）和测试集（30%）。训练数据进一步分为训练子集（60%）和验证子集（10%）。这样的实验设计保证了我们的模型在大规模、多样性的数据集上得到了充分的验证和评估。

表 1 CML 数据集统计数据总览

	Construction-related activity	Unsafe activity	Awkward activity	Production activity	Common activity
Number of labels	73	38	10	12	13
Number of samples	61 275	36 778	5 101	5 105	14 291
File size (GB)	10.53	5.98	0.69	0.72	3.14

在本节中，我们对各种输入流的准确性进行了评估。首先，我们观察到五流融合实现了最高的准确度，这表明更多的输入特征使模型能够更好地捕捉有价值的局部和全局连接，具体效果见图 3。其次，运动数据输入表现出了次优的性能，尤其是加速度输入。这可能是因为该模型高度关注时域中人体关节顶点之间的潜在依赖性。最后，身体输入流和速度输入流在同一分支内优于其他输入特征。更多关于输入特征组合的详细信息列在表 2 中。这些结果为我们选择最有效的输入流提供了指导，同时也为模型性能的优化提供了有益的见解。

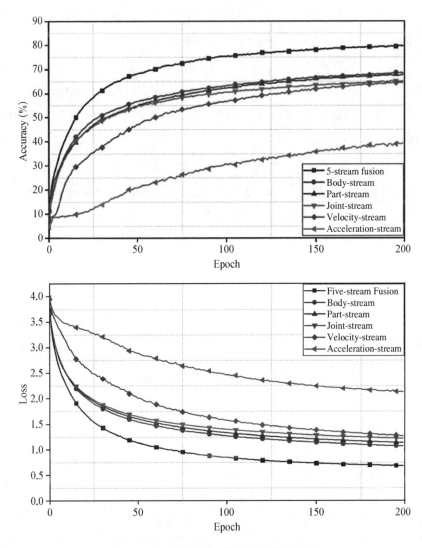

图 3　验证集在训练时期的准确性和损失

表 2　对比不同输入流的动作识别准确率

Input feature	200 epoch （Acc%）	Input feature	200 epoch （Acc%）
Body ＋ part ＋ joint ＋ velocity ＋ acceleration	79.75	Body ＋ velocity	74.29
Body	69.13	Body ＋ velocity	72.63

Input feature	200 epoch（Acc%）	Input feature	200 epoch（Acc%）
Part	67.55	Part + velocity	75.07
Joint	64.86	Part + acceleration	71.18
Velocity	63.94	Joint + velocity	75.79
Acceleration	39.21	Joint + acceleration	69.87
Body + part + joint	76.02	Body + part + velocity	77.96
Velocity + acceleration	65.61	Body + part + acceleration	76.35
Body + part + joint + acceleration	78.66	Body + part + joint + velocity	79.01

为了更加深入地验证提出模块的有效性，我们在表 3 中总结了针对不同输入流的每个模型的平均 F1 分数、精度和召回率。五流融合输入的平均精度、召回率和 F1 分数约为 79%，这清晰地证明了我们提出的动作识别系统的有效性。这些评估指标的良好表现进一步确保了我们的方法在多样的输入数据条件下的鲁棒性和可靠性。这个结果也为我们的模型在实际应用中的可行性提供了有力的支持。

表 3　不同输入流下动作识别的召回率、精度和 F1 分数

Metric	5-stream fusion	Body stream	Part stream	Joint stream	Velocity stream	Acceleration stream
Recall	0.787 5	0.690 5	0.655 8	0.643 2	0.648 5	0.393 4
Precision	0.801 2	0.701 3	0.669 5	0.649 8	0.627 8	0.394 7
FI score	0.776 0	0.687 2	0.674 3	0.644 4	0.630 0	0.385 3

在这项工作中，我们提出了一种两步融合策略，采用集成注意力块方法。具体而言，我们关注不同流和分支的重要性，并借鉴了 ResNeSt 论文中模型分割注意力的启发。注意力块的设计如图 4 所示。以分支为例，首先将不同流的特征作为输入。其次，这些特征通过带有 BatchNorm 层和 ReLU 函数的全连接层（FC）。再次，将所有流的特征叠加。随后，利用 Max 函数

计算注意力矩阵，并通过 SoftMax 函数确定最重要的流。最后，将所有流的特征连接为具有不同注意力权重的积分表示。

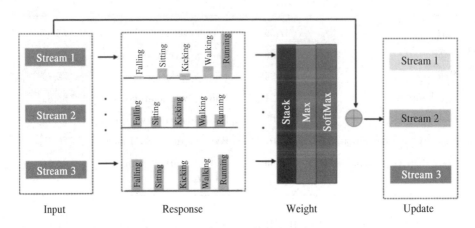

图 4　注意力机制模块

通过考虑不同特征之间的重要性，注意力模型为每个输入流分配不同的权重，使得模型能够自适应地关注关键信息。为了凸显注意力模型的优势，我们进行了各种实验比较，包括提出的流注意力块和基准实验，如图 3 所示。实验结果表明，在训练 500 个 epoch 后，识别准确度提升约 1.26%，进一步验证了注意力模块的必要性和有效性，如图 5 所示。

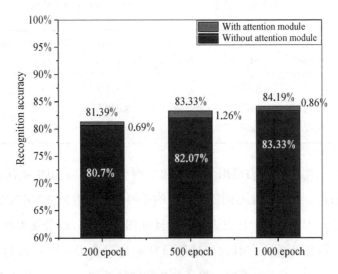

图 5　注意力模块对比实验的准确率

2. 总结

2.1 写作的逻辑

学术论文的撰写关键在于确保文章具备高度严密的逻辑性，以确保读者能够清晰、有序地理解研究的整体思路和结论。深入调查和全面总结对研究课题的背景描述和出发点至关重要，可以为论文提供充分的理论基础和合理性。系统整理已完成实验的细节，并将实验过程与提出模型的出发点一一对应，是确保论文主线充实和具有说服力的关键步骤。这种有条理的呈现方式强化了论文的逻辑框架，使得读者能够更容易地理解研究的步骤和推导过程。

论文的写作不仅仅是简单地记录实验过程，而是一项严肃的学术活动，要求将个人对课题的深刻理解巧妙融入其中。通过将研究思路与实验内容相互交织，读者可以逐步发现问题、接受作者提出的假设、对模型进行验证，并最终参与总结和未来展望。这种写作方式不仅能够使读者深刻理解所提出的模型，更可以在阅读过程中积累经验，为进一步借鉴和拓展研究领域提供有益的启示。综合而言，学术论文的逻辑性应当贯穿始终，为读者提供一次深刻而严谨的学术阅读体验，激发其对研究领域产生更深层次的理解和思考。

2.2 投稿与发表的反思

在学术会议论文的提交与审稿过程中，我们接受了多位审稿人的审查，认真对待并积极回应了他们提出的审稿意见，进行了相应的修订。这一过程使我们更深入地认识到在写作过程中需要特别留意的一些方面。学术论文的成功除了要确保有着紧密的写作逻辑和充实的实验架构之外，还需要注重图表排版的优化、运用标准的学术用语、对实验实现细节的详尽注释以及对后续工作的深入探讨等。这些方面都是广大读者，包括审稿人在内关注的重要因素。

在学术写作的过程中，我们意识到选题、建模、实验论证以及图文注释等每一个环节都具有决定性的影响。通过审稿人的审查和反馈，我们进一步了解到对于论文质量的提升，每一个环节的精心把握都显得至关重要。未来在学术写作中，我们将更加注重这些方面，以确保我们的研究工作在逻辑性、实验设计和文本表达等各个方面都能够达到最佳水平。这样的反思和经验总结将为未来的研究工作提供有益的指导。

案例 14　室内 2D 激光 SLAM 回环检测参数多目标优化

李育文[*]

 案例来源

D. HAN, Y. LI, T. SONG, Z. LIU, Multi-Objective Optimization of Loop Closure Detection Parameters for Indoor 2D Simultaneous Localization and Mapping, *Sensors*, 2020, 20(7)：1906.

简介

目前智能移动机器人的应用已涵盖工业、服务业、军事、救援等各个领域，同时定位与地图构建（SLAM）是机器人定位导航的前提，是移动机器人重点研究方向之一。目前文献中已存在多种移动机器人二维激光 SLAM 算法，这些算法中均存在诸多参数，参数数值设置直接影响到所生成地图的结果。激光 SLAM 算法参数调整主要有建立数学模型和根据经验调参两种方式。建立数学模型调参，过程烦琐复杂、难度大、周期长，不适合落地应用。因此，在工程应用中，通常需要算法工程师根据实际环境及经验进行调参，使得调参过程受限于工程师经验，难以保证调参效率和效果。本文针对室内二维激光图优化 SLAM 回环检测参数调节的复杂性和困难性，提出了

* 李育文，上海大学机电工程与自动化学院教授、博士生导师。主要研究方向：机器人学、制造自动化等。

一种多目标优化方法来自动获取最优的 SLAM 参数组合，得到环境最优化地图。提出的方法结合了图优化 SLAM 算法、评价地图质量的三个量化指标以及多目标优化算法。三个地图评估量化指标，即栅格占据率、角点数量和封闭区域数量，可在没有地图真值的情况下反映重复扫描建图时出现的重叠、模糊和错位等情况。再以评价指标为优化目标，采用多目标优化算法确定 SLAM 回环检测的最优参数组合。最后，我们在四个公开数据集和两种实际环境中进行验证。实验结果表明，使用本文方法可以显著提高建图质量，在自动调节其他 SLAM 参数以提高地图质量方面具有潜在应用。

 方法谈

1. 论文之道

1.1　论文选题

在论文选题之前，需要深入了解所涉及领域的研究热点、挑战和发展趋势等。同时，也要关注已有理论方法在实际应用中的技术难点，从中提取具有潜在应用价值的科学或技术问题。移动机器人的崛起与发展受益于多个领域的进步，是科技进步、社会需求和创新驱动共同作用的结果，同时移动机器人的广泛应用可提高效率、降低成本、为社会提供优质服务。本文从当前社会热点出发，结合当前室内环境移动机器人激光 SLAM 算法在实际应用中的人工调参困难情况，对优化移动机器人建图质量技术展开研究，以算法智能化调参为目标，提高建图精度，减少人工干预。

1.2　研究现状和出发点

研究的出发点是研究者通过对国内外文献的深入研读、对科学问题的认知、对现实需求的理解以及对当前技术局限性的洞察等多方面因素综合考虑得出，通常需要研究者具备扎实的领域知识和敏锐的科学直觉。本文通过在科研项目实施中发现激光 SLAM 算法在应用时的局限性，对激光 SLAM 理论研究概况、回环检测研究概况、SLAM 参数调节研究概况以及地图评价指标等研究概况展开调研，阅读大量国内外文献并进行归纳总结。以本文为例，文献中已经证明了在 SLAM 算法中与扫描匹配或数据采样相关的参数优化或估计的重要性。例如，研究在线估计惯性测量单元（IMU）参数，以提高机器人轨迹的准确性；研究 Gmapping 算法的多个参数，如粒子数量、位移更新和重新采样阈值对于地图准确性、CPU 负载和内存消耗的影响以及最优的参数组合等。我们发现大多数的工作都是基于经验或建立数学模型方式展开，很少有研究探讨与回环检测相关的参数如何影响地图质量，以及如何特定环境下优化这些参数。在工业生产场景中，自动导引车（AGV）的部署通常由没有太多 SLAM 经验的操作员完成，因此通常需要算法工程师手动调整这些参数，影响生产成本、时间和效率，缺乏一种智能调参方式。以此为本文研究的出发点，研究目标为智能化调参优化地图，并提出以多目标优化算法解决此问题。优化地图首要是快速有效的评估 SLAM 算法在环境中配置不同参数时的地图质量。如表 1 所示，已经发表了多种用于地图评估的方法，我们进行了分析比较，得出当前研究中主要有三种地图评估方法，其中：SLAM 算法构建地图与环境真实地图对比、移动机器人运动轨迹真值与 SLAM 预测轨迹误差计算这两类方法都基于与环境真值比较，虽然准确但真值难以获取。因此，我们选择不需要测量环境真值或机器人轨迹真值的第三种方法进行研究。最终，本文研究方向确定为室内 2D 激光 SLAM 回环检测参数多目标优化。

表 1　Summary of map evaluation methods

Evaluation method	Refs and publication year	Pros and Cons
Ground truth map	[31]（2013）；[32]（2008）；[33]（2008）；[34]（2008）；[35]（2013）；[36]（2015）；[37]（2010）	Accurate by direct comparison with the ground truth map; but difficult to obtain the ground truth map.
Ground truth trajectory	[38]（2015）；[39]（2017）；[40]（2007）；[41]（2009）；[42]（2009）	Easier to obtain ground truth trajectory than ground truth map, suitable for large scale environments; but still requiring manually calibration of the ground truth trajectory.

续　表

Evaluation method	Refs and publication year	Pros and Cons
No ground truth	［43］（2008）；［44］（2017）	No need for ground truth, better applicability; but less accurate than the comparison with ground truth.

1.3　创新与建模

论文中，创新通常体现在理论方面见解独到、建模方法新颖有效、行业应用便捷高效。建模则是将理论转化为实际框架，按照算法逻辑展现研究方法与步骤。以本文为例，对创新和建模做进一步解释。

首先，确定研究问题，回顾已有文献并归纳总结，寻找可提升技术点或填补拓展现有研究，作为创新的起点。比如，本文中的研究问题为如何智能调节 SLAM 算法中关键参数以提高建图精度。通过文献调研，我们发现主要有建立数学模型和人工经验调参两种方式，均不符合我们对智能化的预期。因此，我们创新性地提出一种通过多目标优化算法，在没有地图真值的情况下可以智能调节 SLAM 回环检测关键参数，优化地图。

其次，建模方面要确保模型符合研究问题的要求。要清晰地表达模型，包括变量的定义、理论框架或流程、采用的具体方法以及预期的实验结果等。细致入微的建模可以使读者更容易理解文章的研究步骤，复现该项研究成果。本文中制定的算法总体流程图如图 1 所示。

具体逻辑如下：

首先，将激光扫描获取的环境信息采用图优化 SLAM 进行解算，处理过程分为前端的顺序匹配与回环检测及后端优化，得到机器人位姿和环境的栅格地图。其次，提出以地图中的栅格占据率、角点数量和封闭区域数量三个量化指标作为优化 SLAM 算法中可调参数的目标，并确定各指标的计算方法。然后，选择 SLAM 算法中回环检测过程的可调参数作为 SLAM 算法待优化参数，并设定参数优化范围。接着，将不同参数组合下的 SLAM 算法建图结果加载至 NSGA-Ⅲ多目标优化算法中，通过迭代优化地图评价的

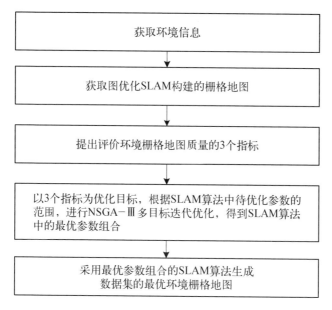

图 1　算法总体流程图

三个指标得到最优可调参数组合。最后，将最优参数组合输入 SLAM 算法，可实现较多次数的回环检测与后端优化，减小累计误差，生成一张环境最优化的地图。

1.4　实验设计与验证

实验设计是对研究问题进行有效验证的关键，可判断研究方法是否严谨可靠。要求清晰地描述实验场景，尽量使用权威数据集，列出实验参数，本文中参数设置如表 2 所示。实验验证分为公开数据集验证与真实场景实体实验验证，本文算法评估数据集为得克萨斯大学 ACES 大楼数据集、奥斯汀和英特尔研究实验室数据集、麻省理工学院 Killian Court 数据集以及麻省理工学院 CSAIL 数据集。真实场景为车库与走廊环境。实验结果丰富且表现形式尽量多样化，如文字描述、图表或表格等方式，充分展现算法优势。本文给出了多个图表，如图 11、12、13 和表 4、9、10 所示，从建图效果图到指标值、优化次数、绝对误差和迭代结果等方面进行了充分验证，证明算法有效性，可明显提升地图质量。最后，对实验结果进行详细解释，要注意因果关系，确保阐述有据可依。

表 2　The parametric description and values used
in NSGA – Ⅲ for the four datasets

Parameter	Description	Values
r	Search radius	With a range of $[2, 6]$ m
g	Size of chain	With a range of $[6, 20]$
q	Diagonal term in position covariance matrix	0.16
p	Response value	0.7
M	Number of objectives	3
D	Division of each objective axis	10
Gmax	Maximum number of iterations	60
N	Population size	66

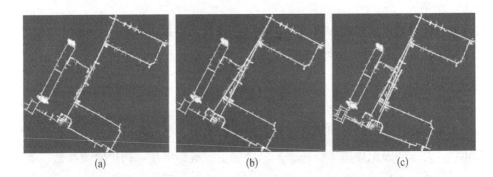

(a)　　　　　　　　　(b)　　　　　　　　　(c)

图 11　MIT-Killian dataset map results with (a) best; (b) default; (c) worst values.

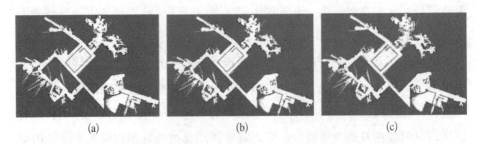

(a)　　　　　　　　　(b)　　　　　　　　　(c)

图 12　MIT-CSAIL dataset map results with (a) best; (b) default; (c) worst values.

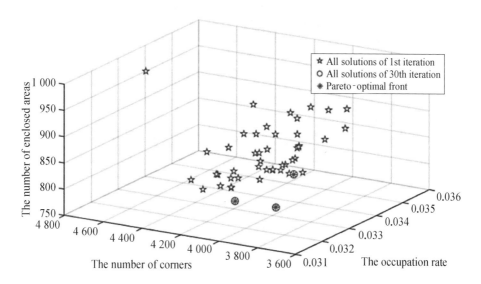

图 13 NSGA-Ⅲ result for 1st, 30th and 60th iterations of ACES dataset.

表 4 Results of three objectives with best parameters for datasets

Indicator	ACES	Intel	MIT-Killian	MIT-CSAIL
η	0.032 0	0.077 8	0.006 7	0.034 4
n_c	3 837	3 721	18 297	4 957
n_e	801	344	6 737	687

表 9 Results of absolute translational errors with
different parameters for datasets

Absolute translational error/m²	ACES	Intel	MIT-Killian	MIT-CSAIL
Best	0.060 8±0.066 8	0.061 6±0.067 41	0.036 7±0.031 8	0.036 9±0.034 8
Default	0.062 1±0.075 9	0.077 2±0.114 66	0.545±2.418 0	0.036 9±0.034 8
Worst	0.103 5±0.265 7	0.076 6±0.111 0	1.225 9±3.346 8	0.088 9±0.184 7

表 10　Results of absolute rotational errors with different parameters for datasets

Absolute rotational error/m^2	ACES	Intel	MIT - Killian	MIT - CSAIL
Best	$0.015\ 9\pm0.020\ 5$	$0.024\ 9\pm0.043\ 1$	$0.006\ 7\pm0.010\ 1$	$0.019\ 0\pm0.033\ 3$
Default	$0.015\ 9\pm0.020\ 7$	$0.025\ 3\pm0.042\ 9$	$0.015\ 9\pm0.021\ 8$	$0.019\ 0\pm0.033\ 3$
Worst	$0.016\ 2\pm0.020\ 8$	$0.025\ 3\pm0.042\ 9$	$0.016\ 7\pm0.029\ 4$	$0.019\ 1\pm0.033\ 4$

2. 总结

2.1　写作的逻辑

论文写作的逻辑结构是确保读者能够清晰理解论文观点、论证和结论的关键。首先，在引言部分，明确提出研究问题、研究目的和意义，引起读者兴趣，概述论文主题。其次，在文献综述中，系统地回顾总结前人的研究，强调二维激光 SLAM、地图质量评估定量指标等关键问题的研究进展，将文献梳理整合到统一的逻辑框架，并总结出已有研究中的技术难点或短板，说明本文研究将如何改进。然后，详细描述研究设计和方法，按照逻辑顺序呈现实验步骤，清晰明了地呈现本文所提方法的 SLAM 建图实验结果，同时使用图表和表格来更好地展示数据；再对实验现象进行合理解释，强调与研究问题或假设的关联。最后，在结论中再次总结研究内容和实验结果，强调研究的重要性、可能的应用和进一步的研究方向。

2.2　投稿、审稿与发表的反思

总而言之，本文研究旨在解决移动机器人领域中激光 SLAM 算法落地应用的技术难点，从中提炼关键技术问题和创新点，并提出新的解决方案，注重实例验证，通过数据集和真实场景测试证明所提方法的有效性。研究工作的投稿与发表是研究者学术生涯中的重要历程，其过程常常伴随反思与学习。首先要选择与论文研究主题相关的合适期刊，考虑期刊涵盖领域、影响因子、分区排名等因素。决定好投稿期刊后，要仔细阅读并遵循所选期刊的投稿指南，包括排版、引用格式等。收到审稿意见要认真对待，礼貌应答，对审稿人提出的每项建议做出解释和回应。

本文在投递中审稿人进行了两轮审稿，并提出了若干有建设性的意见和建议，我们也逐一进行了回复和修改。根据本文投稿经验，总结出审稿人主要关注以下几点：（1）文献综述的充分性。由于本文研究问题涉及移动机器人、SLAM 算法、多目标优化等多个方向，需要在论文中进行充分的文献综述，确保研究定位准确且与前人工作有明确区别。（2）方法和实验的合理性。需要确保多目标 SLAM 参数优化的技术路线和实验设计的合理性，客观地分析实验数据的可靠性和合理性。（3）结果的解读和讨论。需要科学和深入地思考参数优化前后 SLAM 实验对比结果，探讨实验数据和现象背后的物理成因，进而挖掘研究意义。（4）创新性。需要清晰表达所提 SLAM 参数优化方法和现有文献的区别，提炼研究成果的潜在工程应用价值。

案例15 基于 ZnO 纳米线的纳米发电机：用于驱动多种传感器

刘 梅[*]

案例来源

M. LIU, M. HE, L. KONG, A. DJOULDE, X. LIU, Multiple Sensors Driven by a Single ZnO Nanowire, *ACS Applied Nano Materials*, 2023, 6(21): 19671 - 19680.

简介

随着芯片技术的飞速发展，电子器件不断向微米甚至纳米级别突破。虽然现有大体积的自供电发电机可以利用摩擦电、压电和热电效应产生数十伏的电压。然而，更耐用、更具成本效益、更小尺寸、更易于生产的发电机在微纳电路和分布式传感器等领域越来越被需要。在本文中，我们首次实现了一种基于单根氧化锌（ZnO）纳米线的微小可再生能源为多个常见的传感器供电。利用扫描电子显微镜内的纳米操作机末端钨探针作为制动器，通过使单根悬浮的 ZnO 纳米线变形来实现机械能到电能的转换。研究了影响 ZnO 纳米线压电输出性能的因素，包括变形量和弯曲频率；获得了高达 22.3 mV 的电压输出；成功构造了基于单根 ZnO 纳米线的纳米电源为外部传感元件

---

  [*] 刘梅，上海大学机电工程与自动化学院副研究员、硕士生导师。主要研究方向：微纳传感器、自供电传感器等。

供电，基于分压原理测量感测信号；成功地实现了柔性应变片的 $0°\sim180°$ 弯曲检测（灵敏度：-1.07 mV/rad）、$30℃\sim90℃$ 温度感测和光开关检测。另外，本文还通过仿真研究了质量块对纳米发电机第一谐振频率的影响，为其发电性能的提高提供理论指导。我们的工作为研究基于单根 ZnO 纳米线的纳米发电机的压电性能提供了新的方法，并展示了其用作实时、灵活和便携式传感电路中的自供电微型电源的潜力。

 方法谈

1. 论文之道

1.1 论文选题

本论文通过综合考虑课题组的研究方向与微纳电子器件发展中面临的实际问题两个方面确定题目，本文主要关注基于单根 ZnO 纳米线的极小尺寸纳米发电机的应用潜力。随着芯片技术的发展，电子电路向集成化、小型化不断突破，导致电子器件的能耗降低到 mW 甚至是 μW 级别。微纳电子器件正是在此背景下不断发展，进一步小型化，实现对其稳定、不间断的供电是其进一步发展的关键。纳米 ZnO 结构由于其出色的压电、光电和半导体特性，被广泛应用于多种微型电子器件中，如透明导电薄膜、晶体管、传感器件和压电装置，其被认为是设计新型电子、光电和压电设备的有力手段。一维 ZnO 纳米线结构基于自身准晶格完美性（无位错）、纳米尺度尺寸和较大的表面体积比等特点，在微纳电子器件的制造中具有显著优势。自 2006 年王中林教授提出基于 ZnO 纳米线阵列的纳米发电机以来，ZnO 纳米发电机便成为这些年来纳米材料、能源等领域内的研究热点，这也是我们论文选题时瞄准的大方向。为了使读者更清晰、便捷地获取本文的研究思路、研究内容和研究价值，论文的选题应避免涵盖范围过大，反而需要聚焦于热点研究方向中的某一具体需求或面临的问题；另外，论文的选题还可以综合多领域的发展需要。以本文为例，我们针对微纳电子器件领域发展进一步微型化的需求，结合 ZnO 纳米材料在纳米发电机领域内的优异性能，具体研究基于单根 ZnO 纳米线的纳米发电机的压电性能和其用作微纳电源的潜力。

1.2　研究现状和出发点

科研论文优秀与否关键在于是否可以结合现有课题背景与课题领域内的研究热点。优秀的科研论文需要研究者以实际需求为导向，对研究现状进行分析、归纳和总结，并在撰写论文的背景调研部分时突出此出发点，使读者对论文的研究意义有清晰明了的理解。以本研究所关注的研究热点纳米发电机为例，以往的研究中，ZnO 纳米线凭借其自身准晶格完美性（无位错）、纳米尺度尺寸和较大的表面体积比等特点及优异的半导体性和压电性，在压电纳米发电机的制造中具有显著优势。为了加快纳米发电机的实际应用，以往研究往往更倾向于开发具有高输出电压、高峰值功率密度的阵列式 ZnO 纳米发电机，如图 1 所示。但随着芯片技术的飞速发展，电子电路向微米级和纳米级不断突破，而以往阵列式纳米发电机厘米级的尺寸、生产周期长、工艺流程多等特点便逐渐不能满足电子电路的发展需要，这也就需要研究人员着重关注更小的纳米电源。这也是本文以研究基于单根 ZnO 纳米线的纳米发电机为出发点的重要原因。

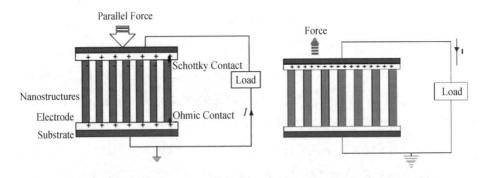

图 1　压缩和释放工作条件下的基于纳米线阵列的压电纳米发电机示意图

通过对课题背景、研究进展和发展需求的综合分析，我们初步确定了本论文的出发点，即在阵列式纳米发电机被充分研究的基础上，针对电子电路向极微尺度发展的需求，设计并验证小型纳米发电机的应用潜力。这也反映了科研论文的关键和基础，即以课题背景为基础，找出课题中未被解决的关键问题或是克服现有工作面临的难题。在此出发点的基础上，我们针对单根 ZnO 纳米线构造的电子器件进行了进一步调研，其作为阵列式纳米发电机的基本结构单元，可以满足纳米发电机进一步微型化的需求。如图 2 所示，单根 ZnO 纳米线由于其自身优异的半导体和压电特性，在传感、能源领域已被众多研究者关注。尽管已有研究设计了基于单根纳米线的纳米发电机和敏感电子元件，但这些压电器件通常需要将纳米线集成到外部基板上，进而驱动整个纳米线的变形，并且检测到的信号受到纳米线本身敏感特性的限制。但这些研究还没有实践并验证使用单根 ZnO 纳米线作为单独电源的能力。这也引出了本文技术策略的独特之处及需要解决的关键问题。首先，本文采用扫描电子显微镜和内嵌于扫描电子显微镜的纳米操作机为主要实验设备，

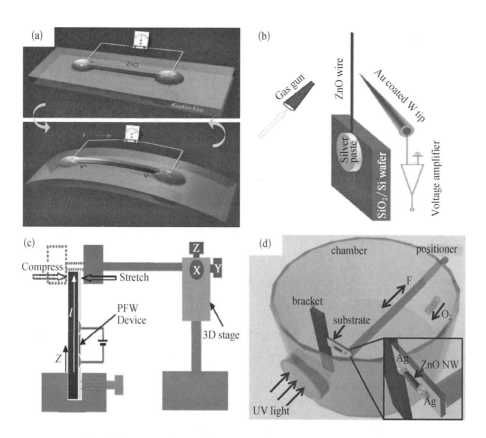

图 2　基于单根 ZnO 纳米线压电特性构造的微纳电子器件：(a) 柔性纳米发电机；(b) 机械电气触发器；(c) 柔性应变传感器；(d) 柔性氧传感器

避免了封装纳米线、固定电极等操作，提高了单根 ZnO 压电特性研究的便捷性，也给其他研究者提供了一个可靠的研究方案；此外，通过在纳米线两端外接电路，验证单根 ZnO 纳米线基纳米发电机用于驱动外围电路的能力，为未来设计基于单根 ZnO 纳米线的纳米电影提供理论参考。

1.3 实验设计与验证

实验设计与验证既需要合理参考以往的研究成果，也需要结合本论文的出发点与关键点进行相应的创新。以本文为例，设计实验验证单根 ZnO 纳米线的发电能力是后续一切研究的基础，已有研究针对构造的柔性纳米发电机通过电学测试、"切换极性"测试等方法证明了单根 ZnO 纳米线的发电能力，在此基础上，我们采用纳米操作技术设计了类似实验用于验证纳米线的发电能力，如图 3 所示。本研究通过建立纳米操作机末端探针与纳米线之间的接触对纳米线进行了电学测试，还以探针为制动器，实现了纳米线机械能到电能的转化，并成功收集到了纳米线的输出。

实验设计必须遵循一定的逻辑基础。以本文为例，在已知输出是由单根 ZnO 纳米线产生的前提下，才能够对影响输出的因素进行实验探究。根据文献调研，我们了解到影响纳米发电机输出的因素包括纳米线的变形量、变形频率等。因此，我们分别通过调节探针制动器的步长与频率验证了纳米线输出与其变形量、变形频率之间的关系。

验证单根 ZnO 纳米线基纳米发电机用于驱动外围电路的能力即是本文的关键点，也是本文最后需要验证的实验。同时，实验的设计也需要循序渐进。在使用单根 ZnO 纳米线驱动传感器件前，为了验证该纳米发电机的可行性，本研究将一系列规格相同的电阻元件接在纳米线两端并获取其两端的电压信号，这是由于电阻元件相较于传感器件，其电阻的变化更容易控制，更有利于直观地感受电阻与其两端电压信号之间的规律。考虑到基于单根 ZnO 纳米线的纳米发电机具有非常大的内阻，本研究中所用的电阻和传感器件均选取较大内阻。结果显示，随着接入电阻的增大，两端的电压信号也几乎呈线性增大。在此基础上，我们将传感元件接到纳米线两端，实现了自供电传感电路的构建，并记录了敏感条件改变时传感器件两端电压信号的变化，如图 4 所示，结果显示该纳米发电机可以出色地实现供电任务。

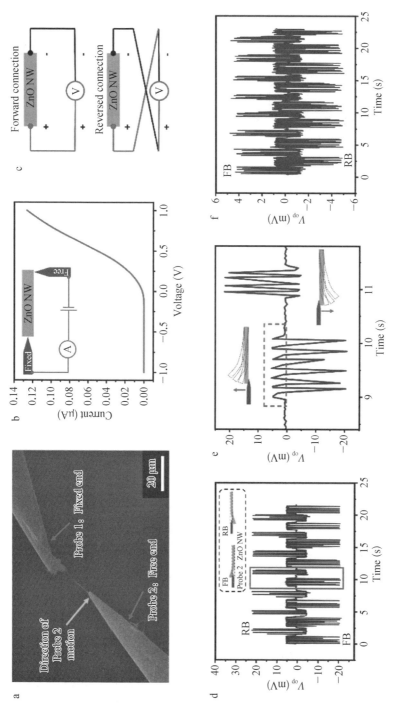

图 3　单根 ZnO 纳米线的电学和压电特性表征

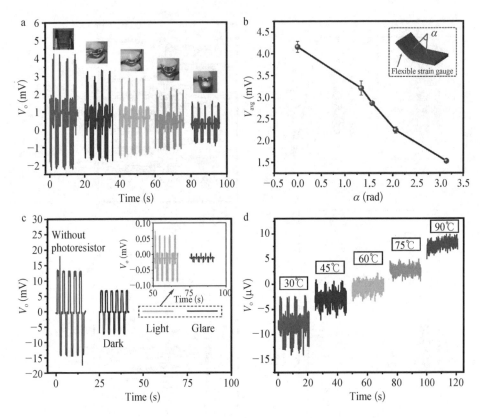

图 4　利用单根 ZnO 纳米线供电的传感电路的输出特性

1.4　创新与展望

创新是科研工作的核心，也是学术论文的"灵魂"。在本研究中，我们通过对课题背景和实际发展的调查、分析和总结，提出了创新性的出发点。在此出发点的基础上，我们结合本课题组内积累的丰富微纳操作经验提出了创新性的单根 ZnO 纳米线压电特性表征方法和基于单根 ZnO 纳米线的纳米发电机构造方法。最终，通过实验验证得到了创新性的实验成果，成功验证了单根 ZnO 纳米线基纳米发电机用于驱动外围电路的能力。因此，科研论文中的创新可以体现在技术手段、实验方法、需求导向等方面，这些都需要对课题背景有充分的了解和不断的积累。

获得创新性的研究成果固然重要，总结并展望科研工作中的不足之处同样可以引发读者的思考。以本文为例，由于本研究所使用的纳米操作机缺少力学、单步移动步长等信息的反馈，并且只能由操作人员人为控制，因此本文对于力-压电输出之间的关系和高频率、超长时间工作条件下的输出情况研究尚有欠缺，文中对此也进行了相应的陈述并提出了可能的解决办法。同时，考虑到提高基于单根 ZnO 纳米线的纳米发电机的输出较小，本研究还利用仿真软件展望了提高输出的策略，通过在纳米线末端引入质量块实现输出的大幅提高。当然，想要通过具体实验验证还需要一定的微纳操作技术支持。毫无疑问，科研论文中的展望不仅针对已有结果进行了合理的分析与延伸推测，还对尚未解决的问题提出了可能的解决方案，这对于更深入的研究有重要意义。

2. 总结

2.1 写作的逻辑

学术论文的写作逻辑不仅仅体现在实验设计上，更体现在整篇文章中。优秀的行文逻辑往往可以使读者轻松地把握文章的中心内容。论题、论据、论证均需要精雕细琢。文章的背景介绍部分可以以讲故事的方式，按照当下的发展需要、已有的研究成果、已有研究的局限性、面临的技术瓶颈的顺序讲述，更有利于读者快速理解文章的研究意义。实验设计及结果陈述部分最重要的则是循序渐进，将实验设计、实验结果和结论观点一一对应，做到因果明确，论证体系牢固。必须保证全文围绕一个中心展开论述，全篇文章的各个论点有机地组织起来，有秩序、有步骤、有层次地诠释这个中心。在这个过程中，也需要时刻总结由于种种因素而导致的科研工作尚不充分的地方，并在相应位置进行陈述，可以帮助读者及时打消疑问，同时也需要在文末进行总结与展望，进而引发读者的相应思考。

2.2 投稿与发表的反思

以本文为例，在论文的投稿过程中，我们受到了来自编辑与审稿人的多项审稿意见，通过对这些意见的逐条回复及对文章相应的修正，我们也认识到文章存在的不足。首先，编辑的意见让我们意识到除了论文的主要内容，论文标题、图片摘要同样是文章写作过程中需要重点关注的地方，他们高度概括了文章的主旨内容，是让读者了解文章中心内容的最直观方式，因此，这部分内容的写作需要格外关注。错别字、学术用语和英文写作的可读性都是需要着重关注的，这是文章与读者之间的重要桥梁。通过回复审稿人的意见，也让我们意识到文章写作尚有不足，文章的文献调研部分一定要做到介绍充分，与文章研究主题相关的已有成果、影响研究对象的因素等都需要考虑并归纳总结；文章写作的过程中必须做到所有陈述都有理有据，让每一个观点都能在文章中找到支撑点，以本文为例，本位采用的自制大内阻柔性应变片起初只介绍了制备流程，却忽略了对其性能的测量和展示，在修改后的文章中，我们在补充材料中加入了该应变片的弯曲角度-电阻变化率关系图像，这对于纳米线驱动该应变片时获得的电压信号的可信度有重要支撑作用。因此，科研论文的写作，必须要做到对细节的严格掌控，严谨的科研态度是优秀科研成果产出的重要基础。

案例16 基于 MoOx 与 Ag 掺杂的平面异质结作为电荷产生层的高性能倒置型串联有机发光二极管

施 薇 魏 斌[*]

 **案例来源**

Y. XU, Y. NIU, C. GONG, W. SHI, X. YANG, B. WEI, W. WONG, High-Performance Inverted Tandem OLEDs with the Charge Generation Layer Based on MoOx and Ag Doped Planar Heterojunction, *Advanced Optical Materials*, 2022, 10(16).

简介

有机发光二极管（Organic light-emitting diode，OLED）凭借柔性可弯曲、自发光、高对比度、响应速度快等优点，推动了显示和照明技术的进一步发展。迄今为止，OLED 技术虽已成功实现商用，但其发光性能和寿命仍存在不足。高亮度和长寿命是 OLED 商业化应用，特别是照明领域应用的前提条件，但往往难以两者兼得。OLED 器件作为一种电流驱动的发光器件，电流密度越高，其所对应的发光强度越大。然而，对于 OLED 器件来说，若

　＊ 施薇，上海大学机电工程与自动化学院讲师、硕士生导师。主要研究方向：有机电子、气体传感器等。

　魏斌，上海大学机电工程与自动化学院研究员、博士生导师。主要研究方向：光电子器件、半导体物理等。

通过增大电流密度来提高器件亮度将引起热量激增、库仑力退化等现象，从而大幅降低器件的使用寿命，造成不可避免的损失。叠层 OLED 器件是利用透明的连接层将数个发光器件进行串联而形成，是一种兼顾亮度和寿命的实用策略。该策略通过采用电荷产生层（CGL）将多个 OLED 单元串联起来，旨在优化 OLED 的寿命同时保持高的发光亮度。在相同亮度条件下，串联结构中每个 OLED 单元所需的电流可以降低，从而有效地延长了串联 OLED 的整体寿命。在合适的偏置电压条件下，CGL 能够将其内部的偶极子（空穴-电子对）分离，并注入给相邻的功能层。同时，倒置型的 OLED 器件（IOLED）结构，因其卓越的稳定性和与 n 型主动矩阵显示技术的良好兼容性而成为提高 OLED 寿命的另一个有效方法。基于此，我们设计了一种由 MoO_3 掺杂的 N，N′-双（1-萘基）-N，N′-双苯基-（1，1′-联苯）-4，4′-二胺（NPB）作为 p 型材料，以及 Ag 掺杂的 4，7-二苯基-1，10-菲啰啉（Bphen）作为 n 型材料所组成的平面异质型结构电荷产生层（NPB：MoO_3/Bphen：Ag）的形貌和电学特性。我们观察到了 CGL 显著的电荷产生效应，并对其机制进行了分析。引入 CGL 能够增强载流子浓度并平衡载流子注入。我们利用该 CGL 层制备了倒置型叠层 OLED。由于电荷产生效应及高浓度猝灭现象的抑制，这种倒置型叠层 OLED 器件展现出卓越的光电性能，其最大电流效率和外量子效率分别达到了 27.91 cd/A 和 11.18％，相较于单个倒置 OLED 器件分别提高了 110.95％和 95.79％。

 方法谈

1. 论文之道

1.1　论文选题

科学性论文的选题方向是科学研究过程中至关重要的第一步，决定了研究的方向、内容和深度。通常情况下，选择一个好的科学论文题目需要关注学术前沿与空白点。我们应当关注所处学科领域的最新进展和研究热点，寻找尚未解决的关键问题或理论空白，提出具有创新性和探索性的研究课题。以本文为例，目前 OLED 的研究领域亟须解决的问题主要可以从两个方面来考量。首先，其发光亮度不足，导致其无法作为室内照明的主要光源。其次，其采用的有机材料对水氧敏感，导致其寿命缩短。同时，有机材料对温度亦敏感，高亮度所伴随的高温易加速器件的老化，大幅度减小其使用寿命。因此，本论文研究出发点是为实现高亮度和高寿命的器件，从材料和器件两方面进行综合考虑是必要的。同时，科学论文的选题方向不仅要求紧跟学科前沿，同时也须结合实际情况，通过深入了解既有研究成果，寻找研究空间，确定符合自身能力和资源的研究目标，以期做出原创性和有价值的科研成果。

1.2　研究背景及现状调研

在科学论文的写作中，对所选研究方向的研究背景及现状进行详尽的调研具有极其重要的意义。首先，可以让我们确定研究内容的价值与创新性。通过全面梳理和深入分析相关领域的发展动态和最新进展，明确所选课题在当前学术界的地位和价值，识别出尚未解决的关键问题或理论空白，从而确保所做研究具备实质的创新性和必要性。其次，可以明确自己所做研究的创新性。通过对前人工作的系统回顾，研究者能够清晰地知道自己将要探索的内容是否已被充分研究过，或者是否有新的视角和方法去深化和完善现有的研究。同时，对研究背景和现状的深入了解有助于确定研究的出发点，进而设定合理可行的研究目标和预期成果。这有利于设计科学严谨的研究方案，为后续实验或理论研究提供清晰的方向指引。通过调研，研究者可以收集到大量相关的参考文献，准确引用这些文献不仅能够体现研究的学术规范性，还能展示研究工作是在全球学术框架下的延续性和发展方向。最后，翔实的研究背景和现状调研能使论文更具说服力，帮助读者理解研究问题的重要性，提高论文的学术水平和影响力。综上所述，科学论文写作前期的背景及现状调研是科学研究的基础环节，它能有效指导整个研究过程，并显著提升最终论文的质量和价值。

以本文为例，针对 OLED 器件商用化所面对的高亮度和低寿命的问题，通过文献调研，层层递进地介绍了其解决方案：

（1）在同电流密度下，叠层 OLED 的器件结构有着更高的发光效率。叠层 OLED 器件是利用透明的连接层将数个发光器件进行串联而形成，该方法减小了相同亮度下每个独立 OLED 单元的电应力，从而极大地延长了器件的寿命。

（2）每个发光单元之间的透明的连接层通常称为电荷产生层（CGL），在合适偏置电压条件下，CGL 能够将其内部的偶极子（空穴-电子对）分离，并注入给相邻功能层。

（3）相比于传统叠层 OLED 器件，叠层 IOLED 器件由于对水氧敏感的 n 型掺杂层被保护的结构特点，从而有着更为优异的器件寿命，即具有良好的空气稳定性。

2. 论文写作

2.1 论文的组织与架构

论文最基本的架构包括引言（Introduction），材料与方法（Materials and methods/Experimental section），结果与讨论（Results and discussion）与结论（Conclusions）四大部分。引言讨论该论文的研究背景、相关领域进展、当前问题以及本文研究的目的和意义。这部分内容在第一章节已展开讲述。材料与方法部分用于描述实验所用的所有材料、设备、实验设计、数据采集和分析方法等，确保他人能够重复该实验。结果部分需要客观地呈现实验或研究得到的数据和观察结果，通常采用图表配合文字说明的形式，而讨论部分注重解释和分析结果，将其与已有研究进行对比，探讨可能的原因、机制，并解释结果的意义。最后的结论部分是对本论文研究的主要发现、理论推断或实践意义，指出局限性和未来研究方向。下面，将对这部分展开详细的介绍。

2.2 行文的逻辑

科技论文写作最基本的逻辑即实验证明想法。在前期调研确定了本文的研究方向或内容之后，需要进行实验条件的选取，比如浓度、厚度、温度的选择。将复杂的叠层结构剖析为最简单的基础结构展开研究，是本文基本的行文思路。如图 1 所示，展示了本文所设计的单个 OLED 器件（图 1（a）左）和叠层的 OLED 器件结构（图 1（a）右），相应的分子式结构如图 1（b）所示。

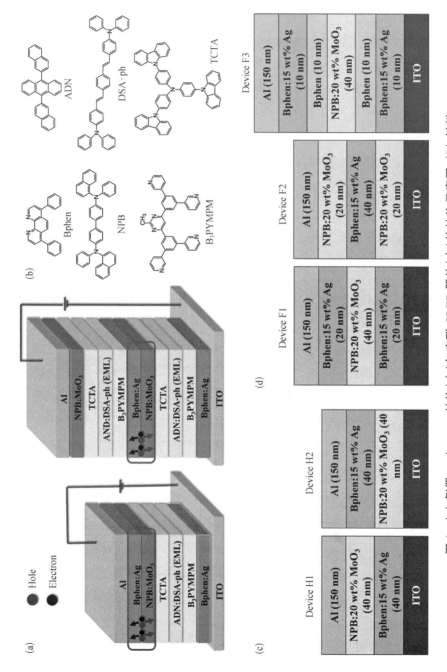

图 1 （a）倒置 $n-i-p-n$ 结构与串联 OLED 器件（右）的结构示意图；（b）材料的分子结构；（c）器件 H1 和 H2 的结构示意图；（d）器件 F1 至 F3 的结构示意图

图 1（c）从左至右展示了本文所设计的单载流子结构器件（H1 和 H2）、n-p-n 和 p-n-p 结构（F1 和 F2）以及优化后的 n-p-n 结构（F3）。

在验证了不同结构的性能之后，为验证 GCL 的效果，我们进一步设计了相应的辅助实验。CGL 层由 NPB：MoO$_3$/BPhen：Ag 平面异质结构成。叠层 OLED 器件中的 CGL 发挥着电荷产生的作用。基于上述理论，为了研究 CGL 层界面的电荷产生现象，我们制定了相应的实验策略。首先，采用电流-电压（J-V）测试方法对器件 H1 和 H2 在正反偏置电压下的电流密度变化进行了研究，推测电荷产生现象的存在；其次，为了进一步验证 CGL 层界面存在的电荷产生现象，对器件 H1 和 H2 的结构进行优化，得到器件 F1、F2 及 F3，并采用 J-V 及 EIS 测试方法对其在正反偏压下的电学性能进行研究，如图 2 所示。

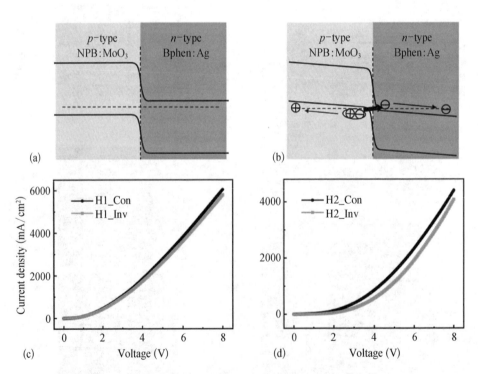

图 2 p-n 结型 CGL 的能级排列原理图：(a) 无外部偏压；(b) 反向偏压；(c) 器件 H1 和 (b) 器件 H2 的 J-V 测试图，其中，H1 _ Con 和 H2 _ Con 为正向偏压，H1 _ Inv 和 H2 _ Inv 为反向偏压

2.3 表征手段

在科技论文的写作中，采用不同的表征手段，如材料表征、薄膜表征、器件表征、环境表征等是必要的，且在不同层次所利用的表征手段不同。全面且精准的表征是科学研究严谨性、可靠性和实用价值的重要体现，也是同行评审过程中评判论文质量的重要依据之一。材料制成了薄膜，薄膜进一步制备成器件并表现出性能，是一个从微观到宏观的过程。材料的表征可以了解材料的基本性质，如化学成分、晶体结构、纯度以及微观结构等，是评价材料性能和预测其在实际应用中可能表现的基础。例如，通过 X 射线衍射（XRD）确定材料的晶体结构和相纯度，通过红外光谱（FTIR）或拉曼光谱分析分子结构与键合状态。精确可靠的材料表征数据可以为后续实验提供准确指导，并确保研究结果的有效性和可重复性。薄膜形貌的表征可以对薄膜的厚度、粗糙度、晶粒尺寸、表面缺陷及界面特性灯进行观察，其好坏直接影响着薄膜材料在电子设备中的性能，例如电荷传输效率、光电转换效率和稳定性灯。使用扫描电子显微镜（SEM）、原子力显微镜（AFM）等技术来观察和测量这些参数是最主要的手段。正确的薄膜形貌表征能揭示薄膜生长机制，优化制备工艺，从而提高器件性能和可靠性。器件性能的表征是评估薄膜器件的关键性能指标，包括电流-电压特性、光发射强度、外部量子效率、寿命等，是验证新材料或新结构能否实现预期功能的关键步骤。通过标准化的测试方法，如电学测试、光学测试以及长期稳定性的监测，保证了所获得的数据具有科学依据和对比价值，能够公正地评价不同设计方案的优劣。

以本文为例，首先，从材料的表征出发，我们对构成 CGL 的 NPB：MoO_3/BPhen：Ag 材料进行了表征。我们分别对 NPB：MoO_3、BPhen：Ag 以及 NPB：MoO_3/BPhen：Ag 合薄膜进行了 FTIR 分析，如图 3 所示。得出结论：NPB 与 MoO_3 之间存在化学反应，有新的化合物生成，且 BPhen 与 Ag 之间存在电荷转移现象，进一步证实了菲啰啉金属络合物的生成。同时，通过对比 NPB：MoO_3、BPhen：Ag 以及 NPB：MoO_3/BPhen：Ag 复合薄膜的 FTIR 光谱发现，NPB：MoO_3/BPhen：Ag 复合薄膜透射峰的位置与 NPB：MoO_3 和 BPhen：Ag 薄膜基本保持一致，且强度未出现大幅度变化。上述现象表明，NPB：MoO₃ 和 BPhen：Ag 薄膜之间存在良好的界面接触效果，未生成新的化合物。

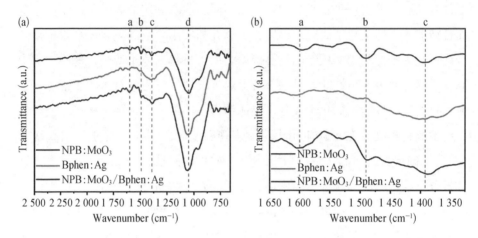

图 3 （a）NPB：MoO₃、BPhen：Ag 以及 NPB：MoO₃/BPhen：Ag 复合薄膜的 FTIR 光谱；（b）是（a）在波长范围从 1 650 cm⁻¹ 至 1 325 cm⁻¹ 的放大图像

随后，从薄膜的表征出发，我们对 BPhen：Ag 薄膜的表面形貌采用 AFM 进行了表征，得出结论：BPhen：Ag 薄膜有着更大的表面粗糙度（如图 4 所示），有利于增大与相邻功能层的接触面积，增大激子复合数。

最后，从器件性能的表征出发，我们对叠层 IOLED 器件的性能进行了表征。由前文可知，受外界偏置电场的影响，NPB：MoO₃/BPhen：Ag 界面存在电荷产生现象。基于上述理论，为了研究基于 NPB：MoO₃/BPhen：Ag 电荷产生层的叠层 IOLED 器件的光电性能，制定了相应的实验策略。首先，将该结构应用于 n-i-p-n 型 IOLED 器件，对 BPhen：Ag 层的厚度进行优化；其次，将优化后的 NPB：MoO₃/BPhen：Ag 应用于 n-i-p-n-i-p 型叠层 IOLED 器件，观察其光电性能表现，如图 5 所示。得出结论：本文设计的 CGL 层可以得到性能优异的叠层 IOLED 器件。

2.4 机理分析

科技论文中的机理分析是揭示实验现象背后深层科学原理和过程的关键环节，具有至关重要的意义。首先，可以为研究结果提供理论支持与验证，机理分析通过对实验结果进行深层次解释，为研究成果提供坚实的理论依

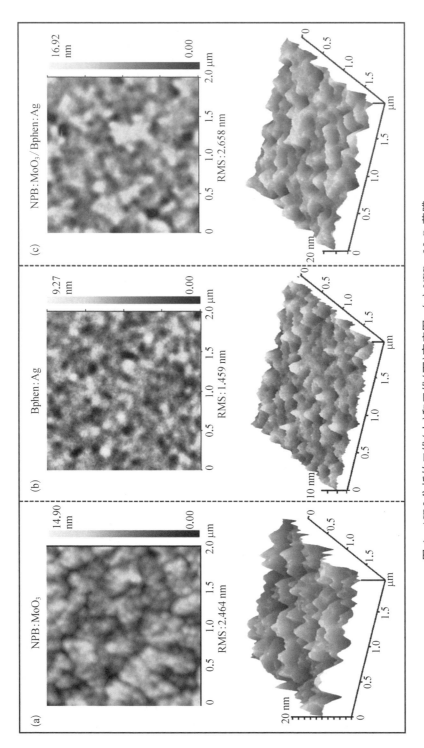

图 4　AFM 分析的二维（上）和三维（下）高度图：（a）NPB：MoO₃ 薄膜；
（b）Bphen：Ag 薄膜；（c）NPB：MoO₃/Bphen：Ag 复合薄膜

229

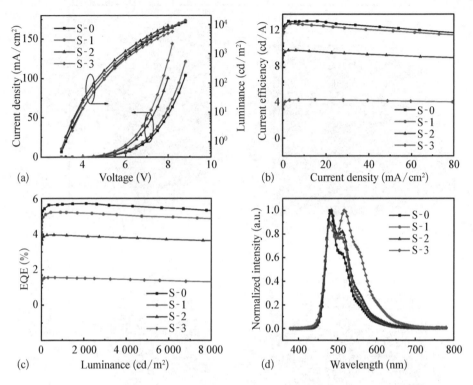

图 5　不同厚度的 BPhen：Ag 层所对应的 n-i-p-n 型 IOLED 器件的光电
性能：（a）J-V-L；（b）CE-J；（c）EQE-L；（d）EL 光谱

据。通过对比实测数据与理论模型预测的结果，可以验证或修正现有的理论
框架。其次，是对因果关系的建立与梳理，科研过程中观察到的现象往往只
是表象，机理分析则是探究这些现象背后的因果联系，阐明材料性质、器件
性能变化的内在原因，以及影响其功能特性的关键因素。同时，有效的机理
分析可以指导技术创新与优化，理解了某种现象的产生机制后，研究者能够
针对性地设计新材料、改进制备工艺或优化器件结构，以提升材料性能或改
善设备效率。有效的机理分析还可以推动学科发展，对于新兴领域或前沿问
题的研究，机理分析有助于发现新的科学规律，推动相关领域的理论和技术
进步。最后，机理分析能显著增强论文的科学价值。在科技论文中，详尽而
深入的机理分析不仅能够提高文章的学术水平，也是评价科研工作原创性和
创新性的重要标准之一，对于论文在同行评审过程中的接受度有显著影响。

总之，在撰写科技论文时，对研究对象的机理进行透彻分析是科学研究严谨性、系统性和创新性的体现，它能够深化我们对自然规律的认识，并指导实践中的技术革新。机理分析部分可采用画图、模拟等多种多样的形式，务必使其能形象地阐述机理。该部分是文章最生动的部分，一张好的机理分析图可以吸引读者的阅读兴趣。

以本文为例，如图 6（a）、6（c）和 6（e）所示，我们分别测试了器件 F1～F3 在正向和反向偏压下的 J-V 特性，其相应的电荷产生能级示意图如图 6（i）～6（n）所示。同时，我们还观察了器件 F1～F3 的阻抗-电压-相位（图 6（b）、6（d）和 6（f））特性以进一步揭示器件的内部工作原理。值得一提的是，在图 6 中，为了更为生动形象地展示器件内部的工作原理，我们采用了能级结构的模拟示意图（图 6（i）～6（n）），这样一来读者可以更为容易地理解器件内部的工作原理。科技论文中类似的模拟示意图具有极其重要的作用。示意图能够将复杂的实验数据、观察结果和分析以直观的图形方式呈现出来，便于读者快速理解研究中的关键数值变化趋势和模式。对于那些难以用文字精确描述的现象、过程或机制，示意图更可以提供简洁明了的表达手段。例如，结构示意图、工作原理图、流程图等可以帮助解释系统的组成、相互关系或操作步骤。图表还是文章内容的视觉补充，它们可以使长篇的文字叙述更为生动，并有助于吸引审稿人和读者的注意力，从而提高论文的吸引力和可读性。高质量的示意图能够有力地支持作者的理论观点和实验结论，通过形象化的展示使论据更具说服力。在国际学术交流中，图表作为一种跨越语言障碍的有效工具，使得不同国家的研究者能够更容易地理解和评估研究成果。

2.5　结论

通过合理地设计实验并进行相关表征和理论分析，我们得到了预期的实验结果。结论部分首先应总结本文的研究所得到的结果，即精炼地重新阐述研究的主要发现，此时切忌赘述具体数据和过程，而应提炼出最重要、最具创新性的内容。同时须保证结论与研究目标紧密相关。在总结结果的基础之上，分析和解释结果。对研究结果进行深入分析，讨论其科学意义和理论价值，指出这些结果对原有知识体系的补充或修正作用。解释结果背后的原理

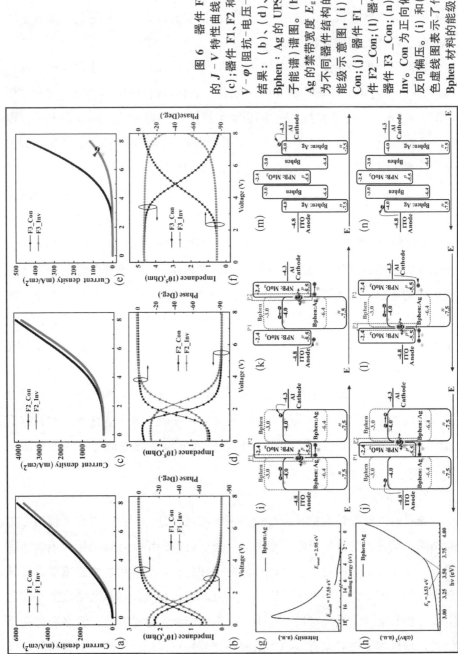

图 6 器件 F1，F2 和 F3 的 *J* – *V* 特性曲线：(a)、(b)、(c)；器件 F1，F2 和 F3 的 *Z* – *φ*(阻抗–电压–相位)表征结果：(d)、(d)、(f)。(g) Bphen：Ag 的 UPS(紫外光电子能谱)谱图。(h) Bphen：Ag 的禁带宽度 E_{go} 谱图。(i) 至 (n) 为不同器件结构的电荷产生能级示意图，(i) 器件 F1_Con；(j) 器件 F1_Inv；(k) 器件 F2_Con；(l) 器件 F2_Inv；(m) 器件 F3_Con；(n) 器件 F3_Inv。Con 为正向偏压，Inv 为反向偏压。(i) 和(j)图中，蓝色虚线图表示了作为参考的 Bphen 材料的能级

或机制，以及它们如何支持或反驳先前的研究假设。最后，应强调研究贡献，明确表述本研究的重要性和独特性，包括新方法的开发、理论模型的提出、规律的揭示等。指出研究成果在实践应用中的潜力，例如技术进步、行业影响、政策制定等方面的启示。如果篇幅允许，还可以在结论部分作对未来研究的展望，如提出基于当前研究基础可能开展的后续研究方向或者待解决的问题。针对研究局限性提出改进建议，为其他研究者提供参考。

以本研究为例，我们所得到的结论主要有两个。首先，BPhen：Ag 菲啰啉金属络合物有着高效的电子注入能力，实现了高效的 IOLED 器件，其 CE_{max} 相比于同类型传统 OLED 器件以及基于 BPhen：Cs_2CO_3 的 IOLED 器件，分别提升了 40.3％和 20.8％。其次，我们开发了一种新型的平面异质结 NPB：MoO_3/BPhen：Ag，实现了高效叠层 IOLED 器件，其 CE_{max} 相比于同类型单层 IOLED 器件，提升了 110.95％。

3. 论文投稿与答复

学术论文的审稿意见是对作者提交的科研论文进行同行评审的过程中，专业审稿人或编辑根据论文的研究内容、方法、结果和结论等各方面的质量给出的评价与建议。我们收到的审稿意见通常包括以下几个方面。首先是一段对文章的总体评价，包括对论文研究主题的重要性、创新性、科学价值以及在当前领域的地位进行评估。再者是审稿人对文章提出的具体修改意见，其中包括审查实验设计是否合理、严谨，数据采集和分析方法是否科学可靠。审稿人可以指出实验步骤中的不足或需要改进的地方。审稿人会着重审查文章的数据分析与结果讨论，评估数据处理和统计分析的有效性和正确性。审查讨论部分是否对结果进行了充分解读和科学论证，是否存在逻辑不清或过度解读的问题。有些审稿人会对文献的引用进行审查，比如建议作者检查参考文献的全面性与准确性，是否有遗漏的重要相关文献或者过时的信息。同时，写作规范与语言表达也在审稿范围内，审稿人或编辑会核查论文格式是否符合期刊要求，语言表述是否清晰准确，逻辑结构是否严密。基于以上各项内容，审稿人会给出稿件是否可以接收发表的意见，可能是无条件接受、有条件接受（须经过小修改、重大修改后重审）或拒绝发表。

我们在回复审稿人的意见时，应特别注意以下几点。首先，我们需要尊重和感谢审稿人，开头务必表达对审稿人付出时间和精力的诚挚感谢。尊重审稿人的专业知识和观点，即使有不同意见也要保持礼貌。其次，对审稿意见进行逐条回应，即对审稿人提出的每一条意见或建议进行逐一答复，不应遗漏任何一条反馈。可以按照意见类别（如方法论、数据解释、理论框架、文献引用等）分类并编号回复。我们应清晰明确地阐述立场，明确说明同意或不同意某些建议的原因，并提供详细证据或论述。如果不采纳某项意见，需要给出充分的理由，并提出替代方案或者解释为何该意见不适用。修改内容的详尽说明，针对需要修改的内容，在回复信中清楚描述已做出的具体改动，并指出这些修改在论文中的具体位置。如可以提供修订后的段落或图示等内容作为对比。若审稿人要求额外的数据或实验验证，须表明是否已执行相关工作，若已完成，则附上新数据或分析结果。若需要补充，尽己所能将其补充完整。最后应注重格式的规范性，回复信件要遵循期刊规定的格式要求，结构清晰，语言准确且专业。

下面我们列出一条本文的审稿意见以及我们针对该意见所给出的答复：

审稿人提问：作者在 Bphen：Ag 和 NPB：MoO_3 的界面插入了 Bphen，以此来制备器件 F3。为何选择这种设计来阐明你们的假设？请对此点进行详细说明。

我们的答复：非常感谢您的宝贵意见。我们选择插入的 Bphen 材料具有阻止电荷注入的功能。通过加入这一电荷阻挡层，可以抑制电荷产生效应，从而间接确认在 Bphen：Ag 和 NPB：MoO_3 界面之间存在这种电荷产生效应。我们在论文第 12 页添加了相应的解释："在这里，引入 Bphen 阻碍了 p 型半导体 HOMO 向 n 型半导体 LUMO 的电子隧穿过程，导致性能下降，这进一步证实了电荷生成效应的存在。"

4. 总结

总之，一篇优秀的科研论文首先要求具备新颖独特的研究思路和创新点，这些创新可以体现在多个层面：材料研发的突破性进展，如合成新型或改性功能材料；器件结构设计的创新，包括对已有器件进行优化升级或者从零开始构想全新的工作原理与架构；抑或是应用领域的革新，将理论成果成功转化为具有实际价值的应用方案。然而，仅有创新的想法并不足以构成高质量的学术论文。在科研过程中，严谨精确的实验环节至关重要，这涵盖了实验设计、操作实施、表征以及数据采集等多个步骤。实验应当按照科学的方法论进行，并确保所得数据的可靠性和可重复性，这是验证假设和支撑创新观点的基础。其次，科研论文还需要通过科学而有力的证据来论证其结论。这意味着要采用恰当的数据分析方法，借助图表、统计学工具等手段对实验结果进行详尽解读，从而揭示出现象背后的规律及内在联系。最后，一篇论文不可或缺的部分是对研究结果的深刻且合理的解释。作者须以清晰的逻辑链，将实验发现与既有理论知识相结合，阐明新现象或新效应产生的原因，并讨论其科学意义与潜在影响，以及对未来研究方向可能带来的启示。

　　综上所述，一篇完美的科研论文不仅要展现新颖的研究理念与实践创新，更需要依托扎实的实验基础、科学严谨的证明过程，以及深入透彻的理论解析，构建起完整且有说服力的学术论述体系。

案例17　基于模糊神经网络的四旋翼无人机位置控制

饶进军[*]

 **案例来源**

J. RAO, B. LI, Z. ZHANG, D. CHEN, W. GIERNACKI, Position Control of Quadrotor UAV Based on Cascade Fuzzy Neural Network, *Energies*, 2022, 15: 1763.

 简介

四旋翼飞行器广泛应用于民用和军用监控、交通、集群飞行灯光表演等领域。而稳定、精确的位置控制是这些应用的基础，并且仍然是研究的重点领域之一。本文提出了一种级联模糊神经网络（Fuzzy neural network, FNN）控制方法，用于高耦合和欠驱动四旋翼无人机系统的位置控制。对于有限范围的姿态环，利用飞行数据离线训练 FNN 控制器参数；对于位置环，采用基于 FNN 补偿比例积分微分（PID）的方法对系统进行在线自适应整定。该方法不仅结合了模糊系统和神经网络的优点，而且减少了级联神经网络控制的计算量。然后进行了定点飞行以及螺旋和方形轨迹跟踪飞行的模拟。结果的比较表明，我们的方法在最小化超调和稳定时间方面具有优势。

---

* 饶进军，上海大学机电工程与自动化学院副研究员、硕士生导师。主要研究方向：多机器人协同环境感知、运动控制与智能对抗等。

最后，在大疆 Tello 四旋翼无人机上进行了飞行实验。实验结果表明，所提出的控制器在位置控制方面具有良好的性能。

 方法谈

1. 论文之道

1.1　论文选题

无人机位置控制是无人机各类应用的基础，一直以来是无人机研究的重点领域。四旋翼飞行器是一种经典的非线性欠驱动系统，具有多个高度耦合的变量。一般情况下，四旋翼飞行器控制系统包括两个控制环：位置环（外环）和姿态环（内环）。到目前为止，研究人员已经开发了大量的控制方法来处理无人机，包括比例积分微分（PID）控制器、线性二次调节器（LQR）、非线性滑模控制器、反步、模糊逻辑、自适应神经网络、强化学习等。可见无人机飞行控制是值得深入思考的研究方向。本论文基于模糊神经网络控制方法开展无人机飞行控制研究，这一选题具有较好的研究价值与可行性。

1.2　研究现状和研究思路

对研究现状进行分析对于论文作者和读者都是重要的。对作者而言，对研究现状进行分析，可以了解相关领域的最前沿状态，避免开展重复性的工作，而是站在前人的肩膀上，做具有创新性的工作，并最终确定论文的选题与研究思路。对读者而言，也更容易把握论文工作在相关领域的意义，并对论文的创新性工作进行客观评价。

在研究现状分析过程中，要相对地聚集，并突出重点。研究现状分析要求全面并关注到最新的发展成果，但是又要有所取舍。如果研究现状中论文太多了，该部分容易过于冗长，且不容易形成分析结论，并顺利引出本文的创新性工作。同时分析过程中应当避免简单的文献内容罗列，而是要有一定的逻辑结构，进行适当中肯的评述，并顺理成章地引出本文研究方法，突出本文研究思路的创新性。

以本文为例，研究现状分析分为两部分。第一部分主要分析了无人机控制中的模糊控制、神经网络控制方法在 PID 参数整定方面的最新成果，并形成初步观点：即模糊逻辑和神经网络都可以在线调整 PID 参数来进行无人机自适应控制，实现系统的稳定；并进一步认为：模糊逻辑与人工神经网络相结合的方法可能是一种很有前途的方法，其中模糊专家系统用于前向推理控制，人工神经网络用于基于反馈信息的在线自适应调整。第二部分主要围绕模糊神经网络进行文献分析，中肯地指出相关研究工作的特色与不足，并引出本文将尝试开发不同的级联模糊神经网络控制策略来实现四旋翼无人机的精确位置控制的研究思路。其中，在姿态环中，离线训练 FNN 控制器，而在位置控制环中在线训练 FNN 控制器。该控制策略避免了内循环和外循环同时学习时出现的问题，也可以减少计算量。

1.3 建模与控制系统设计

创新性是论文的核心与灵魂，是编辑与审稿人评价论文是否值得发表最重要的考量依据。这部分应当准确而全面地介绍论文的创新方法。本论文中，以无人机位置控制模型为控制仿真模型，以模糊神经网络控制设计为创新点，分两节进行阐述。

在建模部分，主要整理了四旋翼无人机的建模过程，得到无人机的控制模型，作为后续仿真与研究的基础。这部分工作虽不具备创新性，但仍应当在理解的基础上撰写，而避免直接抄录其他论文表达。

在控制系统设计部分，重点围绕论文提出的如图 1 所示的控制系统进行阐述。该控制系统为基于级联 FNN 的四旋翼无人机控制结构。论文分两节分别阐述了两级控制中的姿态控制器与位置控制器。在姿态环中，由于四旋翼飞行器的欧拉角在一定范围内变化，因此对 FNN 姿态控制器进行离线训练以节省计算资源。在位置环中，通过 PID 控制器获得粗调节结果，并训练 FNN 控制器通过在线学习算法对 PID 控制器进行补偿。在该结构和策略中，训练集中于外环 FNN 控制器，避免了内外 FNN 同步学习造成的相互干扰。由于在位置环中，基于 FNN 补偿 PID 的算法减少了所需的计算量，从而增加了系统的稳定性。

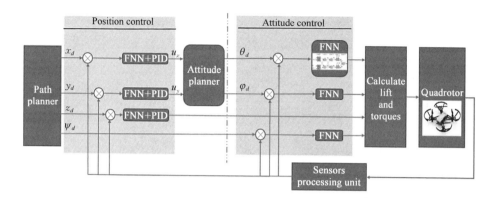

图 1 控制系统方框图

1.4 仿真与实验

在控制方法建立后，接下来应该通过仿真与实验的方式来验证所提出的方法的有效性。这部分的内容应当充实而全面，并能与现有方法进行比较，对比凸显论文方法的效果。

本论文中安排两节，分别以仿真和实验的方式对本文方法进行验证研究。

在仿真部分，首先确定了研究大疆 Tello 无人机的飞行控制模型参数，以及作为对照的两种方法。然后分别以定点飞行、螺旋线路径跟踪及矩形路径跟踪三类飞行控制问题，深入对比不同方法在跟踪过程中的超调量与稳定时间等，并以图表方式直观呈现，如图 2 所示。

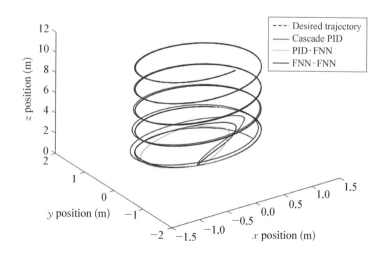

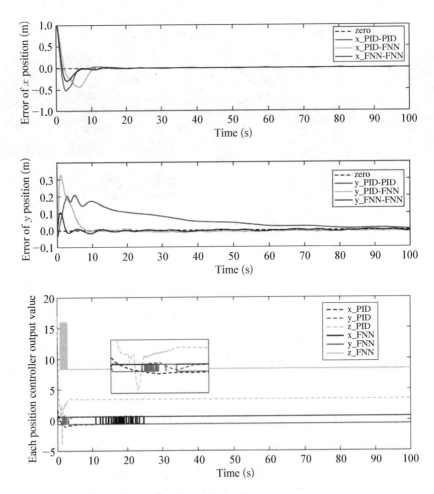

图 2　螺旋线路径跟踪控制仿真及误差比较

　　在仿真的基础上，论文进一步开展飞行实验。在这一节中，先介绍了用于确定无人机飞行位置的运动捕捉系统，然后介绍了使用大疆 Tello 无人机进行实验的流程。针对螺旋线路径跟踪控制进行实验，给出了实验对比数据图表，以验证论文所提方法的有效性。

　　当然，如果实验效果不佳或者优势并不明显，也可开展讨论分析。如本文中虽然通过实验的比较验证了本文提出的控制器具有更平滑的控制效果并且能够更好地跟踪理想轨迹，但其优势在实验中并未得到明显体现。论文中分析了可能的原因，并展望了后期的研究方向。

2. 总结

2.1　写作的逻辑

学术论文的写作逻辑与实验工作报告不同，主要的区别在于学术论文以创新性为核心来组织论文。一般包括核心问题的引出，创新性方法的介绍，创新性方法效果的验证与比较等。其中核心问题的引出一般为引言部分。优秀的论文通常将问题设置在一个有意义的背景或场景中，从而凸显其研究意义和研究价值。然后通创新性方法的介绍与验证，来体现方法的价值或效果。

写作的逻辑也体现在段落结构方面。论文的段落结构的组织要体现结构与层次。同时每个段落都要有主题句，便于读者迅速掌握本段所要传送的意思。这样，可以提高论文的可读性，并提升论述的逻辑力量。

2.2　投稿与发表的反思

在学术期刊论文的投稿过程中，对评审意见的回复是一件必不可少的工作。对于审稿人意见，必须认真对待，并对审稿意见逐条进行有针对性的回复。由于审稿人一般为领域内专家，且基本是义务工作，审稿意见的出发点主要是提高论文质量。因此在回复审稿意见时，要表达感谢与尊重，并同时体现严谨性，着重进行有针对性的修改。对于无法接受的修改意见，要做出解释或给出理由。

同时，要注意论文中公式、图表及术语的规范性。尤其是随着论文电子化的趋势，论文中配图的绘制越来越重要。好的论文插图不但体现了作者的认真态度，而且正所谓"一图胜千言"，可以提升论文的表达效果，使论文易于理解和接受。

案例18 使用频域非滤波算法消除相移条纹投影轮廓测量中的谐波

郭红卫*

 **案例来源**

S. LIN, H. ZHU, H. GUO, Harmonics Elimination in Phase-shifting Fringe Projection Profilometry by Use of a Non-filtering Algorithm in Frequency Domain, *Optics Express*, 2023, 31(16): 25490.

简介

在相移条纹投影轮廓测量中,器件非线性以及其他因素引起的条纹谐波可能会严重破坏测量结果。通常,所使用的相移算法能够根据相移的数量将谐波的影响限制在一定次数以下。当为了提高效率而减少相移次数时,高次谐波会因采样率不足而产生混叠,从而影响相位测量结果。为了克服这个问题,本文提出了一种在频域中运行的非滤波技术,该技术可以通过消除高次谐波的影响来提高测量精度。利用这种技术,相移算法被重述为从相移条纹图案中检索基本复杂条纹的过程。对计算出的复杂条纹图案实施傅里叶变换,实际基波信号和混叠谐波具有自己的波瓣,在频域中具有分离的峰值。我们通过利用混叠谐波与基波信号的关系来重建混叠谐波的每个阶次,然后使用频谱峰值来估计它们的幅度。我们不是直接对条纹谱进行滤波,而是从

---

* 郭红卫,上海大学机电工程与自动化学院教授、博士生导师。主要研究方向:光学检测等。

刚刚计算的复条纹的傅里叶变换中减去谐波谱，从而通过迭代运算恢复出没有谐波的基波条纹的傅里叶谱。此外，精确地测量了相位图。仿真和实验结果证实该方法可以显著抑制条纹谐波的影响。同时，利用非滤波的优点，有效地保持了被测表面的边缘和细节不被模糊。

 方法谈

1. 论文的追本溯源

1.1　论文立论探究

在不同的科学研究领域中，研究者们总是会遇到各种各样的问题，又在解决问题的过程中一步步推动着科学的进步，而论文的内容就是对解决问题的阐述。研究者如何找到问题并解决问题是科研中一项重要的本领。以条纹轮廓测量技术为例，其本质是一种对结构光进行编码的技术，通过对投射图像进行编码投射于物体的表面，深度不同，其获得的改变后的编码信息不同，从而进行物体轮廓的重建。其测量系统如图 1 所示，系统由投影仪与相机构成。但是由于测量系统中各种复杂因素的影响例如光源的光照波动、器件的非线性等，这使得条纹信号并不是理想的正弦，在计算相位时会引入条纹谐波混叠的影响，这也使得相位图中往往存在类似波纹的伪影。

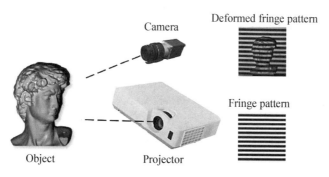

图 1　条纹投影轮廓测量系统

为了让读者更为直观地了解到相位非线性误差对测量结果的影响，我们进行了简单的数值模拟。如图 2 所示，这是一个关于条纹轮廓测量三步相移的简单数值模拟。在此次模拟中通过为投影仪设置伽马值为 1.55 来引入谐波。背景强度和调制被模拟为高斯形状，在角点处减少了 50%。图 2（a）显示了模拟的三个条纹图案中的第一个。图 2（b）和图 2（c）分别显示了由模拟的条纹图案重建的包裹和未包裹的相位图。图 2（d）显示了相同的相位图，但载波已被移除，从中我们观察到覆盖整个相位图的纹波状伪影。图 2（e）显示了从计算出的相位中减去预定义的相位所得到的相位误差。在此次模拟测量中我们发现条纹谐波带来的误差是不可忽视的，提出一种方法来避免或解决这一问题来提高条纹轮廓测量的精度是一件有意义的事。

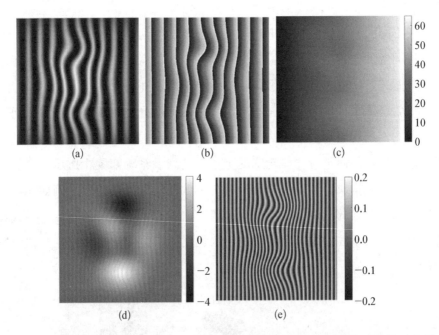

图 2 一个关于使用三步相移时条纹谐波对相位测量影响的简单模拟：(a) 第一个相移条纹图案；(b) 由包括 (a) 在内的相移条纹图案计算出的包裹相位；(c) 展开相位；(d) 去载波相位；(e) 相位误差；在 (b) ~ (e) 中，单位为 rad

当然研究者们肯定不会被此问题难住，目前已经提出了多种解决方法。本文也以此为出发点对该问题进行分析，提出了一种新的非滤波方法，该方法可以使用很少的条纹模式，并通过消除高阶谐波的影响来提高测量精度。

接下来我们将介绍现有方法的优点与局限性并以此来进一步介绍我们所提出的方法。

1.2　现有研究方法的优缺点分析

当对现有方法进行分析时，我们会感叹科学方法的美妙，但也会发现其在某方面的不足，站在巨人的肩膀上我们能够看得更远。承接上文，我们能够找到解决条纹非正弦性引入的谐波问题最直接的方法是使用光度标定——预先计算出测量系统的输入输出响应曲线，从而使捕捉到的校正条纹趋近于正弦条纹。这种方法虽然能够抑制谐波的影响，但是测量系统中投影仪和相机并不会是完美的线性，同时由于其他因素的干扰例如光源的照明波动、随机噪声等引入谐波的干扰而无法去除。在频域中分析相移技术能够更好地理解谐波误差的产生，相移技术的目的其实是获取条纹基频分量的相位。由于捕获的条纹图并非正弦的，根据采样定理能够知道，如果采样频率低于该信号中最高频率的两倍，那么目标频率将与高阶谱混合。对获取的基频分量进行傅里叶变换后能够观察到由于采样时条纹谐波混叠所引入的高阶谐波，频谱分析有助于开发对谐波具有鲁棒性的相移算法。根据条纹谐波在频域中的信号特征，使用滤波的方法能够有效抑制高阶谐波的影响，通过对条纹图案进行低通滤波来降低条纹谐波的影响。尽管如此，不管是低通滤波或者是带通滤波都会导致条纹图中边缘和细节的模糊，并不适用于表面有阶梯或不连续结构的复杂物体的测量。

于是我们发现一个问题并尝试去解决：在频域处理中是否能够找到一种不会造成细节模糊却能良好抑制条纹谐波的方法。傅里叶定理表明，混叠后条纹谐波分量与条纹基频分量存在着某种联系，这意味着有可能推导出一种在频域中消除条纹谐波而避免模糊的方法。为了证明上面的假设，我们提出了一种在频域中相移技术谐波消除的新方法。

1.3　研究的难点攻克

如前文所述，谐波的影响主要依赖采样引入的谐波混叠，换句话说，对所选择的相移如果一些谐波不与基频条纹信号混叠，则可以通过设计一种时间相移算法来消除它们的影响。然而，使用均匀的相移，谐波混叠是不可避免的。由于混叠是由时间采样引起的，因此其引起的误差在时域或时频域都无法消除。为了解决这一问题，我们分析了空间频域谐波的可分性。

经过研究发现，条纹投影技术中条纹相位具有线性载波，因此在频域中有着带有相位信息的基本项也有谐波项，它们看起来像一排彼此分开的峰。在这种情况下，基波项和谐波具有单独的谱峰，但它们的谱仍然在峰之间的底部重叠。为了解决这个问题，我们在通过估计和减去谐波来使用非滤波技术。通过计算得到带有误差的基波，并利用它在频域中模拟出与谐波项具有常数比的谐波项，那么我们能够求得该比例系数，通过迭代的方法来获得更加精确的基本项从而去除谐波混叠的干扰。理论上看来这是一种可行的新方法，接下来我们通过仿真与实验验证了论文的论点。

1.4　论点的验证

所谓实践出真知，在论文中仿真数据与实验结果往往比文字更有效。在上一小结中我们介绍里了论文所提出的新方法，这在仿真与实验结果中得到了良好的反应。在本论文中仿真结果如图 3 所示，我们能够清晰地发现与图 3（a）相比，图 3（b）中的谐波波瓣已经消失不见了，使用所得的基本条纹频谱我们重新计算了包裹条纹相位并如图 3（c）所示。图 3（d）显示了相位展开结果。图 3（e）给出了去除载波后的相位。图 3（f）显示了相位误差。通过比较图 3（f）和图 2（e），我们发现由混叠谐波引起的误差得到了显著抑制。

在论文中，将处理同一问题的不同方法进行比较能够更能体现出所提出方法的创新性。本论文也是如此，我们选取了同为频域处理的滤波方法和在投影时对条纹图像预先处理的光度标定法进行对比。图 4 显示了相移步数为 3 时几种方法的处理结果，我们认为采用 12 步相移计算出的相位为真实相位。图 4（a）是仅使用三步算法计算的相位重建的深度图，没有校正谐波引起的误差。图 4（b）是采用滤波方法消除条纹谐波后的深度图。图 4（c）显示了通过光度校准补偿系统非线性的结果。图 4（d）显示了使用所提出的非过滤方法消除了谐波误差的深度图。在它们下面，图 4（e）～4（h）分别是通过减去使用 12 步相移技术测量的基准深度而获得的误差图。从误差图可以看出，所提出的非滤波技术使我们能够在缺乏投影仪的先验知识或校准数据的情况下消除依赖极少数条纹图案的条纹谐波的影响。

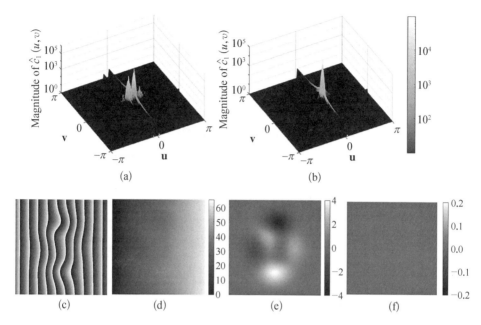

图 3 使用所提出方法对相位误差进行校正：(a) 计算出的具有谐波的基本项的频谱幅度图；(b) 使用我们的方法后的频谱幅度图；(c) 包裹相位；(d) 展开相位；(e) 重建相位；(f) 相位误差

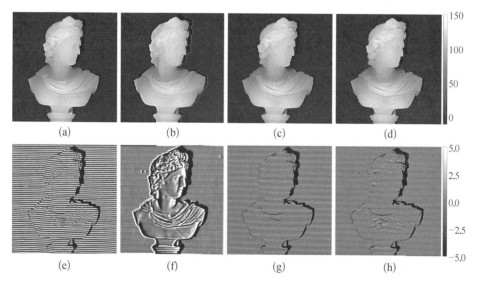

图 4 使用三步相移测量物体深度的实验结果：(a) 简单地使用三步相移算法重建深度图，而不校正谐波引起的误差；(b) 使用滤波方法去除条纹谐波的深度图；(c) 通过光度校准补偿测量系统非线性的深度图；(d) 使用所提出的非滤波方法抑制谐波影响而获得的相位图；(e) ～ (h) 分别是 (a) ～ (d) 的误差；(a) ～ (h) 中，单位为 mm

为了定量评估所用方法达到的精度，表 1 列出了上述实验中误差的 RMS 值。需要注意的是，当使用滤波方法时，在边缘和图像边界处会出现极大的误差。在表 1 的第三列中，我们计算了该滤波方法的 RMS 误差，并给出了斜线符号，其左侧和右侧分别包含和排除边缘点两种情况的结果。

表 1　不同相位测量方法的均方根深度误差（mm）

	Simply using phase-shifting algorithm without correcting the errors	With the harmonics are removed using a filtering method（with edge points included/excluded）	With the projector nonlinearities compensated for through a photometric calibration	With the proposed non-filtering method
3-step phase-shifting	2.259 4	4.008 4/1.660 3	0.593 0	0.461 3
4-step phase-shifting	1.464 4	3.997 8/1.649 0	0.529 2	0.408 3

2. 论文的写作与投稿

2.1　论文的表达与学术规范

论文的语法表达就像一道菜品的香气一般，能够让人提起往下阅读的兴趣。当然精彩的内核才是论文的核心，清晰流利的论文书写能够给论文锦上添花。对于论文的语言我们应具备结构的合理性、表达的逻辑性和学术的严谨性。写论文也需要注意前后文的连贯，可以在论文的章节中写入一些承上启下的句子，让读者能够在阅读论文的下一章节时保持思绪。在论文中数据能够最直观体现方法的好坏，作为科学研究者应该秉持着实事求是的态度。将得到的数据进行有效的分析能让论文更具有说服力，同时论文中所出现的图片应该发挥出其本应发挥的效果。

2.2　投稿与论文建议的反馈

在论文投稿的过程中，我们希望能够得到编辑与审稿人的肯定，但是我们也要做好正视论文中所隐藏问题的准备。以本论文为例，在投稿后收到了审稿人的修改意见。在论文发表之前，我们仔细修改论文并回复。审稿人从读者角度所提出的问题往往容易被我们忽视，注意论文中的每一处细节的核查是我们论文投稿前需要做的工作。一篇好的论文不仅在作者眼中是完美的，也需要得到读者的肯定。

案例 19　通过优化配流盘降低轴向柱塞泵排放噪声

叶绍干[*]

 **案例来源**

S. YE, B. XU, J. ZHANG, Noise Reduction of an Axial Piston Pump by Valve Plate Optimization, *CJME*, 2018,31: 1 - 16.

简介

近年来，工业应用的快速发展推动了轴向柱塞泵的广泛使用。然而，轴向柱塞泵在运行过程中产生的高噪声水平是一个亟待解决的问题。为了降低噪声并提升使用性能，研究者们开始关注如何通过优化轴向柱塞泵的配流盘来实现噪声降低。目前，关于轴向柱塞泵配流盘的优化主要集中在设置阻尼槽的配流盘，但这种类型的配流盘容易在阻尼槽附近引起气蚀和空化。相比之下，阻尼孔则可以有效抑制气蚀和空化的产生。因此，本研究的目标是通过优化设置有阻尼孔的配流盘以减少轴向柱塞泵排放噪声。首先，我们建立了一个详细考虑流体属性的轴向柱塞泵动态模型，这个模型不仅有助于我们理解气蚀和空化现象，还被用于全面的参数分析以探究配流盘参数对噪声源的影响。为了得到最优的配流盘参数，我们使用多目标优化方法，以最小化斜盘力矩幅值和进出口

---

　*　叶绍干，厦门大学机电工程系特任研究员、博士生导师。主要研究方向：液压元件及系统创新设计与智能控制、液压元件及系统动力学与振动控制等。

流量波动幅值为目标，并通过限制柱塞腔压力的超调和欠压，成功实现了配流盘参数优化。为了确保优化结果的实用性和有效性，我们进行了实验测量。实验结果表明，经过优化的配流盘在额定工况条件下将噪声幅值降低了1.6 dB（A），而在更高的压力水平下显著降低了噪声幅值。这一成果不仅为轴向柱塞泵的低噪声设计提供了新的思路，也为相关领域的研究和应用奠定了坚实的基础。

 方法谈

1. 论文之道

1.1　论文选题

论文的选题通常需要综合考虑课题组的研究方向和工业界的实际应用价值。本文主要关注的是降低轴向柱塞泵排放噪声这一科研热点和市场需求。近年来，随着工业技术的进步和人们对安静舒适环境的需求增加，降低轴向柱塞泵的噪声已成为关注的焦点。合理的配流盘结构无疑是实现这一目标的有效方法之一。因此，我们选择了这个研究方向作为论文的选题。同时，论文的选题应当聚焦于热点方向中的某一具体课题，这样才能为读者提供更明确的研究思路和参考价值。以本文为例，我们具体研究的是如何通过优化配流盘上的阻尼孔来降低轴向柱塞泵的排放噪声。这一课题不仅具有理论价值，也具有实际应用价值，为相关领域的研究和应用提供了重要的参考。

1.2　研究现状和出发点

一篇优秀的科研论文关键要突出研究者的出发点，而这通常是从对现有课题的背景分析，以及对研究现状的归纳总结中得到的。以本研究为例，尽管轴向柱塞泵在效率、紧凑性和可靠性方面具有优势，但其高噪声水平是一个显著的劣势。如图 1（a）所示，泵的排放噪声可以分为结构噪声、流体噪声和空气噪声，其中结构噪声和流体噪声是空气噪声的主要来源。在现有的研究中，配流盘是影响噪声产生的关键部件，尤其是出口和出口之间的过渡区域。为了平滑柱塞腔压力，通常会在过渡区域加工阻尼槽。然而，泵在运行过程中容易在阻尼槽附近发生气蚀和空化现象。相比之下，使用阻尼孔的配流盘（图1（b））在避免气蚀和空化方面表现出色，而这种类型的阀板尚未得到足够的研究。

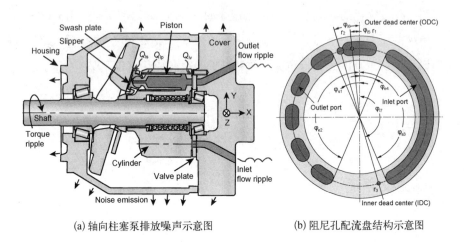

(a) 轴向柱塞泵排放噪声示意图　　　　　(b) 阻尼孔配流盘结构示意图

图1　轴向柱塞泵及配流盘结构示意图

有了对课题的背景分析和现有算法的归纳总结，论文的出发点和突破点就要建立在与之相应的分析上，或是来强调课题中未被解决的关键点，或是克服现有工作的瓶颈。基于上述总结分析，我们提出建立考虑流体属性轴向柱塞泵动态模型揭示空化和气蚀现象，通过多目标遗传算法实现配流盘结构优化以降低排放噪声幅值。

研究内容聚焦于解决轴向柱塞泵噪声降低的技术挑战，这在液压系统的设计和应用中是一个具有挑战性的问题，原因主要有以下几个方面。第一，流体属性的准确建模，液压油的物理属性，如压缩性和含气量，对噪声产生有显著影响。准确模拟这些属性在不同压力和温度下的变化对于预测和控制噪声至关重要。第二，复杂的流体动力学行为，轴向柱塞泵内部的流体动力学行为非常复杂，涉及流体在活塞腔、进出口以及阻尼孔之间的流动。准确模拟这些流动对于理解和控制噪声源也十分重要。第三，实验验证与仿真环境的匹配。理论研究和模型仿真需要通过实验来验证，在实际工况下，泵可能面临不同的压力水平和工作环境，这就需要优化后的配流盘能够在宽域的工况下保持其性能。综上可以看到，通过对课题背景和现有工作的梳理，我们自然地找到了工作的突破点，接下来的理论创新与论证也将围绕这些突破点展开。

1.3　创新与建模

创新是科研工作的核心，也是学术论文的"灵魂"，而创新离不开对现有理论算法的深入理解和运用。科研工作中的创新通常包含基于现有理论面向应用的模型创新，以及基于应用场景的新理论的提出。我们以第一种创新为例，并结合通过优化轴向柱塞泵配流盘降低辐射噪声来对如何进行创新进行阐述。针对上述的三个挑战，并结合对相关问题的总结，我们开发了一个动态轴向柱塞泵模型来精确模拟流体动力学行为并揭示气蚀和空化现象，运用多目标遗传算法进行配流盘参数的优化以保证泵的低噪声和高效率，以及通过半消声室中的声压级测量实验来验证模型和优化方法的有效性。

具体来讲，我们开发了一个详细的动态轴向泵模型，该模型考虑了流体动力学和液压油在不同压力下的密度和体积模，参见等式（1）。模型通过积分形式的连续性方程来确定柱塞腔内的瞬时压力，同时计算柱塞腔与进出口间的流量。如图 2（a）和 2（b），通过详细分析柱塞腔与配流盘之间流体相互交互过程，揭示了噪声产生原理。经过全面的参数分析，我们评估了阀板参数对噪声源的影响，包括阻尼孔半径和位置对活塞腔压力、流量和摆盘力矩的影响。接下来，我们利用多目标遗传算法对阀板参数进行优化，以减少泵的噪声。算法通过模拟自然选择过程，迭代地改进参数组合，以达到多个目标函数之间的最佳权衡。最后，为了验证优化结果，我们在半消声室中进行了声压级测量实验，以评估原始和优化配流盘的轴向柱塞泵在不同压力水平下的噪声表现。

$$\rho(p,\,T)$$

$$=\begin{cases} \rho_{\mathrm{liq}}(p,\,T)\left(1+\dfrac{x}{1-x}\cdot\dfrac{\overline{\rho_{\mathrm{air}}(p_{\mathrm{atm}},\,273)}}{\overline{\rho_{\mathrm{liq}}(p_{\mathrm{atm}},\,273)}}\right), & p>p_{\mathrm{sat}}, \\[3mm] \dfrac{(1-x)\cdot\overline{\rho_{\mathrm{liq}}(p_{\mathrm{atm}},\,273)}+x\cdot\overline{\rho_{\mathrm{air}}(p_{\mathrm{atm}},\,273)}}{(1-x)(\mathrm{V}_{\mathrm{liq}}(p,\,T)+\mathrm{V}_{\mathrm{air}}(p,\,T))}, & p_{\mathrm{vaph}}<p<p_{\mathrm{sat}}, \\[3mm] \dfrac{(1-x)\cdot\overline{\rho_{\mathrm{liq}}(p_{\mathrm{atm}},\,273)}+x\cdot\overline{\rho_{\mathrm{air}}(p_{\mathrm{atm}},\,273)}}{(1-x)(\mathrm{V}_{\mathrm{liq}}(p,\,T)+\mathrm{V}_{\mathrm{air}}(p,\,T)+\mathrm{V}_{\mathrm{vap}}(p,\,T))}, & p_{\mathrm{vapl}}<p<p_{\mathrm{vaph}}, \\[3mm] \dfrac{(1-x)\cdot\overline{\rho_{\mathrm{liq}}(p_{\mathrm{atm}},\,273)}+x\cdot\overline{\rho_{\mathrm{air}}(p_{\mathrm{atm}},\,273)}}{(1-x)(\mathrm{V}_{\mathrm{air}}(p,\,T)+\mathrm{V}_{\mathrm{vap}}(p,\,T))}, & p<p_{\mathrm{vapl}}, \end{cases}$$

$$\beta_e(p,\,T)=\rho(p,\,T)\cdot\dfrac{\mathrm{d}p(p,\,T)}{\mathrm{d}\rho(p,\,T)}.$$

* MERGEFORMAT(1)

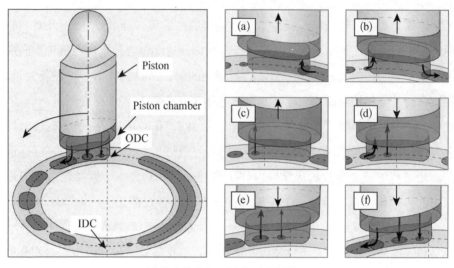

(a) 柱塞腔在ODC处交互示意图

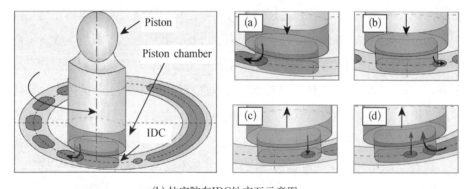

(b) 柱塞腔在IDC处交互示意图

图2　柱塞腔与配流盘交互示意图

1.4　参数分析与优化设计

为了探讨通过改变轴向柱塞泵的配流盘参数来减少泵噪声的可能性，我们开展阻尼孔参数对泵流体噪声源和结构噪声源影响的参数分析。在参数分析中，我们关注了不同阻尼孔半径大小对柱塞腔压力、进出口流量以及斜盘力矩的影响。研究结果表明：

（1）阻尼孔的半径对柱塞腔的平均压力、压力升高降低和最低压力有显著影响。如图3（a）和3（b）所示，较小的阻尼孔半径会引起柱塞腔内更大的流量和更高的压力，但同时也会导致更低的最低压力，从而增加了空化的风险。

（2）阻尼孔的半径会影响斜盘力矩幅值的最小值和最大值。如图3（c）所示，较大的阻尼孔半径会导致斜盘力矩幅值减小，因为最小斜盘力矩的幅值会增加。

（3）通过参数分析可以确定配流盘参数的大致范围，以避免不希望出现的性能，但仅通过参数分析很难确定最佳的配流盘参数。

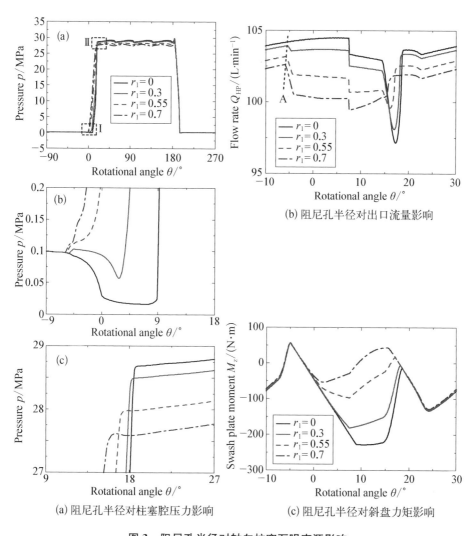

(a) 阻尼孔半径对柱塞腔压力影响

(b) 阻尼孔半径对出口流量影响

(c) 阻尼孔半径对斜盘力矩影响

图3　阻尼孔半径对轴向柱塞泵噪声源影响

通过综合参数分析，研究人员能够识别和理解影响泵噪声源的关键配流盘参数，揭示了不同配流盘参数之间的相互作用和关系以及这些参数如何共同作用产生噪声。然而就像上述所说，单独依靠参数分析并不能得到最佳的配流盘参数，于是我们采用了多目标优化方法来获得最佳的结构参数以减少轴向活塞泵的噪声。首先，定义了斜盘力矩和进出口流量波动的幅值作为目标函数，以全面反映泵的结构噪声和流体噪声。接着，确定了配流盘参数作为优化变量，并设定了最高和最低的柱塞腔压力限制，以避免空化和压力超调等现象。如图 4 所示，通过应用遗传算法，获得了多个设计方案，并从中筛选出帕累托最优解。

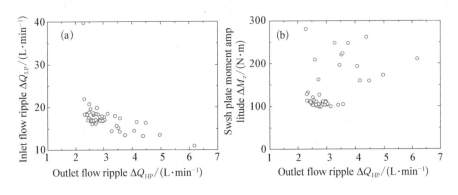

图 4　多目标算法得到的方案

1.5　实验设计与验证

如果说模型的建立是科研工作的"灵魂"，那么实验方案的设计与论述就是论文的"肉体"。完善的实验方案可以对模型充分的验证，并增强论文贡献的可信度。为验证优化后的实际效果，我们在严格控制的条件下开展了精确的实验测量工作，以定量分析经过多目标优化的轴向柱塞泵在噪声水平上的变化。实验在如图 5 所示的半消声室内进行，该室的尺寸为 $5.1 \times 4.4 \times 2.6$ 米，提供了最低 11.4 分贝的背景噪声环境，且能测量的频率下限达到 25 赫兹。实验中，被测泵被置于消声室反射平面的中心位置，而泵体及其驱动轴支撑则安装在坚固的混凝土基座上，采取了结构隔离措施以避免振动传播至周围结构。泵的进出口及泄漏管线使用柔性软管连接，尽管未对这些管线及轴支撑进行声学处理，但这样的布局已经足够减小噪声对实验精度的潜在影响。我们使用的麦克风是 Brüel & Kjær 品牌的 4189‐A‐021 型号，其测量误差控制在 0.2 分贝以内，覆盖的频率范围从 6 赫兹到 20 000 赫兹。信号采集则依赖于 PULSE LAN‐XI 3050‐A‐060 设备，它拥有六个独立通道。在实验前，所有麦克风均经过了 B&K 4231 型声校准器的精确校准。根据 ISO 3745‐2003 标准的要求，并考虑到声场中存在一个反射平面，我们确定了麦克风的摆放位置。由于实验中只使用了五个麦克风，我们通过人工调整麦克风位置的方法来测量声功率级（SWL）。为了确保测量的准确性，驱动泵的液压系统被安置在另一个房间，从而避免了系统自身噪声对实验结果的干扰。该系统由电气驱动的泵、出口线的压力释放阀等组件构成，并通过万向轴将必要的扭矩传递至泵体。

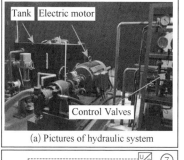

(a) Pictures of hydraulic system

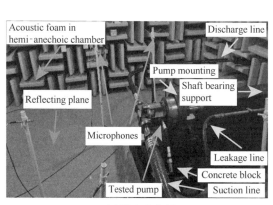

(a) 消声室布置　　　　　　　　(b) 液压系统

图 5　用于测量轴向柱塞泵辐射噪声的实验

如图 6 所示，我们对原始与优化后的轴向柱塞泵在 1 500 r/min 的稳定转速和最大排量工况下的声压级进行了对比分析。实验结果表明，随着系统压力的逐步提高，泵的噪声水平也呈现出相应的增长。尽管在 5 MPa 和

10 MPa 的较低压力区间，优化后的泵相较于原始泵噪声幅值略微增加。然而，当系统压力升高至 15 MPa 以上时，优化泵的噪声水平则显著低于原始泵。在额定工况下，噪声幅值从原始的 80.7 dB（A）降至 79.1 dB（A），这一结果充分证明了优化结果的有效性。

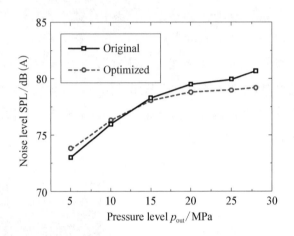

图 6　原始泵和优化泵的测量声压级对比

2. 总结

2.1　写作的逻辑

在撰写学术论文时，一个核心要素是确保全文展现出连贯且严谨的逻辑结构。这种逻辑性不仅仅是实验过程的合理性，更是一种能够引导读者深入理解研究内容的叙述技巧。一篇优秀的论文应该像讲述一个引人入胜的故事一样，提供充分的背景信息、明确研究的独特性，以及构建一个紧凑而有说服力的论证框架。深入的研究背景调研和系统的总结对于阐述论文的出发点和背景部分极为关键，而对实验结果的精心梳理，确保实验细节与理论模型的假设紧密相连，可以使论文的主体内容更加充实和有说服力。论文的撰写不仅仅是对实验步骤的详尽记录，更需要作者将自己的理解与研究主题相结合，巧妙地将研究思路和实验发现融为一体，并通过提出问题、建立假设、验证模型和进行总结与展望的方式，清晰地呈现给读者。这样的写作方式不仅使读者能够理解所提出的理论模型，还能够在此基础上进行进一步的探索和应用。

2.2　投稿与发表的反思

在向期刊提交论文的过程中，我们经历了多轮审稿人的反馈，并针对每一条建议进行了认真的回应和相应的修改。这一过程使我们意识到，在撰写学术论文时，除了要确保逻辑严谨和实验设计周密，还有其他诸多要素同样重要。例如，图表的清晰布局、遵循学术规范的用词、实验步骤的详细说明以及未来研究方向的展望等，都是审稿专家和学术界同仁共同关注的焦点。常言道，细节成就完美，因此在科研论文的撰写过程中，我们必须对选题的精准性、模型的构建、实验的验证以及图表和文字的注释等各个环节都给予充分的重视和精心的打磨。

案例 20　GRIN 光纤探头与空芯光子晶体光纤的高效率耦合方法

王　驰[*]

 **案例来源**

C. WANG, Y. ZHANG, J. SUN, J. LI, X. LUAN, A. ASUNDI, High-Efficiency Coupling Method of the Gradient-Index Fiber Probe and Hollow-Core Photonic Crystal Fiber, *Applied Sciences*, 2019, 9(10): 2073.

简介

近年来，利用微小梯度折射率（Gradient-Index，GRIN）光纤探头和空芯光子晶体光纤（Hollow-Core Photonic Crystal Fiber，HC - PCF）研制新型的微小光纤传感器，受到国内外学者的青睐。我们提出并研究一种利用 GRIN 光纤探头实现与空芯光子晶体光纤（HC - PCF）高效率耦合的方法。首先，研究了 GRIN 光纤探头与 HC - PCF 的耦合模型；其次，研究了 GRIN 光纤探头在一定束腰大小下取得最大工作距离的结构参数设计方法，并研制五组不同性能的 GRIN 光纤探头样品。最后，搭建了 HC - PCF 实验测试系统，分别用 GRIN 光纤探头和 SMF 与之耦合，进行耦合效率测试的比较分析。实验结果显示，在给定条件下，GRIN 光纤探头可以在 180 μm

---

　　* 王驰，上海大学机电工程与自动化学院教授、博士生导师。主要研究方向：光纤内窥与融合传感技术及装备。

处获得 80.22％的耦合效率，明显优于 SMF 在此距离处的耦合效率 33.45％，并且随着耦合距离增加，依然可以获得比单模光纤（Single-mode fiber，SMF）更高的耦合效率。表明利用 GRIN 光纤探头替代 SMF 与 HC‐PCF 进行耦合，具有更高耦合效率和更长的工作距离等优势，可用于新型光子晶体光纤传感器的研究。

 方法谈

1. 科技论文的内容

科技论文的体裁是议论文。议论文要说的是对某些问题的论点以及为证明论点的正确性而做的求证工作，即提供论据，进行推理，最后得出结论。科技论文即使不能完全按议论文写，至少应该有明确的观点。科技论文要解决的主要问题不是"是什么"，而是"怎样做"和"为什么"，对于"怎样做"的文章，最好要有"为什么要这样做"的内容。

有的作者很容易把论文写成记叙文，特别是在做了某个项目的研究后的总结性文章，只说自己是怎样做的，很少去说为什么要这样做，原因可能是这样写很顺，因为工作是自己做的，过程很清楚，很容易说明白。切记：科技论文不是工作总结，也不是说明书。

论文内容的正确性非常重要，如果让人看出虚假的东西，这篇文章就不能用。要有原创性，至少要有新意。特别是高质量的学术期刊主要刊登创造性的基础或应用基础的研究论文、实验性论文和重要应用性论文（包括实验工作、理论和应用研究、仪器研制）。应用性论文中，原始创新可能比较少，大多是提出一些新方法、新算法，或是以别人没有用过的方法对一个问题进行分析，属于集成创新。虽然这也是可取的，但论文必须有力地说明采用新方法的原因和所取得的结果。

论文的标题应该紧扣文章的内容，标题不要过大，也不要过于局限。摘要是对文章内容的概括，摘要应写得简练，只须说明写论文的目的、方法及取得的结果、结论（四要素）即可。

2. 引言

论文引言的作用是开宗明义提出本文要解决的问题。引言应开门见山、简明扼要。论文在引言中简要叙述前人在这方面所做过的工作是必要的，特别是那些对前人的方法提出改进的文章更有必要。应该注意的是，对前人工作的概括不要断章取义，更不能有意歪曲别人的意思而突出自己方法的优点。文献的引述要正确。文章里引用了某些文献，别人的文章也可能引用你的文章，所以引用时要注意正确性。

以本文的引言为例，第一部分阐述空芯光子晶体光纤（HC‑PCF）的概念及特点，以及通常用单模光纤（SMF）与其耦合的局限性。在此基础上，第二部分说明为尽可能提高能量耦合效率，一方面可以对 HC‑PCF 结构、光纤模式进行特定选取，或者减小二者耦合时产生的微孔坍塌效应，但耦合效率提高能力有限。进而说明目前一系列以单模光纤 SMF 为基础的改进方法，但仍克服不了耦合效率小的固有限制。第三部分说明需要一种能在较长耦合距离上取得较高耦合效率的耦合方法，为此，我们提出了一种在 SMF 端添加 GRIN 光纤探头的方式，试图在保证足够工作距离的情况下，尽可能提高效率耦合。这也是本文研究的中心内容。

3. 理论模型解析

理论模型是衡量一篇学术论述水平高低的重要标志，特别是高质量的学术期刊主要刊登创造性的基础或应用基础的研究论文。本文在引言部分通过概念、技术发展及存在问题，逐层递进地引入本文研究的中心内容，接下来就是对理论模型的解析。

根据图 1 所示的 GRIN 光纤探头与 HC‑PCF 耦合模型，首先描述模型的相关概念，GRIN 光纤探头是由单模光纤、无芯光纤和 GRIN 光纤依次熔接而成的全光纤型光学镜头，并设定如下参数：无芯光纤长度为 L_0，折射率

为 n_0；GRIN 光纤长度为 L，中心轴线处折射率为 n_1，梯度变化率常数为 g；高斯光束的波长为 λ，SMF 纤芯半径为 ω_0，空气的折射率为 n_2；聚焦光束的 z_ω 为探头聚焦距离，ω_f 是其束腰半径，z 是 GRIN 光纤探头与 HC‑PCF 的耦合距离或间隙宽度。

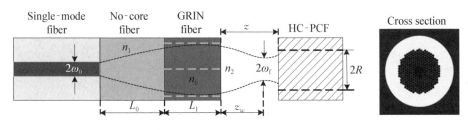

图 1　GRIN 光纤探头与 HC‑PCF 耦合模型

利用相关理论公式及推导，进行深入的解析，推导出耦合效率与相关参数之间的函数关系。

4. 实验验证

实验的目的是验证论文提出的理论、方法的正确性、可行性和有效性。随着仿真技术的进步，许多论文都在使用仿真，但仿真就是仿真，不是实验，也不能代替实验，只可以作为一种验证手段。

有不少论文由于各种原因不能用严格的理论证明方法的正确性和有效性，也暂时做不了实验，于是就用仿真的方法来说明。这时应注意的是，尽管文章中只能给出个别的仿真实例，但做仿真时应该尽可能对可能发生的情况多做一些实例，因为用一两个仿真结果很难得出结论。同时更应注意到，仿真只是给出了在仿真条件下理论预测的结果，其本质还是属于理论上的。

为深入研究 GRIN 光纤探头与 HC‑PCF 的耦合效率，并检验 GRIN 光纤探头束腰大小与工作距离的关系，需要制作符合参数设计要求的 GRIN 光纤探头样品。本文根据作者课题组在已发表文献中关于超小 GRIN 光纤探头的研究，利用微小光纤镜头制作装置和微小光斑质量检测仪，进行 GRIN 光纤探头样品的制作和性能检测。

为进一步证实 GRIN 光纤探头工作距离和束腰大小与耦合效率的关系，搭建实验系统对上述探头进行耦合效率实验，并对比验证 SMF 与 HC‐PCF 的耦合效果。搭建 ASE 光源、五维平台及 V 槽夹具、光斑检测仪构成的实验系统，实验原理和实验装置分别如图 2 和图 3 所示。实验中，ASE 光源采用 HOYATEK 公司的 ASE‐C‐11‐G，中心波长范围为 1 527 nm～1 565 nm；HC‐PCF 选用 NKT Photonics 公司的 HC19‐1550‐01，其内芯直径为 20 μm，包层直径 115 μm，损耗＜0.03 dB/m，长度为 5 mm；光斑检测仪选用 Duma Optronics 的 Beam Analyzer。微位移平台采用上海联谊公司的 XYZW76H‐25‐0.25 和 MGA2，可以在测量轴线方向上 25 mm 内实现分辨率为 1 μm 移动。

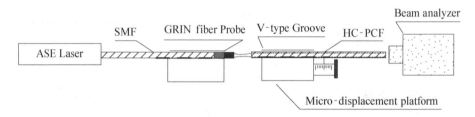

图 2　耦合效率实验原理图

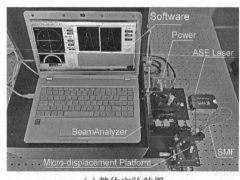

(a) 整体实验装置

(b) 耦合部分局部

图 3　耦合效率测量装置

最后得到如图 4 所示的 GRIN 光纤探头和 SMF 与 HC‐PCF 耦合效率理论和实验值，以及相关理论和实验对比结果。从图 4 看出，GRIN 光纤探头和 SMF 实际测量耦合效率与理论计算趋势一致，只是在距离较短耦合效率较高时，实际测量值低于理论计算值，该误差来源有多个方面。一是实验过程中，从 GRIN 光纤探头或者 SMF 出射的激光在 HC‐PCF 表面发生的菲涅尔反射和光吸收；二是虽然能够尽量调整微动平台使得测量过程中二者对齐，但是并不能保证二者的初始完全对齐，测量过程中的微位移平台直线度误差也会使得激光未完全进入 HC‐PCF 内部；三是理论计算未考虑激光出射后在空气中以及 HC‐PCF 中的传播损耗；四是随着探头结构的增加，光束传播的途径增长，制作工艺误差也相应增加，导致 GRIN 光纤探头的实验值与理论值存在偏差。图 4 显示，对于图中实验的 GRIN 光纤探头和 SMF，当距离小于 0.1 mm 时 SMF 耦合效率高于 GRIN 光纤探头，但是随着距离的增长，SMF 耦合效率逐渐降低，而 GRIN 光纤探头的耦合效率出现先增长后下降的趋势。当距离等于 GRIN 光纤探头的工作距离 0.18 mm 时，耦合效率取得最大值 80.22％，与文中理论计算对应，而此时 SMF 的耦合效率已经降低至 33.45％。因此，当与 HC‐PCF 进行气体检测时，可以将 HC‐PCF 入射端面放置于 GRIN 探头的工作距离处，获取最大耦合效率，或者将探头放置于更远处，也可以获得比 SMF 更高的耦合效率。

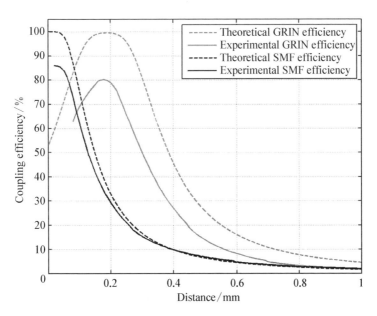

图 4　GRIN 光纤探头和 SMF 与 HC‐PCF 耦合效率理论和实验值

5. 总结

结论的问题往往在于无实质性内容。有的作者将论文正文、引言、摘要中的一些话拷贝到结论中，可以说还没看到结论就知道结论说什么。撰写科技论文要尽可能避免这个问题。要针对论文主要解决的关键问题，提炼出论文做的工作以及得出的明确的学术观点。以本文的总结为例，针对 SMF 与 HC－PCF 结合进行气体检测出现的工作距离短、耦合效率低的缺点，提出了利用 GRIN 光纤探头与 HC－PCF 的气体检测用高效率耦合方法。理论计算和实验结果表明，使用 GRIN 光纤探头与 HC－PCF 结合时在束腰最小位置即工作距离处取得耦合效率最大值。虽然在距离极短位置 GRIN 光纤探头的耦合效率低于 SMF，但是随着距离的增加，GRIN 光纤探头的耦合效率明显优于 SMF。为分析 GRIN 光纤探头工作距离与耦合效率的关系，对 GRIN 光纤探头的参数进行优化设计。实验结果表明，随着工作距离增加，即使是在大于 GRIN 光纤探头工作距离处，GRIN 光纤探头相比 SMF 有更优越的耦合效率。在实际应用中，须选取合适的 GRIN 光纤探头进行 HC－PCF 气体检测技术研究，后续将分析工作距离、耦合效率对气体检测的影响，为选取合适 GRIN 光纤探头及高耦合效率 HC－PCF 气体传感器的研制及应用提供更多的理论依据。

总之，写好论文可以说是一门艺术，不仅要知道写什么，更要知道怎么写；写成容易，但要写好，需要不断的实践和思考。如何写好论文可以说是实践的智慧。

案例 21　基于分割结果的多尺度室内场景几何建模算法

杨庆华[*]

案例来源

C. WANG, T. YAO, Q. YANG, Multi-Scale Indoor Scene Geometry Modeling Algorithm Based on Segmentation Results, *Applied Sciences*, 2023, 13(21)：11779.

简介

由于室内场景中存在大量具有规则结构的物体，对场景中规则物体的识别和建模有助于室内机器人对未知环境的感知。通常点云预处理可以获得场景中完整度高的物体分割结果，以此作为几何分析和建模的对象，可以保证建模的准确性和速度。但是由于没有完整的对象模型，无法通过匹配的方法对分割物体进行识别和建模。为进一步实现对场景点云的理解，这篇论文提出了一个直接基于分割结果的几何建模算法，着眼于提取场景中规则的几何体，而不是具有几何细节或者多基元组合的物体，使用更简单的几何模型描述相应的点云数据。通过充分利用分割物体的表面结构信息，对其组成的面片类型和面片间的关系进行分析，根据不同的面片关系和组合，将规则几何

---

　　* 杨庆华，上海大学机电工程与自动化学院副研究员、博士生导师。主要研究方向：室内定位传感、飞机总装先进测试技术等。

体分为平面几何体和曲面几何体两大类。针对不同类型的几何体，以类型判断结果作为先验知识，通过随机采样一致性算法拟合其主要基元的几何参数，结合有向包围盒的尺寸信息对分割结果进行建模。对于遮挡和堆叠的室内场景来说，以一种更高层次的语义表达来实现场景的简化，可以有效地完成场景的抽象表达和结构建模，有助于室内机器人对未知环境的理解和进一步的操作。

 方法谈

1. 论文之道

1.1　论文选题

该论文的选题聚焦于室内场景中规则物体的识别和建模，特别是在机器人感知未知环境方面的应用。这一选题具有以下特点：

（1）实际应用价值。随着机器人技术的迅速发展，室内机器人在家庭、工业、服务等多个领域的应用越来越广泛。这些机器人需要对环境有准确的感知和理解，才能执行各种任务。因此，研究如何提高机器人对室内环境的感知能力具有很高的实际应用价值。

（2）技术挑战性。室内环境中存在大量具有规则结构的物体，如墙壁、家具等，这些物体的识别和建模对于机器人来说是一个技术挑战。尤其是在没有完整对象模型的情况下，如何通过点云数据进行有效的物体分割和识别，是一个亟待解决的问题。

（3）创新性。论文提出了一个直接基于分割结果的几何建模算法，这一方法不同于传统的基于匹配的物体识别方法，而是尝试通过分析分割物体的表面结构信息来提取规则几何体，这在技术上是一个创新点。

（4）综合性。该研究不仅涉及点云处理、物体识别、几何建模等多个领域，还需要综合运用计算机视觉、机器学习、图形学等多种技术，体现了较高的综合性。

综上所述，该论文的选题具有较高的实际应用价值和技术挑战性，同时在理论和方法上展现出创新性和综合性，能够有效解决室内机器人感知未知环境的关键问题，这对于推动室内机器人技术的发展和应用具有重要意义。

1.2　研究现状和出发点

在撰写论文时，研究现状和出发点的撰写是至关重要的。首先，需要概述研究领域的背景，总结前人的研究成果，并识别出研究中的空白或待解决的问题。这些研究空白将为你的研究提供出发点，你需要明确提出研究问题，并阐述这些问题的研究意义，包括它们对学术界、行业或社会的潜在贡献。同时，确立研究目的，确保目的具有明确性和可实现性，并设定研究的范围和可能的限制。这样的结构不仅为读者提供了清晰的背景知识，而且展示了你对研究领域的深刻理解和批判性思维，为你的论文奠定了坚实的基础。

以本文为例，解决从三维点云中自动识别出平面、球、圆柱和圆锥等几何基元的问题是机器人感知环境的一个非常基础性的问题。解决该问题可以降低机器人感知环境的难度，缩小高层语义和底层视觉特征之间的语义鸿沟。现有的很多点云配准技术和点云多边形网格重建技术能够对采集的三维信息进行很好的重建，但是这些技术也仅仅是对周围环境进行重建或者对物体的拓扑结构进行研究，并没有在语义上对物体进行识别。因此，我们以分割结果作为输入，有利于实现场景的全面解析。通常室内机器人的运作场景多由规则结构的物体组成，且随着数学模型知识逐渐在三维空间上的应用，结合点云分割和几何分析可以实现规则物体的建模，有助于降低机器人对未知环境的感知难度。

1.3　方法与创新点介绍

在介绍论文方法时，需要详细阐述所采用的方法及其实施步骤，确保其他研究者能够理解并复制你的工作。同时，突出创新点是至关重要的，这要求明确指出你的研究在理论、方法或应用等方面的新颖之处，并解释这些创新如何推动领域发展。通过与现有研究的对比分析，可以更清晰地展示你的创新性。在整个过程中，保持语言的简洁明了，适当引用文献以增强观点的权威性，并预见潜在的批评，以全面和深思熟虑的讨论来回应这些可能的质疑。这样的介绍不仅能够吸引读者的注意，也有助于提升你的研究在学术界的认可度和影响力。以本文为例，算法流程如图 1 所示，其中输入的是合成桌面场景的分割结果，输出的是根据几何体参数生成的完整点云数据。本文的贡献主要如下：

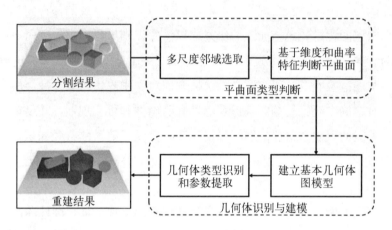

图 1　基于分割结果的几何分析和建模算法流程

（1）针对单尺度下特征值计算的不稳定性，引入多尺度邻域搜索，以此计算维度特征和曲率特征，保证对面片平曲面类型判断的准确性。

（2）以平面或曲面之间的法向量关系作为先验知识，利用随机采样一致性算法对已知类型的几何基元进行验证和参数提取。整个过程无须训练数据集，可以快速准确地完成室内场景的几何解析和建模。

首先，我们基于超体素聚类算法对物体进行初步分割，在获得完整的物体分割结果之后，每个物体内部的超体素和面片组成，以及各组成部分之间的连接关系可以被同步获取。在此前提下，我们利用最简单的逻辑对物体的几何体类型进行分析，并以此作为先验知识，提取物体的几何参数并建模。其次，根据协方差特征值计算各面片属于平面和曲面的概率，对构成物体表面面片的类型进行初始判断。然后，根据平曲面的不同组合构建基本几何体的图模型，并将几何体分为平面几何体和曲面几何体两大类。在每一类别中根据主匹配面与其邻接面片的关系确定具体的几何体类型，利用随机采样一致性算法对指定类型的表面进行参数提取，结合有向包围盒获取物体的尺寸进行建模。

1.4 实验设计与验证

撰写论文的实验设计与验证部分时，首先要明确实验的目标和预期成果，然后详细描述实验方法，包括实验设计、材料、设备使用和数据收集过程，确保其他研究者能够复制实验。文章应逻辑清晰，按照实验流程组织内容，采用适当的统计方法分析数据，并与现有文献和理论进行比较。同时，应验证实验结果的可靠性，讨论实验的局限性及其对结果的潜在影响，并在必要时使用图表和插图辅助说明。下面我们以论文中的实验章节为例，展示各类实验是如何设计和验证的。

由于真实场景中无法得到各几何物体的精确尺寸和几何参数，为了验证本文算法的可行性，采用 C++编程，模拟深度相机生成无噪声的桌面场景点云数据作为输入。根据本文对规则几何体的分类，合成了三个由不同形状物体随机摆放的桌面场景，其中桌面是由平面抽象表示，桌面物体由长方体、圆柱体、圆锥体和球体表示。合成场景中的每个物体的尺寸大小已知，用于估计提取的参数与真实值之间的误差。场景 1 是由不同姿态和尺寸的长方体构成的平面物体场景，场景 2 是由球体、圆柱体和圆锥体构成的曲面物体场景。

图 2 为场景 1 的实验结果，输入的点云数据包含 372 344 个点，点云平均密度为 0.469 mm。从图中可以看出，平面和 4 个姿态尺寸不同的长方体被成功分割出来，并标以不同的颜色进行显示。对分割的物体进行相应类型判断和几何参数提取，并根据提取的参数生成指定密度的点云数据如图 2（c）所示，可以看出缺失的数据被恢复，且各物体的朝向和位置关系与场景点云数据一致。

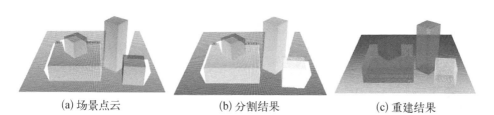

(a) 场景点云　　　　　　(b) 分割结果　　　　　　(c) 重建结果

图 2　场景 1：平面物体场景实验结果图

图 3 为场景 2 的实验结果，输入的点云数据包含 361 218 个点，点云平均密度为 0.485 mm。从图中可以看出，桌面上的各规则物体被完整地分割出来，并用不同的颜色标注显示。根据分割结果对其类型进行判断和参数提取，依据提取的参数和估计的尺寸进行重建的结果如图 3（c）所示。本文算法对于不同大小的球体和不同姿态的圆柱体都能较好地识别和建模，可以实现对缺失数据的补全。

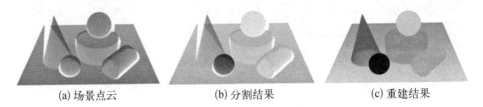

(a) 场景点云　　　　　　　(b) 分割结果　　　　　　　(c) 重建结果

图 3　场景 2：曲面物体场景实验结果图

为验证本章算法对几何体重建的精度，以更为复杂的场景为例，场景中各物体的几何参数和尺寸值如表 1 所示。

表 1　场景几何参数和尺寸误差估计结果

物　体	几何参数 （mm）	尺寸真实值 （mm）	尺寸估计值 （mm）	尺寸误差 （mm）
	$c = (-9.030, \ -43.117, \ 518.281)$	$L = 400.00$	$L = 399.997$	0.003
	$\vec{n} = (-0.000, \ -0.766, \ -0.643)$	$W = 400.000$	$W = 400.236$	0.236
		$L = 50.000$	$L = 50.005$	0.005
	$c = (65.801, \ 20.251, \ 403.676)$	$W = 50.000$	$W = 50.461$	0.461
		$H = 50.000$	$H = 50.002$	0.002
		$L = 120.000$	$L = 120.118$	0.118
	$c = (-90.823, \ -35.929, \ 478.106)$	$W = 120.000$	$W = 120.007$	0.007
		$H = 40.000$	$H = 40.107$	0.107
	$p = (23.076, \ -20.571, \ 485.669)$	$r = 50.000$	$r = 49.676$	0.324
	$\vec{l} = (-0.000, \ -0.766, \ -0.643)$	$H = 60.000$	$H = 60.033$	0.033

续　表

物　体	几何参数 （mm）	尺寸真实值 （mm）	尺寸估计值 （mm）	尺寸误差 （mm）
	$p = (89.476, \quad 18.292,$ $398.252)$	$r = 20.000$	$r = 19.909$	0.091
	$\vec{l} = (-0.643, \quad 0.492,$ $-0.587)$	$H = 80.000$	$H = 80.001$	0.001
	$p = (-108.941, \quad -111.719,$ $366.409)$	$r = 30.000$	$r = 29.686$	0.314
	$\vec{l} = (-0.000, \quad -0.766,$ $-0.643)$	$H = 50.000$	$H = 49.641$	0.359
	$c = (29.504, \quad -99.433,$ $429.604)$	$r = 30.000$	$r = 29.887$	0.113
	$c = (-59.258, \quad 32.188,$ $381.626)$	$r = 25.000$	$r = 29.921$	0.079

　　为评估本文算法的效率，表 1 展示了不同合成场景下物体分割和几何参数提取所需的时间，其中物体个数包括桌面。由于场景点云的大小和复杂度不同，在物体分割和参数提取上所需的时间也不同。但单个场景所需的总时间通常在 3.0 s 内，满足室内机器人一些实时操作的需求。

表 2　各合成数据集场景的运行时间

场　景	点云大小	物体个数	物体分割时间（s）	参数提取时间（s）
场景 1	372 344	5	2.372	0.171
场景 2	361 218	6	2.256	0.223
场景 3	371 724	8	2.425	0.282

　　为验证本文算法的普适性，用微软 Azure Kinect 相机采集实验室的桌面场景和地面场景进行实验。场景由多个规则物体和日常用品随机摆放而成，点云数据含有较多的噪声和孔洞。各场景的实验结果如图 4 所示，其中包括场景的物体分割结果、重建结果以及场景点云与重建结果的叠加显示。从图中可以看出，对于不同的室内场景，本文算法依然可以准确且完整地分割出

各物体。对于分割的规则物体，根据提取的几何体参数进行点云重建。从重建结果可以看出，不管是平面几何体还是曲面几何体，本文算法不受物体姿态和大小的限制，能够准确地重建出贴合物体真实表面的点云数据模型。实验证明本文算法同样适用于自采集数据，对点云数据的缺失和噪声具有鲁棒性，在室内机器人感知未知环境上具有实际应用意义。

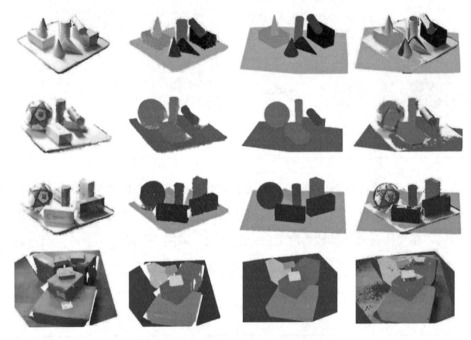

图 4　自采集数据集的实验结果图

2. 总结

2.1　写作的逻辑

以本文为例，引言部分需要清晰地阐述研究的背景和重要性，指出室内场景中规则物体识别与建模的挑战，以及现有研究的不足之处。接着，通过文献综述，详细回顾相关领域的研究进展，为本研究提供理论基础和支持。随后，方法部分应详细描述算法的设计、数据预处理、多尺度分析以及几何建模的具体步骤，确保研究的可重复性。在结果部分，客观展示算法在不同室内场景中的应用效果，并通过图表等形式直观地呈现分析结果。讨论部分则深入分析算法的优势、局限性以及与现有技术的比较，探讨其在室内机器人感知等领域的应用前景。最后，结论部分总结研究的主要贡献，并强调其在推动室内机器人技术发展中的潜在价值。整个论文的逻辑结构应该紧密相连，形成一个完整的研究叙述，不仅展示了基于分割结果的多尺度室内场景几何建模算法的创新性和实用性，也为未来相关研究提供了方向和参考。

2.2　投稿与发表的反思

除了要确保逻辑严谨和实验充分，清晰排版的图表、规范的学术语言、详尽的实验细节描述以及对未来研究方向的探讨同样至关重要。这些细节对于论文的整体质量有着决定性的影响，因为它们能够使论文更加清晰、专业且易于理解。在科研学术论文的写作过程中，我们必须对每一个环节都给予充分的重视。从选题的精确性、建模的合理性、实验设计的严谨性，到图表的清晰展示和注释的详尽解释，每一个部分都可能影响到读者对论文的理解和评价。因此，作为研究者，我们应该在每个步骤中都追求卓越，确保我们的研究成果能够以最佳的形式呈现给学术界。

案例 22　用于可见光谱下光催化分解水的 Z 型 GaN/WSe₂ 异质结

叶晓军[*]

 **案例来源**

X. YE, F. ZHUANG, Y. SI, J. HE, Y. XUE, H. LI, K. WANG, G. HAO, R. ZHANG, Direct Z-Scheme GaN/WSe₂ Heterostructure for Enhanced Photocatalytic Water Splitting under Visible Spectrum, *RSC Advances*, 2023, 13(29)：20179.

简介

范德华异质结构在光催化领域得到了广泛应用，因为它们可以通过外加电场、应变调控、界面旋转、合金化、掺杂等手段来提高分散光生载流子的能力。在这篇论文中，我们通过将单层 GaN 堆叠在孤立的 WSe₂ 上构建了一种新型异质结构。随后，我们基于密度泛函理论对二维 GaN/WSe₂ 异质结构进行了第一性原理计算，并探究了其界面稳定性、电子性质、载流子迁移率和光催化性能。结果表明，GaN/WSe₂ 异质结构具有 Z 型能带排列，并具有 1.66 eV 的带隙。内建电场是由于 WSe₂ 层之间的正电荷转移至 GaN 层而引起的，直接导致光生电子-空穴对的分离。GaN/WSe₂ 异质结构具有高载流

---

* 叶晓军，华东理工大学材料科学与工程学院高级工程师、硕士生导师。主要研究方向：半导体材料与器件、光伏技术等。

子迁移率，有利于光生载流子的传输。此外，在中性环境中，水裂解反应的吉布斯自由能变为负值，并在反应过程中持续下降，无须额外过电势即可将水分解为氧气，满足水分解的热力学要求。这些发现证实了可见光下光催化水分解的可行性，并可作为应用 GaN/WSe_2 异质结构的理论基础。

方法谈

1. 论文之道

1.1 论文选题

本文选题结合课题组在新能源领域技术的发展，重点关注氢能的未来潜力和光催化水分解的绿色环保，探索新的材料体系。光催化水分解制氢的实现不仅能够缓解能源危机，减少对化石能源的依赖，同时对于我国实现碳中和目标具有重要意义。而光催化的进行需要反应载体具有优秀的光生载流子分离能力和合适的能带间隙，材料上，二维过渡金属硫化物（TMDC）由于其出众的物理和电子性质成为当下的研究热点；结构上，构建范德华异质结可利于通过界面应变、外加电场等一系列方法调节材料的能带结构、载流子迁移率等与光催化息息相关的一系列性质。因此，本文将重点放在了 WSe_2 材料和 WSe_2/GaN 的异质结构上。

1.2 研究现状和出发点

通过对现有课题分析以及研究现状的检索和归纳总结，选择特定领域或者选择一个与行业未来趋势相关的问题作为论文选题的出发点，增加研究的前瞻性，并提出更深入的见解和创新性的解决方案。本论文立足氢能的制备，从光催化水分解的进行条件切入。半导体为催化载体的水分解的反应过程如图 1 所示，反应的进行首先需要能满足水的分解电位，即满足电子从半导体价带跃迁到导带时吸收的能量能够使析氢反应进行；同时，半导体载流子的分离能力有助于提供高活性的空穴和电子，且需要具有较高的载流子迁移速率使反应迅速进行以减少复合的产生。

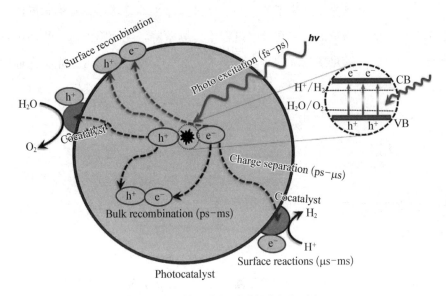

图1　半导体光催化剂分解水析氢过程

有了对课题的背景分析和反应机理的归纳总结，论文的出发点和突破点就要建立在与之相应的分析上，或是强调课题中未被解决的关键点，或是克服现有工作的瓶颈。基于上述对光催化水分解的反应分析，课题的关键点自然也就是选择合适的材料、构建合适的异质结满足反应进行的两大要求，即以带边位置和载流子迁移率作为研究的主要性质，最后验证反应的热力学可行性。

找到能带合适且具有高载流子迁移率的异质结同样存在一定的困难，原因主要有如下两个方面：第一，形成异质结的两类材料需要有较高的晶格匹配度，否则无法维持结构的动力学稳定；第二，由于存在多类材料组合，采用实验验证将会产生重复且庞大的工作量。综上可以看到，通过对课题背景和现有工作的梳理，我们自然地找到了工作的突破点，接下来的理论创新与论证也将围绕这些突破点展开。

1.3　创新与建模

论文写作过程中最重要也是最难把握的便是创新点。我们的论文除了要求强调新颖，还需要突出其意义或价值或重要性。本论文领域的创新离不开对现有材料研究方法的深入理解和运用。目前，材料研究方法主流分为实验与模拟两类，实验是指通过测试仪器直接对实际材料进行一系列表征如电镜、X 射线衍射等，而计算是指通过利用计算机的算力通过物理理论如密度泛函理论等对材料的一系列性质进行直接模拟和计算。基于模拟计算的便捷性，我们决定通过使用密度泛函理论的第一性原理计算对异质结的性质进行计算，因此第一步需要锚定构建异质结的两类材料和建立异质结模型，而所建立的异质结模型即为本文的一主要创新点。

经过材料晶格常数和功函数的筛选，我们最终构建了 WSe_2/GaN 异质结作为主要研究对象，并根据不同的堆叠方式构建了六类不同的异质结（图 2），具体来说就是根据原子在空间中的对应关系来列举两层材料可能形成的异质结种类，如 N 原子与 Se 原子对应的模型 I、N 原子与 W‐Se 键中心点对应的模型Ⅲ等。

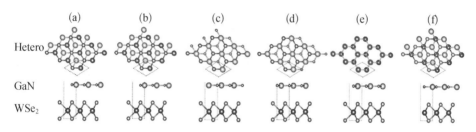

图 2 不同堆叠方式的 WSe_2/GaN 异质结模型

1.4 模拟计算与验证

如果说异质结模型的构建是模拟计算的"心脏"，那么计算方案的设计与论述就是论文的"身体"。完善的性质计算结果可以为实验提供全方位的参考，并增强论文贡献的可信度。模拟计算方案的设计往往按以下思路进行：第一，对建立的结构模型进行结构优化，再通过失配能、结合能、失配率、结构能量的对比筛选出热力学最稳定的结构，也可进一步对该结构进行分子动力学模拟或声子计算来确认结构的动力学稳定；第二，计算结构的基础电子性质，其中包括能带、态密度、功函数、平面电荷密度差分、三维电荷密度差分、载流子迁移率等，往往会在综合考虑能带、功函数、电荷密度差分后计算出该结构的带边位置图，并分析成结前后的带边移动和光生电子空穴迁移路径以判断异质结类型；第三，根据材料的不同应用需求，可以进行光催化、电催化的反应可行性验证，即计算中间态的结构能量得到吉布斯自由能梯度图，或对结构进行一系列调控包括电场调控、应力调控等对异质结进行改性。下面我们以论文中的模拟计算为例，展示一类具体的模拟计算流程。

首先计算了六类异质结的结构能量，根据图 3（a）发现模型 V 和模型 Ⅵ 在不同分散校正下各自具有最低的结构能量，再通过失配能、结合能和失配率对这两种模型进行了验证，失配率计算得到 3.00％和 3.92％均小于 5％，满足晶格匹配的要求，失配能计算得 1.84 meV·Å^{-2}和 4.14 meV·Å^{-2}，结合能计算得−0.78 meV·Å^{-2}和−2.55 meV·Å^{-2}均为负值，结合能与层间距的变化趋势如图 3（b）及由结合能和失配能计算得到的范德华能位于正常成键能范围内均可证明模型 V 和模型 Ⅵ 的结构稳定性。

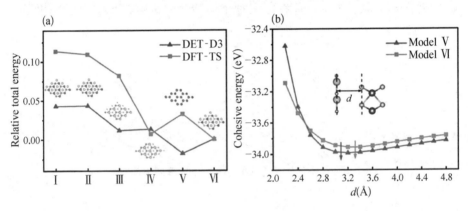

图 3　**(a) 六类异质结的总结构能量对比；(b) 模型 V 和 Ⅵ 结合能与层间距关系**

接着计算了异质结的电子性质，其中包括了能带结构、总态密度（TDOS）和局域态密度（PDOS）、功函数以及载流子迁移率，同时再依据 Pearson 电负性计算得到了异质结的带边位置图，发现由于内建电场的存在，GaN 上的光生电子不会迁移到 WSe$_2$ 的导带上，WSe$_2$ 价带上的光生空穴也不会迁移到 GaN 的价带上，GaN 价带上的空穴与 WSe$_2$ 导带上的电子复合（图 4），判断该异质结属于 Z 型异质结。

最后计算了 pH 分别为 0 和 7 时异质结的光催化效果，以析氧反应（OER）为主反应构建了反应的三个中间态结构形成了四电子反应路线，计算了基底和中间态的结构能量后作出吉布斯自由能梯度图（图 5），发现中性环境下外电势为 1.88 V 时所有的自由能差均为负值，意味着该条件下反应可以自发进行，证明 GaN/WSe$_2$ 异质结具有优异的光催化性能。

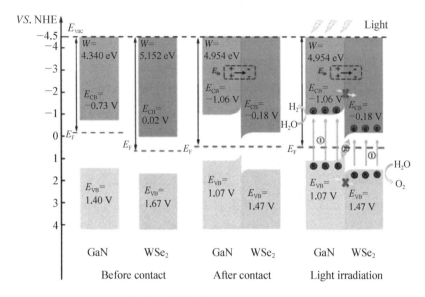

图4　成结前后的带边位置及光生载流子迁移路径

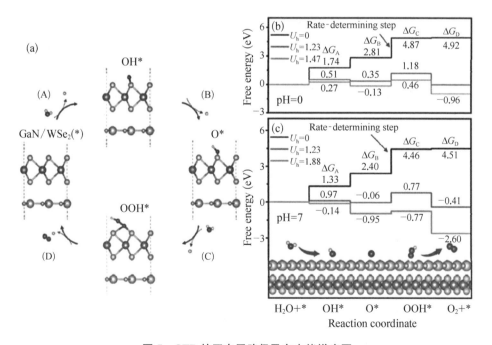

图5　OER 的四电子路径及自由能梯度图

2. 总结

2.1 写作的逻辑

学术论文写作的关键在于构建整篇文章的框架，即要有清晰的脉络和严谨的逻辑。首先需要确认全文的大框架，常见的行文思路是引言、实验方法和理论、实验结果与讨论、总结和展望，然后再根据研究项目的主体内容去构思每一个部分的小框架。以本文为例，研究的主体是异质结、光催化和理论计算，引言部分先以光催化制氢为切入点，引出对 TMDC 材料的介绍，再根据 2D 材料的优点引出构建异质结的优势，然后对构建异质结需要使用的另一层材料 GaN 进行介绍，引出本文的主要研究对象 GaN/WSe$_2$ 异质结；有了材料体系接着介绍该如何进行研究即实验方法和理论，并直接介绍了 VASP 和密度泛函理论以及一些计算参数的设置。其次对计算结果进行进一步的分析和讨论，这一部分是文章的主体部分，需要更为细致的逻辑排布，知道每一步实验的目的和意义，万万不可随意堆砌实验结果和数据。本文的思路为先对六类模型进行结构稳定性的筛选，然后选定最稳定的结构进行电子性能的研究。电子性能方面先分析能带结构和态密度结果以对异质结的成结和导带价带结构形成初步认知，再计算功函数以得到带边位置图，对光生载流子的迁移路径进行进一步解释，再通过电荷密度差分来解释和验证内建电场的存在和界面电荷的转移。然后分析载流子迁移率，高载流子迁移率是光催化反应动力学的关键。最后分析吉布斯自由能证明光催化反应热力学的可行性。

2.2 投稿与发表的反思

以本文为例，在学术会议论文的投稿过程中，我们也收到了来自多位审稿人的审稿意见，并一一进行回复和修正，也通过这种方式认识到了写作过程中的一些注意事项，比如符号斜体、不常用英文简写的去除、理论引用的补充等一些细节上的问题。因此，除了需要注意论文的大方向外，细节的解释和格式的完善也是要着重检查的，规范的行文格式、优美的图片排版、详尽的符号解释也都是一篇优秀论文不可缺少的重要环节。

案例 23　新时代乒乓球的科学探索：从纤维素到非纤维素材质的转变

案例来源

Y. LU, J. REN, J. WANG, Y. WANG, Effect of Table Tennis Balls with Different Materials and Structures on the Hardness and Elasticity, *PLOS ONE*, 2024, 19(4)：e0301560.

简介

国际乒乓球联合会（ITTF）在 2014 年推出的乒乓球新材料引起了相关运动员和教练的极大关注。材料的选择及生产过程的变革可能对球的静态性能产生影响。然而，关于这些新材料球的弹性和硬度的原始数据，尽管涵盖了各种品牌和结构，却往往缺乏对于球员快速适应和日常训练至关重要的实用信息。本研究中所测试的静态性能数据由国际乒联提供，包括硬度和弹性。本研究通过对数据的分析发现，焊缝球在赤道处的硬度并不总是高于两极。此外，研究证实，新材料球的硬度和弹跳高度超过了传统的赛璐珞球。通过相关性分析，本研究还揭示了无缝球的硬度与其弹性之间存在显著的相

---

* 王君，法国格勒诺布尔-阿尔卑斯大学工程学院博士。主要研究方向：虚拟现实下的人机交互与生理感知、生物力学分析等。

关性。这项研究提供了对各类新材料乒乓球静态性能的深入分析，帮助运动员和教练更好地理解官方赛事用球，并为制定多样化的训练和比赛策略提供了理论基础。

 方法谈

1. 论文之道

1.1 前言

乒乓球作为一项在全球范围内深受欢迎的体育运动，其比赛用球的材质变革直接影响到运动的表现和竞技策略。乒乓球的发展历史悠久，早在19世纪末便已成为一项公认的体育活动。自那时以来，乒乓球的设计和材料经历了多次重大的技术革新，每一次变革都在一定程度上改变了比赛的面貌。

传统的乒乓球主要由纤维素材料制成，这种材料具有良好的弹性和适中的硬度，使得球在飞行和反弹时表现出相对稳定的轨迹。然而，纤维素材料的易燃性、对环境的潜在危害以及生产成本的提高，使得其逐渐不能满足现代体育运动对安全性和环保性的高标准要求。这种背景促使国际乒乓球联合会在2014年做出重大决定，宣布将乒乓球材料从传统的纤维素转变为新型非纤维素塑料。这一转变标志着乒乓球材料科技进入了一个全新的时代。

新材料乒乓球的推广使用，旨在提升球的环保标准和安全性能，同时也希望通过改进材料特性来增强球的竞技表现。新型塑料乒乓球相比传统纤维素球在硬度和弹性上表现出不同的物理特性，这些变化预计将对球的飞行速度、旋转性能以及与球拍的交互作用产生影响，从而间接影响比赛的节奏和运动员的表现。

随着新材料球的普及，运动员和教练需要重新评估并调整他们的训练和比赛策略，以适应这些球的物理特性。例如，球的硬度和弹性如何影响击球感觉、球速以及旋转的生成，都是需要考虑的因素。此外，不同品牌和类型的新材料球可能会表现出不同的性能特征，这需要运动员和教练对所使用的具体球型有更深入的了解和适应。

因此，本研究旨在通过科学的测试方法，全面评估新型非纤维素乒乓球的硬度和弹性，并探讨这些物理特性如何影响球的整体表现。通过对不同品牌和类型的乒乓球进行系统的测试和分析，本研究希望能为乒乓球运动员、教练乃至整个乒乓球设备制造行业提供有价值的参考信息，帮助他们更好地适应材质变革带来的新挑战。

1.2　研究意义与价值

本研究探索不同材料与结构的乒乓球对硬度与弹性的影响，其意义远超对乒乓球本身属性的分析。随着国际乒乓球联合会（ITTF）引入新材料乒乓球，此项研究对于理解新球材料如何影响运动员表现、竞赛规则制定乃至整个乒乓球产业的发展具有重大意义。以下是本研究的几个关键应用价值：

（1）提高乒乓球运动竞技水平和比赛公平性。

新材料乒乓球在硬度与弹性方面的变化直接影响球的飞行速度与旋转，从而影响比赛的节奏和策略。了解这些变化能帮助运动员和教练制定更符合现代乒乓球竞技要求的训练计划，提升运动员的反应速度与对比赛的控制能力。对乒乓球硬度与弹性的深入研究，有助于标准化球的生产过程，确保比赛用球在全球范围内的一致性，从而提高比赛的公平性。

（2）增强乒乓球材料的科学设计与创新。

本研究提供了一种系统的方法来评估不同材料乒乓球的性能，这对乒乓球制造商而言，是优化产品设计的重要依据。制造商可以根据研究结果调整材料配方和生产工艺，开发出更适合高级别比赛的乒乓球。通过对比不同材料和结构的球性能，可以激发新的材料科技应用，促进乒乓球设备技术的创新，推动整个行业的发展。

（3）提升乒乓球训练效率和比赛策略的针对性。

对乒乓球硬度与弹性的科学认知能够帮助教练更精确地制定训练方案，例如调整击球力度和旋转技巧训练，以适应球的物理特性，从而提高训练的效率和效果。运动员可以根据不同球的特性调整比赛策略，如调整发球和接发球策略，以利用或抵消新材料球的特定性能，如更高的弹性和不同的硬度表现。

（4）促进乒乓球运动规则的发展与完善。

理解新材料乒乓球的性能对国际乒联制定和调整竞赛用球标准具有指导意义，可以帮助该组织根据科学数据更新或优化比赛球的标准规格。研究结果还可以为乒乓球运动的相关规则提供实证支持，比如对球速和旋转的限制，以及对比赛格式和比赛策略的潜在调整提供依据。

总之，本研究不仅增进了我们对乒乓球物理性能的理解，更为乒乓球的教学、训练、竞赛及设备发展提供了科学依据和创新思路。这些深远的影响有助于推动乒乓球运动在全球范围内的技术进步与普及。

1.3　实验设计

本研究旨在全面评估不同材料与结构的乒乓球对硬度和弹性的影响。为确保结果的准确性和科学性，研究采用了严格的实验设计，涉及多种球型、精确的测试设备和标准化的实验流程。

（1）样品选择。

实验选用九种不同品牌和结构的国际乒联认证乒乓球，确保涵盖市场上主流的球型。这些球型包括四种有缝球和五种无缝球，代表了当前乒乓球制造中的两种主要技术路线。样品的选择考虑了品牌的代表性和市场占有率，以增加研究结果的普适性和应用价值。

（2）测试条件。

所有测试均在标准化的实验环境中进行，包括恒温恒湿的室内环境，以消除外部环境因素对实验结果的影响。测试前，所有球体均经过至少 24 小时的环境适应期，确保材料属性稳定。

（3）硬度测试。

硬度测试采用动态单轴硬度测试机（JSV－1000，ALGOL，Japan）。每种球型均随机抽取九个样本进行测试，每个样本测试三次以提高数据的可靠性。测试中，球体被固定在金属球座上，通过一个直径为 20 毫米的金属棒以 10 毫米/分钟的速度垂直压迫，直到压力值超过 50 牛顿或形变位移超过 1毫米为止。通过高精度机械传感器精确记录压力和形变的变化，计算出硬度系数 K，用以评估乒乓球的硬度（图 1（a））。

（4）弹性测试。

弹性测试使用 M0633 乒乓球弹性测试仪（DHS，China）。从 305 毫米高度自由落体的方式测试球的反弹高度。同样地，每种球型选择九个样本，每个样本进行三次测试。测试设备通过高速摄像捕捉球触地后的反弹高度，从而计算球的弹性（图 1（b））。

（5）数据记录与分析。

所有实验数据均由电子数据采集系统收集并记录，确保数据的准确录入和存储。实验数据将通过描述性统计分析初步了解各样本的硬度与弹性表现，随后使用方差分析（ANOVA）和 t 检验等统计方法深入分析不同结构、不同品牌乒乓球之间的性能差异。

（6）结果评估与报告。

研究结果将根据硬度与弹性的测试数据，对比分析不同材料和结构的乒乓球的性能表现。此外，研究还将探讨硬度与弹性之间的相关性，以及这些

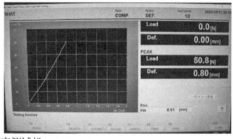

(a) 硬度测试机

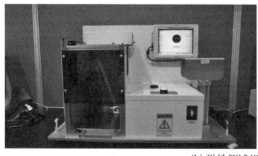

(b) 弹性测试仪

图 1　实验仪器和检测样式

物理属性如何可能影响球的竞技表现。研究报告将详细记录实验设计、方法、数据分析及结论，为乒乓球运动员和教练提供实用的指导信息。

1.4　实验结论与讨论

（1）硬度测试结果。

在硬度测试中，无缝球普遍显示出比有缝球更高的硬度值（表1）。特别是某些高端品牌的无缝球，其硬度超出有缝球的平均值约25％。这表明无缝球的制造工艺可能更能保持材料的一致性和结构的完整性，这对于提高球的性能稳定性极为重要。此外，无缝球的均匀结构有助于提供更一致的反应，使得球在比赛中的表现更可预测。

表1　采用 Holm‑Sidak 多重比较 t 检验比较硬度

	Model	C 40+	A40+	P 40+	D40+	V40+	DJ40+	40+	S40+
	C 40+	—							
	A40+	<0.001***	—						
Seam	P 40+	<0.001***	0.96	—					
	D40+	<0.001***	0.51	0.51	—				
	V40+	0.02*	<0.001***	<0.001***	0.01*	—			
	DJ40+	<0.001***	0.02*	0.02*	0.52	0.46	—		
	40+	<0.001***	<0.001***	0.003**	0.28	0.66	0.84	—	
Seamless	S40+	0.13	<0.001***	<0.001***	0.001**	0.98	0.13	0.40	—
	F 40+	0.71	<0.001***	<0.001***	<0.001***	0.13	0.002*	0.01*	0.55

Note：C 40+：Celluloid 40+，P 40：Premium 40+，F 40+：Flash 40+

（2）弹性测试结果。

在弹性方面，测试结果显示无缝球的反弹高度也普遍高于有缝球（表2）。这一结果表明，无缝球在保持能量方面表现更佳，能够在击球时将更多的能量转换为动力，从而提供更快的球速和更优的控球感。这对于需要进行快速多变击球的高级运动员尤其重要，因为它可以帮助他们在高强度的比赛中保持优势。

表 2　采用 Holm－Sidak 多重比较 t 检验比较弹性

	Model	C 40+	A40+	P 40+	D40+	V40+	DJ40+	40+	S40+
	C 40+	—							
	A40+	<0.001***	—						
	P 40+	<0.001***	0.05*	—					
Seam	D40+	<0.001***	<0.001***	<0.001***					
	V40+	<0.001***	<0.001***	<0.001***	<0.94	—			
	DJ40+	<0.001***	<0.001***	<0.001***	0.46	ns			
	40+	<0.001***	<0.001***	<0.001***	<0.001***	<0.001***	<0.001***	—	
Seam-less	S40+	<0.001***	<0.001***	<0.001***	<0.001***	<0.001***	<0.001***	0.01*	
	F 40+	<0.001***	<0.001***	<0.001***	<0.001***	<0.001***	<0.001***	ns	0.14

（3）讨论。

硬度测试的结果揭示了无缝球在提供更高硬度的同时，也可能影响球的控制难度（图 2（a））。硬度较高的球在撞击时反弹力更强，可以提高球速，这对发球和远台强攻等技术有明显的优势。然而，这也可能导致在需要精细控球的技术动作，如短球和旋转球处理上，运动员需要更高的技术控制能力。

从弹性测试结果来看，无缝球的高反弹特性意味着球在接触球拍和球桌时能够更有效地将接触能量转换为反弹动力（图 2（b））。这一特性可以帮助运动员在对抗中利用更少的力量发挥更大的效能，特别是在快攻和反攻战术中，高弹性的球能够帮助运动员更快地完成击球动作，从而加快比赛节奏。

新材料乒乓球的推广使用带来了对运动员和教练策略的重新考量。高硬度和高弹性的球在提供一系列竞技优势的同时，也要求运动员对自己的打法进行调整，以适应球的新物理特性。教练需重新设计训练计划，加强对球速控制和旋转反应的训练，以帮助运动员更好地利用新球的特性。

本研究的结果为乒乓球制造商提供了宝贵的信息。了解不同材料和结构如何影响球的硬度和弹性，可以帮助制造商优化他们的产品设计，使新生产的乒乓球更加符合国际竞赛的需求。此外，这也为 ITTF 在未来更新球的国际标准时提供了科学依据，有助于推动全球乒乓球竞赛的标准化和公平性。

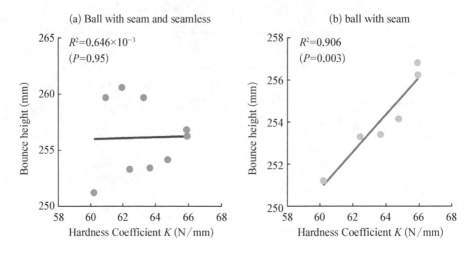

图 2　硬度和弹性之间的相关性分析

2. 总结

2.1　写作的逻辑

论文写作的第一步是明确研究的主要问题和目标。这应当直接反映在论文的标题、摘要以及引言部分。清晰的研究问题不仅能帮助作者聚焦研究的核心内容，也能使读者一目了然地理解论文的价值和目的。方法部分是论文的核心，必须足够详尽以允许其他研究者复制实验。这包括对研究设计、实验过程、所用材料、数据收集和分析方法的详细描述。结果应清晰、客观地展示，通常包括图表和必要的统计分析。这部分应直接响应研究问题，展示数据发现，并避免过多的解释或偏见。讨论部分应该解释结果的意义，包括它们对现有理论和实践的影响。此外，作者应当讨论研究的局限性并提出未来的研究方向。结论部分应简洁明了，总结研究的主要发现。

2.2　期刊的选择及应对审稿过程

选择与研究主题紧密相关的期刊是至关重要的。这不仅能增加论文被接受的可能性，也能确保研究触及最相关的读者群体。高影响因子的期刊通常意味着更广泛的国际认可和更大的影响力。然而，其竞争也更为激烈，且可能对研究的质量和创新性有更高要求。期刊的出版周期可以帮助预计研究的发表时间。开放获取期刊虽然提供更大的可见性，但可能需要支付额外的费用。

审稿过程是学术论文发表的关键环节。如何高效、专业地应对审稿人的意见，是提高论文质量、加速发表进程的重要步骤，有以下策略：

（1）仔细阅读和理解审稿意见。

每一条审稿意见都是审稿人对论文进行仔细评估后的反馈。作者应耐心阅读，尽可能从审稿人的角度理解意见背后的关切。即使某些评论初看似乎挑剔或苛刻，也可能蕴含着改善论文的关键建议。

（2）分类处理审稿意见。

将审稿意见分为几个类别，如实质性的科学或方法论问题、数据解释、文本表达或编辑和格式问题。这有助于作者系统地处理意见，并决定哪些需要立即修改，哪些需要提供进一步的解释或证据，哪些可能需要进行额外的实验或数据分析。

（3）认真对待每一条意见。

对于每一条审稿意见，无论大小，都应给予充分的关注和尊重。即使决定不采纳某条建议，也应在回复中详细说明原因，可以是基于已有的数据、文献支持或实验可行性等。

（4）结构化的回应。

编写回复时，应清楚地列出审稿人的每一点评论，并对每一点都给予答复。对于实施了的建议，明确指出在论文中的具体位置和修改的内容。如果有意见选择不采纳，提供合理的解释和支持的证据，保持语气客观和尊重。

（5）感谢审稿人。

在回复中表达对审稿人花费精力和时间的感激之情。感谢他们的专业评价和宝贵建议，即使你最终没有接受所有的意见。这不仅是职业礼貌，也显示了作为学者的成熟和尊重。

（6）确保逻辑性和条理性。

确保回复的条理清晰、逻辑严密。用事实和数据支撑你的论点，确保回复中的论证能够站得住脚，易于理解。如果需要，不妨请同行或导师帮忙审

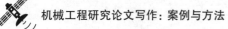

阅你的回复，以增强说服力。

（7）仔细校对。

在提交回复之前，仔细校对所有的文本。确保没有语法错误，专业术语使用正确，引用的文献准确无误。清晰和专业的语言能够帮助你更好地表达观点，也是对审稿人的尊重。

案例 24　镍基单晶高温合金 DD6 的扩散焊接头组织演变及成形研究

熊江涛[*]

案例来源

J. XIONG, Y. PENG, J. SONG, Y. DU, S. LI, W. GUO, J. LI, Shaanxi Key Laboratory of Friction Welding Technologies, Northwestern Polytechnic University, Xi'an 710072, People's Republic of China.

简介

本文以"单晶高温合金的扩散焊接头形貌及力学性能演变"为例，介绍了机械工程类研究论文的写作方法。从论文的结构、选题背景、研究现状综述、研究方法、结果与讨论、结论 6 个方面，结合案例，介绍了各部分的写作方法。

方法谈

1. 论文的结构

好的科学写作对职业发展和科学进步至关重要。一份结构良好的手稿可以

---

*　熊江涛，西北工业大学材料学院教授、博士生导师。主要研究方向：固相焊接理论与技术、固-固相界面演变热力学等。

让读者和审稿人对主题感到兴奋，理解和验证论文的贡献，并将这些贡献整合到更广泛的背景中。然而，许多科学家很难写出高质量的手稿，而且通常没有受过论文写作方面的训练。通常来说，一篇机械工程学科的科学研究论文应该包括以下几个方面：选题背景、研究现状综述、实验设计、结果及讨论、结论。写科研论文，最重要的是逻辑。逻辑的形成来自对实验数据的总体分析。必须先讨论出一套清晰的思路，然后按照思路来准备数据，最后才能执笔。

2. 选题背景

论文的选题背景即介绍我是谁、我从哪来、我到哪里去的问题。以镍基单晶高温合金的固相扩散焊论文为例，在选题背景中介绍了单晶高温合金的材料特点及应用背景。镍基单晶高温合金因其优异的高温力学性能、优异的耐高温腐蚀和抗高温氧化性能而被广泛应用于制造航空发动机热截面部件。镍基单晶高温合金 DD6 作为工作温度可达 $1\,080℃\sim1\,100℃$ 的第二代单晶高温合金，因其优越的机械性能，已应用于航空发动机和工业燃气轮机叶片。随着航空发动机的发展，涡轮进口温度不断升高。为了解决这一问题，需要使用耐热性好的材料，更需要制造单晶叶片。因此，采用具有复杂冷却结构的单晶叶片来降低涡轮内部温度，这使得涡轮内部结构具有更复杂的空腔。采用传统的铸造方法制造具有复杂冷却结构的单晶叶片是一项挑战。因此，采用组合中空叶片或两半分开叶片是解决其铸造制造困难的合适方法。为了获得理想的结构，在制备过程中必须解决材料之间的连接问题。

3. 研究现状综述

文献综述是论文的重要组成部分，它对研究领域的已有知识进行总结、归纳和分析。以单晶高温合金的扩散焊为例，本文介绍了各种焊接技术用于单晶高温合金连接的特点以及固相焊的优势及研究现状。连接镍基单一高温合金的关键技术是焊接，即熔焊、钎焊、瞬间液相（TLP）扩散焊和固相扩散焊。传统的熔焊工艺会在熔合区产生凝固裂纹。钎焊镍基单晶高温合金的研究主要集中在填充金属对接头组织和力学性能的影响。共晶或脆性相的存在，如硼化物（Ni_3B，CrB）或硅化物作为裂纹源对接头的力学性能产生负面影响，并且由于它们的低熔点限制了最高使用温度。此外，对镍基单晶高温合金 TLP 连接的研究主要集中在连接参数和层间合金类型对接头力学性能的影响。在 TLP 焊接过程中，通过等温凝固过程，接头组织可以获得母材的特征。然而，在中间层中加入熔点抑制元素 Si 和 B 会对 TLP 焊合接头产生负面影响。如果结合时间或温度不足以完成等温凝固过程，则会出现富含 Mo、W 和 Co 的脆性硼化物，这些硼化物在室温甚至高温下对接头的力学性能是有害的。此外，TLP 接头中的低熔点三元共晶相硼化物和 g 相可能在高温服役或热处理后的过程中重熔并在接头中产生裂纹。Chai 等研究表明，共晶的存在影响了接头的应力断裂性能，因为重熔组织是由共晶在高温下熔化形成的。随着焊接时间的延长或温度的升高，即使在 1 290℃下持续 12 h，W、Re 等难熔元素对 DD6 单晶高温合金 TLP 接头区域的影响也不均匀。因此，在加入镍基单晶高温合金方面，有望开发出其他有潜力的技术。镍基单晶高温合金选择真空扩散焊接。2004 年，Shirzadi 等采用扩散焊合方法焊接单晶高温合金 SRR 99，但未考虑母材的晶向，因此，焊合线清晰可见。Xiong 等用 2 μm～10 μm 纯镍中间层扩散焊镍基高温合金 GH4099，结果表明随着中间层厚度的降低，抑制了界面上析出的碳化物，界面上的元素分布和硬度变得更加均匀，从而产生了良好的连接。Yang 等将在 1 050℃下进行扩散连接的 Ni_3Al 基合金的接头与 30 μm 厚的 Ni 箔和 3 μm 厚的电镀 Ni 涂层进行了比较。当与 3 μm 电镀镍涂层结合时，扩散区与母材的组成没有明显差异，接头的抗剪强度基本达到 617 MPa（母材的 85％）。Yuan 等采用 4 μm 纯镍中间层扩散连接 Ni_3Al 基定向凝固高温合金，表明添加中间层的扩散焊接也是连接镍基单晶高温合金的可行方法。

4. 研究方法

这一节介绍论文采用的研究方法，如实验研究、数值模拟、解析计算等。针对实验研究类的文章，主要介绍的是论文采用的材料（成分和组织）、实验方法及设计思路。例如，在单晶高温合金的扩散焊中，介绍了单晶高温合金的成分如表1所示。

表 1　镍基单晶高温合金 DD6 的化学成分

Element	Ni	Co	W*	Ta	Al	Cr	Re	Mo	Nb
Content（wt. ％）	Bal.	8.7	8.4	7.6	5.8	4.1	1.9	2.0	0.7

母材的显微组织结构如图1所示。

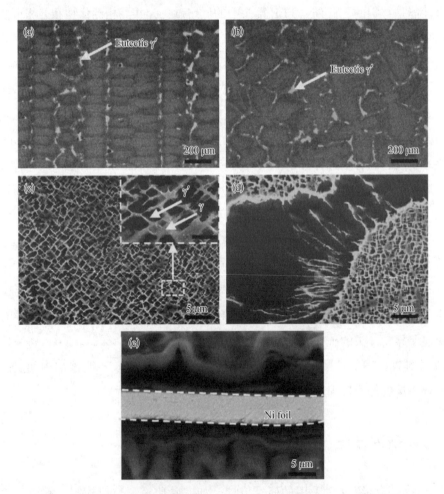

图 1　镍基单晶高温合金的显微组织特征：(a) 纵向组织；(b) 横截面组织；(c) γ/γ′组织；(d) 花瓣状 γ/γ′共晶；(e) Ni 中间层

接着介绍实验是如何开展和设计的，以及具体的实验参数等。图 2 所示为实验中的试样尺寸设计，包括焊接及力学性能测试方案。

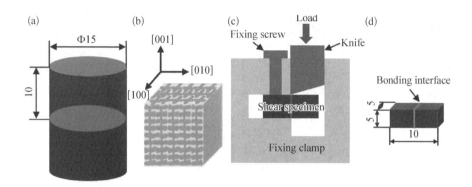

图 2 接头装配及性能测试示意图：(a) 接头扩散焊装配；(b) 试样
方向；(c) 剪切测试压头及试样装配；(d) 剪切试样尺寸

5. 结果及讨论

此部分内容是描述由科学实验获得的结果以及对此结果的评价性认识，旨在交代做出了什么，据此能得到些什么。可以分开两个部分进行描述，也可以合为一个部分阐述。结果的定性或定量描述通常以图表的形式展现，结果的讨论即深入解析这些数据背后的含义并解释这些发现的意义。以"单晶高温合金扩散焊接头形貌即力学性能演变"为例，在结果与讨论部分，首先展示了直接扩散焊接头的形貌、成分分布以及接头相分布特点，说明直接扩散焊在接头形貌上的特点（如图 3、4、5 所示）。图 3 所示为 55 MPa 下不同焊接时间（2 h～6 h）在 1 170 ℃下 DD6 直接扩散焊接头的微观结构，在低倍镜下（图 3 (a)、3 (c) 和 3 (e)），接头焊合良好，但在高倍镜下（图 3 (b)、3 (d) 和 3 (f)），不同时间接头之间存在显著差异。图3 (b)所示为结合 2 h 后的接头微观结构，在结合界面（BI）处可以发现微空洞（0 μm～2 μm）和析出相（0.5 μm）。γ' 相中不连续颗粒相的存在可能会阻碍 γ 相（浅灰色）的连接。当焊合时间达到 4 h 时，微孔随着时间的增加而消失，但在结合界面中仍存在析出相。

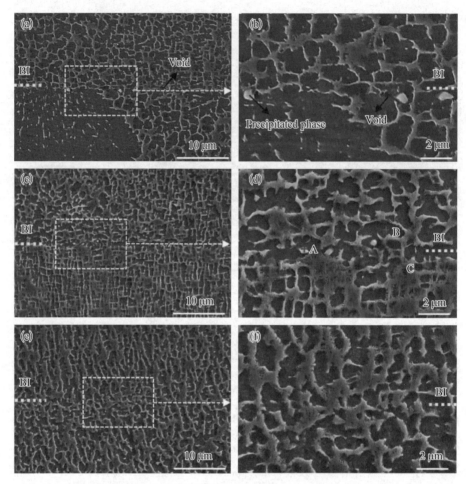

图 3　单晶高温合金 DD6 不同焊接时间下的接头形貌及区域放大：
(a) 和 (b) 2 h；(c) 和 (d) 4 h；(e) 和 (f) 6 h

表 2 列出了保温 4 h 后不同区域的化学成分，结果表明，A 区 Mo、W、Re 的含量高于 γ 相和 γ′ 相。白色颗粒可能是富含 W、Mo 和 Re 的碳化物。结合 6 h 后（图 3 (e) 和 3 (f)），结合牢固，无孔洞和析出相。

图 4 为 γ 固溶体强化元素（Ni、Co、Cr）、难熔元素（Mo、W、Re）和 γ′ 稳定元素（Al、Ta、Nb）保温 2 h、4 h、6 h 的接头 EPMA 线扫描结果，虚线为焊接界面。一般情况下，随着连接时间的增加，节点的元素分布逐渐趋于均匀。当结合 2 h 时，由于难熔元素的扩散系数较低，W、Mo 和 Re 的元素分布减小。稳定化元素（Al、Ta 和 Nb）在界面处的扩散系数较高，扩

表 2　图 3 中的局域位置化学成分

Measuring location	Chemical composition（at.％）									Possible phase
	Ni	Co	Cr	W	Mo	Al	Re	Ta	Nb	
A	37.48	10.73	6.96	13.71	10.98	9.47	6.27	1.35	3.05	M_6C
B	67.08	7.89	3.24	1.99	0.73	15.54	0.30	2.83	0.40	γ'
C	61.09	11.64	8.20	3.54	3.08	7.92	1.35	2.48	0.70	γ

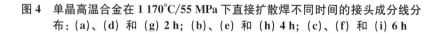

图 4　单晶高温合金在 1 170℃/55 MPa 下直接扩散焊不同时间的接头成分线分布：（a）、（d）和（g）2 h；（b）、（e）和（h）4 h；（c）、（f）和（i）6 h

散速度较快。Ta 原子扩散到焊合界面，与 Al 和 Ni 结合形成 γ' 相，即 $Al_4Ni_{15}Ta$ 和 Ni_3Ta。由于粘焊接时间不足，导致接头在粘接界面处无法实现均匀化。当结合时间增加到 6 h 时，在微观结构（图 3（e））和化学成分（图 3（c）、

3（f）和 3（i））上都得到了一个均匀的接头。

为了进一步识别界面中的白色颗粒相，在 1 170℃的温度下，对接头扩散焊合界面进行了 2 h 的 TEM 观察，结果如图 5 所示，其中图 5（a）为接头微观结构及选择的 TEM 观察区域，图 5（b）为图 5（a）所示选择区域的高角度环形暗场（HADDF）图像。此外，图 5（c）显示了图 5（b）所示的放大区域。元素在该区域的分布由 EDS 化学分析如图 5（d）、5（e）、5（f）、5（g）、5（h）、5（i）、5（j）、5（k）、5（l）所示，结合成分分布和 SAED 图结果可知，主要由 Al、Ni 组成的区域为 γ'- Ni_3Al 相，主要由 Cr、Co、W 组成的区域为镍基固溶体。因此，A 区为 γ'- Ni_3Al 相（L_{12} 结构，具有超晶格），B 区为 γ- Ni 相，具有 FCC 结构，具有相似的晶格参数。白色颗粒结构（C 区）富含 C、Re、W、Mo 和 Ta。根据 SAED 的结果，确定相为复杂的面心立方结构。通过比较发现，Ni_3Mo_3C 具有四边形晶格结构。因此，接头中白色方形相确定为 Ni_3Mo_3C 相。M_6C 碳化物的析出温度在 800℃～1 210℃范围，焊接温度在 1 170℃范围内。MC 碳化物可以在界面能的驱动下溶解。大量的 Ta 原子被释放到基体中，促进了 γ' 相的生长，留下了剩余的碳化物相 M_6C。

接着，对比了添加纯 Ni 中间层的扩散焊接头形貌及成分，如图 6、7 所示。图 6 为以 4 mm 纯镍为中间层，扩散连接 2 h～6 h 的 DD6 接头显微组织。软纯镍的存在和适当的焊合压力有助于焊合界面的形成。任何微孔洞和碳化物析出相。在 1 100℃～1 200℃温度范围内，C 在 Ni 中的固溶度约为 0.25 wt.%，远高于母材中 C 的含量（0.006 wt.%）。因此，纯镍可以抑制碳化物的析出和焊合线的生成。在加热阶段（2 h～6 h），C 原子在化学势梯度的驱动下向 Ni 中间层扩散，加速了元素在纯镍中间层与母材之间的扩散。此外，软质纯镍中间层的插入保证了表面的接触和致密性，促进了界面微空洞的消除和原子的扩散。结合 2 h 后，镍中间层与母材之间形成了独特的焊合界面，如图 6（b）中的 a 区所示。相比之下，多晶镍中间层与 DD6 单晶形貌有显著差异。结合相应的接头线扫描结果，在组织和成分上均不足以获得均匀的接头。当焊接时间增加到 4 h 时，在焊接界面处不再有明显的镍/DD6 界面，而是出现连续的 γ 相。然而，界面区的微观结构与母材略有不

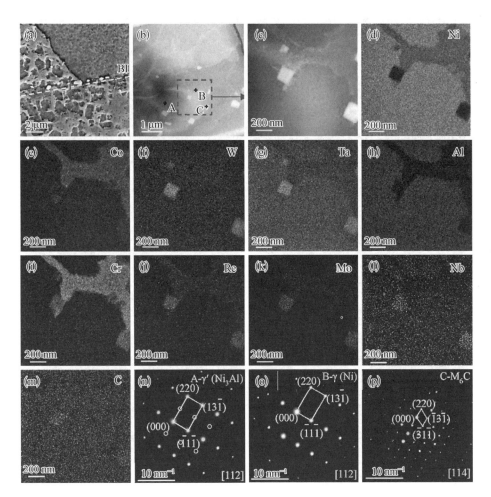

图 5　单晶高温合金在 1 170℃/55 MPa/2 h 下直接扩散焊的接头组织特点：（a）接头形
　　　貌；（b）HADDF 形貌；（c）图 b 选中区域的 HADDF 形貌及元素 （d）Ni；（e）Co；
　　　（f）W；（g）Ta；（h）Al；（i）Cr；（j）Re；（k）Mo；（l）Nb；（m）C 分布；（n）区
　　　域 A 的 SAED 衍射斑点；（o）区域 B 的 SAED 衍射斑点；（p）区域 C 的 SAED 衍
　　　射斑点

同。随着焊合时间进一步增加到 6 h，焊接界面变得模糊，γ 相（见图 6（f）
中的 B 区）和 γ′相（见图 6（f）中的 C 区）跨界面相连。

　　图 7 为 4 μm 镍中间层连接 DD6 接头 2 h、4 h、6 h 的 EPMA 线扫描结
果，虚线为 Ni/ DD6 的连接界面。从 2 h 到 6 h，Cr、Co 等固相强化元素和
Ni、g0 相元素 Al、Ta、Nb 的分布趋于平缓。纯镍中间层和母材的高浓度
梯度有利于合金元素的扩散。当层间区 Al 浓度增加到 12.5 wt.％～14 wt.％

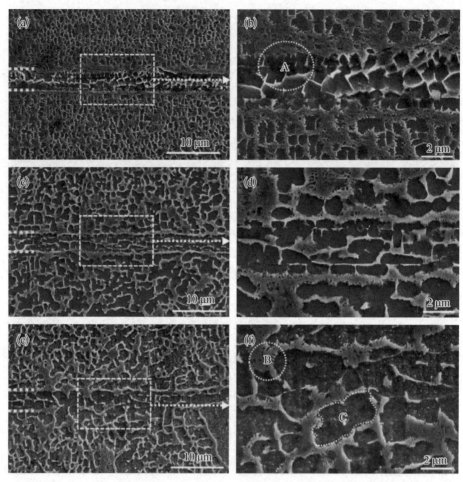

图6　添加4 μm纯Ni中间层的DD6单晶高温合金扩散焊接头形貌：
(a)和(b) 2 h；(c)和(d) 4 h；(e)和(f) 6 h

时，形成γ'相。Cr和Mo元素可以从γ'相中析出并积聚在界面上。结合图9所示的节理元素分布，Cr、Co、Mo、W、Re等元素呈"M"型分布，Ni、Al、Ta等元素呈"W"型分布。W、Mo、Re的元素分布不足是由于这些难熔元素的扩散系数几乎比其他元素小一到两个数量级。

最后是两种焊接方式的接头力学性能对比。图8所示为1 170℃、55 MPa下直接扩散连接6 h、使用4 μm Ni中间层扩散连接2 h和6 h接头的抗剪强度和相应的断口形貌。如图8（a）所示，直接粘结6 h的接头抗剪强度为353.08 MPa，采用4 μm Ni中间层的接头抗剪强度为353.88 MPa，两者

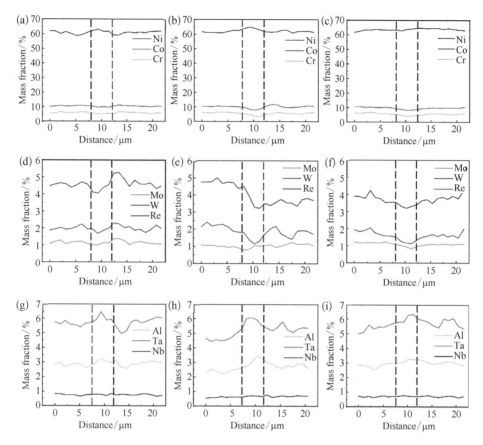

图7　单晶高温合金 DD61 170℃/55 MPa 下添加纯镍中间层的扩散焊接头成分分布：(a)、(d) 和 (g) 2 h；(b)、(e) 和 (h) 4 h；(c)、(f) 和 (i) 6 h

抗剪强度相近。当使用中间层粘结的接头的粘结时间延长至 6 h 时，抗剪强度提高到 727 MPa。因此，在扩散连接过程中加入纯镍可以提高单晶高温合金 DD6 的连接强度。直接粘结 6 h 的节理断口形貌呈现典型的小平面特征（见图 8（b）和 8（e）），说明解离剪切断裂机制为脆性断裂模式。在扩散焊接过程中，插入纯镍作为中间层后，剪切断口表面也呈现出刻面和河纹（见图 8（c）和图 8（f））。在以 4 μm Ni 为中间层连接的两种情况下，观察到它们的解理步骤属于准解理断裂，而韧窝属于韧性断裂（见图 8（d）和 8（g））。纯镍中间层连接的接头力学性能更好的原因有两个。首先，界面微孔和碳化物的消失可以降低接头在剪切荷载作用下开裂的可能性，从而提高强度。在焊合温度为 1160℃时，C 在 Ni 中的固溶极限约为 0.25 wt.%，远高于母材的 C 含量

（0.001 wt.%～0.04 wt.%）。在结合过程中，基体金属中间层附近的初始碳化物分解。因此，C原子在化学势梯度的驱动下扩散到Ni层中，溶解到Ni中。

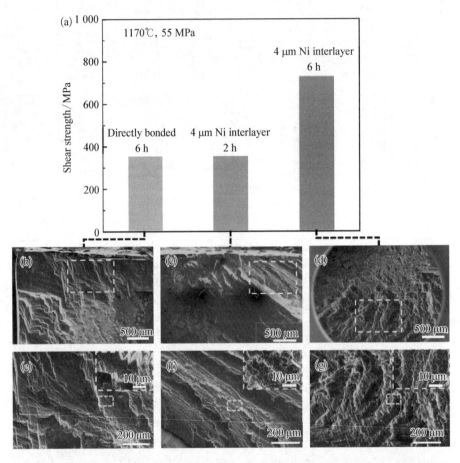

图8　单晶高温合金扩散焊接头剪切强度：（a）随中间层有无及焊接时间的演变及（b）和（e）直接扩散焊6 h的断口形貌；（c）和（f）添加4 μm纯Ni中间层焊接2 h的断口形貌；（d）和（g）添加4 μm纯Ni中间层焊接2 h的断口形貌

6. 结论

结论是对整个研究结果的概括总结，对全部小结果的定性。结论需要突出研究的"亮点"以及"指明方向"。需要说明每个研究问题是怎么解决的，强调此工作的必要性，在描述时既要简洁又要能够给读者传递关键信息。通常分条进行阐述。例如，在单晶高温合金的扩散焊接头形貌和性能演变的论文中，依据前述的结果及讨论内容，获得如下结论：

（1）采用直接扩散焊获得单晶高温合金 DD6 的接头。由于 2 h 的焊接时间不足，界面出现了明显的缺陷，如微孔和析出相。随着结合时间的延长，影响接头力学性能的微空洞和析出相逐渐减少。当时间延长至 6 h 时，未发现缺陷。同时，通过 TEM 分析发现，接头处析出相为碳化物相（M6C）。

（2）以纯镍为中间层，通过扩散焊合获得了单晶高温合金 DD6 的良好接头。超薄多晶纯镍中间层（4 μm）的插入不仅消除了微孔洞和脆性碳化物相，而且保证了扩散焊后的晶体取向近乎均匀。由于扩散焊合时间延长，消除了 Ni/DD6 明显的界面。

（3）采用 4 μm 纯镍中间层扩散连接 6 h，得到力学性能最好的接头，抗剪强度为 727 MPa。微孔洞和碳化物消失，晶体取向接近均匀。

案例 25 配色设计中面向色彩意象再现的非等位基因重组交互式遗传算法

刘肖健[*]

 **案例来源**

X. LIU, M. LI, B. XU, Non-allelic Recombination Interactive Genetic Algorithms for Colour Imagery Reproduction in Colour Scheming, *Coloration Techenology*, 2023 – 11.

 简介

　　基于给定的提取色系列进行配色是产品色彩设计的常用方法。源色数量通常比所需色彩多，且设计过程中需要对源色进行微调，因此配色过程通常表现为组合优化与连续变量优化的复合任务。在使用交互式遗传算法（IGA）优化配色方案时，会遇到一个典型问题：产品各色区之间可以交换色彩，即重组可以在非等位基因之间进行，这将使正常的 IGA 流程产生两类无效方案：一是配色方案中不同色区的色彩重复；二是一个方案的色区互换后再与另一方案进行色彩插值将产生严重偏离源色的新色。本文设计了面向非等位基因的 IGA，包括交叉算子、评价算子和选择算子等，避免了无效个体的生成和算法效率降低。优化过程兼顾源色特征与用户意象两类指标，考

---

　　* 刘肖健，浙江工业大学工业设计研究院教授、设计学与计算机双学科硕士生导师。主要研究方向：设计方法、设计技术、非物质文化遗产等。

虑设计师用户的实际工作特征设计了色彩洗牌、连续微调等多种交互方法，拓展了传统 IGA 以评价为主的单一交互模式。以轨道车辆涂装配色任务为例进行了应用测试。与常规 IGA 的对比实验表明：本法生成的无效个体数量大幅减少，设计师的交互方式更加友好自然，在效率和效果方面均有显著提高。

 方法谈

有一类 SCI 论文，主要学术亮点不是技术本身，而是概念和方法，或者所要解决的问题本身就比较有意义。这里针对这类论文介绍一些经验，用的范文是一篇设计学论文。

设计学作为一个交叉学科，并不长于技术开发，但设计方法的研究和论证避不开技术。得益于技术开发工具越来越丰富，设计技术开发的门槛逐渐降低，许多设计研究者已经可以熟练使用各类技术开发工具来获取自己或客户想要的研究结果。设计师不再仅仅是技术的使用者和受益者，也逐渐加入开发者的行列。

但在论文发表领域，设计学的技术研究论文仍属弱势，经常被拒。论文被拒的原因并不像很多人所想的那样是被"技术型"审稿人歧视，多数情况下确实有自己的问题。除了对技术类学术论文的写作规范不熟悉，主要还是对技术研究的对象、定位、价值、方法、输出等关键要素的理解不到位，导致不仅学术界不看好，一线实践应用领域也不看好。

这里按照 SCI 类学术论文的基本框架给出了包含约 30 个条目，希望能帮助"弱技术类"的研究者们写出有学术价值的论文，并顺利通过评审。

1. 标题和关键词

论文标题应该精准体现研究内容，不要夸大，因为一夸大就会泛化，会漏掉论文的核心价值。其实论文标题可以看作是关键词的连缀成句，所以可以先把关键词拟好。

1.1 研究对象和研究领域

设计研究的成果在具体应用领域产生价值的可能性更大些，成果的价值辐射范围相对较窄——注意，这里说的是论文的价值、作者工作的价值，而不是论文中使用的某某技术、××算法的价值。设计学在形成通用性很强（因此也很抽象）的技术成果方面不占优势，比如"光刻CMF"，其成果的应用范围被锁定在了CMF领域的一个分支内，审稿人也就不会尝试把它拿到一些不相干的场合去挑错。所以精确界定研究对象的领域是一种自我保护措施，不要总想着去做一些放之四海而皆准的宏大研究。

该文的研究对象就是"交互式遗传算法"，明确写在标题中，并且用"配色设计"做了进一步的应用领域界定。

经常有"××技术/算法在××产品设计中的应用"类的研究，要注意，这类研究的重点是"××产品"而不是"××技术"，要把××产品对技术有什么特殊要求体现出来。

1.2 研究成果最大的亮点

亮点是指提出了什么方法、解决了什么问题。与上一条类似，标题为"基于××方法/技术的××产品设计"的论文其实很多不属于设计技术研究，因为只是把别人的某个方法或技术使用了一下，并没有产生自己的贡献。

有些作者把一些已有的技术（比如遗传算法）自己编程序实现了，觉得这就是技术研究了——这也不算成果，因为原理是别人提出来的。有不少人写程序实现某个原理，跟建一个模型、做一个设计没什么区别，没有学术贡献。有些期刊或有些审稿人认可这种研究，这里不做评价；但是如果论文因此被拒，也不要有怨言，那是正常的。

这类论文也不是完全没有机会。一些通用技术用在具体的设计问题中总是需要处理一些跟设计对象有关的细节，这些细节可能通用技术的提出者也未必考虑周全。把它们交代清楚并让技术顺利实施，属于"技术落地"性质的工作，可以服务一类产品，这也是有意义的。如果你正在写的是这类论文，一定要把工作重点放在产品上，而不是技术上，要提炼出产品对象的个性化需求。这本应该是设计师最擅长的，但是有太多的作者犯这种本末倒置的错误。

该文最大的亮点是"非等位基因"，这是遗传算法中没有的，生物界也很少，它仅用于配色设计。所以这类词语要放在标题中。

1.3　"基于"和"面向"

"基于"的一般是成熟技术，有名有姓的那种，因为不成熟就没法"基于"。"面向"的则是应用对象或应用领域，或问题对象——它是标靶，是服务对象。两个词通常不会同时出现在标题中，但多半都会提到。强调哪一个，看具体情况。

该文面向的是配色设计中的一个目标——色彩意象再现。"面向"一词英文用的是"for"，跟汉语不同，它一般出现在后面而不是最前面。其实这样也好，把最重要的东西放前面。

有些论文标题是"××产品的××设计方法"，设计方法是作者提出来的。提出一个方法是分量比较重的成果，而许多此类论文很多都言过其实，属于后面要提到的 Alternative 类的方案，价值有限。所以取论文题目还是谦逊一点为好。

2. 摘要

摘要是一篇文章的门面，应给予最大程度的重视，因为很多审稿人看完摘要就基本有了态度——通过还是拒稿。如果是通过，他看正文时会一路寻找通过的证据；反之，如果被拒，则一路搜集被拒的理由。

摘要通常 200～400 字。虽然字数不多，但仍有人写不满，以致必须在里面灌水，这会给审稿人带来一种很差的感觉。

写摘要的最大毛病是没有实质性内容，像文章里的小标题，比如，"提出了某产品的设计方法"，到底是什么设计方法？"改进了某技术"，到底改进了什么？"得出了有价值的结论"，到底是什么结论？看起来好像有点东西，但摘要里就是不告诉你，还得看正文才能知道。这种做法非常糟糕。一个好的摘要甚至可以让读者看完这两三百字就不必再看正文，除非他想要精确了解你的研究成果。

摘要通常需要交代清楚四方面内容：研究背景或问题、研究内容、技术方法、研究结果或创新点。

2.1　研究背景和问题

背景和问题体现的是研究意义。"随着经济的发展""随着技术的进步"这种话不要写在摘要里。直接强调问题，为技术研究的展开作铺垫。要记住，无论多重要都不是意义，未来大趋势更不是意义，只有发现了问题才有了意义。

该文在介绍背景时的文字如下——

> 基于给定的提取色系列进行配色是产品色彩设计的常用方法。源色数量通常比所需色彩多，且设计过程中需要对源色进行微调，因此配色过程通常表现为组合优化与连续变量优化的复合任务。

第一句解释了标题中的"色彩意象再现"是什么意思，第二句点透技术的科学本质，即"组合优化与连续变量优化的复合任务"。

问题应该是尚未有解决方案的问题——也可能只是大家都没发现这个问题——或者有解决方案但不完美（比如效率太低、使用麻烦、效果不好等），或现有的解决方案不能涵盖某些特殊情况。总之，提出的问题应该是令人"不爽"且论文能给出解决方案的。

也有一种情况，就是问题大家都知道，是公开的，比如设计技术"智能化程度不高"，我们都知道智能化技术现在不完美并且也没有可能在一篇论文中解决这个问题，但有些尝试还是有价值的。这种情况算是背景而不是问题。为了避免写"废话"，要把本论文解决方案的具体切入点写清楚，细化到位不笼统。

该文摘要用了近四分之一的篇幅描述问题——

> 遇到一个典型问题：产品各色区之间可以交换色彩，即重组可以在非等位基因之间进行，这将使正常的 IGA 流程产生两类无效方案：一是配色方案中不同色区的色彩重复；二是一个方案的色区互换后再与另一

方案进行色彩插值将产生严重偏离源色的新色。

我把问题的解决方案分为"NBA"三个档次：N（New）表示全新的问题和全新的解决方案，B（Better）表示比以前更好的技术或方法，A（Alternative）表示提供多一种可能性，虽然不一定更好。该文的技术属于A类，最高档。

有大量的设计学论文是属于"Alternative"类的。比如智能设计，在一个研究对象上把各种智能算法挨个轮一遍。这样也不是不行，多样化的尝试还是有价值的。这种论文最好说清楚你要探索哪个未知领域，要测试一种什么样的思路，可能带来什么好处，等等。"饼"总还是要画一下的。至于审稿人是否认可，直观感觉是，这种意义不明确的发散性探索论文，如果逻辑严谨、细节充分、可操作性强、复制成功率高，还是能获得好感的。

"××产品还没有设计方法"不能算问题，除非你能证明通用设计方法对××产品不管用或不完美。但"××产品的设计技术"是可以作为研究内容的，方法的概念范畴比技术要大，同样的方法可以应对很多种产品，但一个产品的专用设计技术用于其他产品就不太合适了，因为设计技术中的参数、模块、约束、数据库、设计方案建构流程等都有很强的针对性，换一个产品就得全部重新来。从这个意义上，设计技术的研究其实有很多可以做的事情，学术论文的成果空间很大，没必要一窝蜂地都去搞评价。

2.2　研究内容

研究内容是问题的分解，就是为了解决问题需要做哪些工作，可以是设计某方法、改进某技术、实现某效果、建立某模型、开发某系统等，可以写个两三条。注意，建立模型和开发系统是价值比较弱的研究内容，因为几乎所有技术研究都要做这些常规性工作，如果其他已经写了很多，这些可以不写。

该文的研究内容是——

设计了面向非等位基因的遗传操作算法，包括交叉算子、评价算子和选择算子等，避免了无效个体的生成和算法效率降低。

这句话中，前段是内容，中段是内容的细分，后段是解释研究内容的目标。

后面还跟了一句补充的话，介绍了不那么重要的研究内容——

优化过程兼顾源色特征与用户意象两类指标，考虑设计师用户的实际工作特征设计了色彩洗牌、连续微调等多种交互方法，拓展了传统 IGA 以评价为主的单一交互模式。

研究内容的各分块之间应该有比较好的逻辑性，最好一篇论文只解决一个问题。

2.3　技术方法

技术方法是完成某项研究内容的方法，可以跟着研究内容写，一条内容加一条方法，如"提出了××方法，用××算法来提高效率/精度"，"改进了××技术，通过××处理把××技术拓展到××领域"，"通过××方法实现了××效果"，"建立了××模型，融合了××与××技术"，等等。

如果技术方法比较复杂，宁可多写几句，让人看明白。这时候就要有所选择了，不重要的研究内容可以不提。不重要的研究内容是指建模、编程等表明工作量的东西，这些对读者没什么价值，可以略过。

该文没有展开写技术方法，因为"非等位基因"本身已经足够说明技术亮点了。

摘要里不必写用什么编程语言开发原型系统，这些细节不重要。如果是在 Rhino 等软件平台上做的二次开发，可以提一句，要是摘要字数已经够多，也不用再提了。

2.4　研究结果或创新点

需要写一句体现成果和贡献的话。可以先写"在××产品的设计中进行了应用验证"，然后给出一个证据性的指标描述。

如果是"New"类的成果，可以写"所提出的××方法可行"。比如针对某种很复杂的设计方案实现了批量化自动生成，可以写"实现了××产品外观设计方案的批量化生成，视觉效果满足交互评价的需求"。

如果是"Better"类的成果，可以写"提高了效率""提高了精度""获得了更好的仿真效果""简化了用户操作流程""消除了××瑕疵"，或直接说"解决了××问题"。

如果是"Alternative"类的成果，可以写"丰富了××方法体系"，或者略过不写。

该文最后一句给出了各类贡献，主要是 New 类和 Better 类——

以轨道车辆涂装配色任务为例进行了应用测试。与常规 IGA 的对比实验表明：本法生成的无效个体数量大幅减少，设计师的交互方式更加友好自然，在效率和效果方面均有显著提高。

3. 引言

引言是正文前面的一小段话，五六行字，一般不加标题。引言主要交代研究背景和问题。

3.1　研究背景

研究背景可以界定一下论文成果的使用范围，如面向某一类特定的产品，最好也顺带说一下这个"特定的产品"有什么特殊的需求，以致通用技术不能满足要求，必须开发专门的技术。

3.2　问题

阐明所发现的问题，也就是研究目标。语言尽量通俗简洁，让人立刻能明白论文到底要解决什么，因为有些审稿人可能并不熟悉这个研究领域，也不了解问题的严重性和解决问题的意义所在。不要展开扯远，不要写废话，不要啰唆。

多数情况下引言部分不需要引用文献，问题的细节可以放在下一节研究现状中叙述。

该文的引言基本是用通俗的语言解释标题和摘要，相当于给审稿人做个科普，让他们了解几个重要概念不至误解，也防止后面出现意外的阅读障碍。

4. 研究现状

研究现状或文献综述，是对与论文相关的最新研究进展的介绍。研究现状的介绍是对论文研究意义的背书，告知审稿人和读者这个问题已经研究到哪一步了，以及为什么要进行本论文的研究。

研究现状的介绍要注意几个要点：

4.1　选用最新文献

首选最近三年的文献。旧文献也可以少量放几篇，越旧的文献越要选择经典、有影响力的（查找文献时看引用数）。一门著名技术的开山鼻祖文献可以引用一下，不用多，一篇就够了。鼻祖文献一般是普及常识用的，因为有可能读者或审稿人不清楚这些东西，那就简单介绍一下并附个文献引用。

4.2　文献与研究内容紧密相关

论文的文献综述不应该敷衍对待。文献与本论文的关系可以有几种，如：同一个研究对象，别的文献已经用过了其他方法，还没用过本论文的方法（这算文献研究的结论），可以试一试（"Alternative"类研究）；或者反过来，这个技术在哪用过效果不错还没用在本论文对象上可以试一试；研究对象已经在 ABCD 等若干方面研究过了，但本论文提出的问题还没人注意，得研究一下，等等。

如果研究内容是针对特定对象的，则适当介绍一下该对象的研究现状。

如果使用了某种关键技术（如遗传算法），则要介绍该技术的最新进展，包括技术本身的进展，以及该技术在各类具体对象上的应用进展，如果有该技术与本论文对象的结合应用，一定要提到。

该文把文献综述分成两块：色彩方案的编码和优化，都是跟论文内容直接相关的。

4.3 文献的叙述方法

没有特殊情况的话，每篇文献一句话，格式大致如下：某某人用××方法研究了××问题、开发了××技术、得出了××结论、实现了××效果——基本就是写摘要的固定格式，只不过提炼出最关键的点浓缩成一句话（摘要的几个要点不用全都具备）。一句话就够了，不要展开论述。所以一个好的摘要可以方便别人引用文章，他们不用看完全文，从摘要中提炼出一句话写进去就完了。

该文叙述文献的方式同时还兼顾了科普，一边叙述最新进展一边解释关键概念的细节，以防评审人完全没跟这个领域打过交道。

4.4 开发平台

设计技术研究很多是二次开发，可以提一下基于相同的平台和技术的开发成果，证明本文所用的技术路线可行。

4.5 每一个 Statement 都要有文献引用

文献综述部分的每一句话都要有根有据，不能随意发挥。研究现状只写别人的成果，不写自己的观点。自己的观点在最后的总结部分简单提一下引出研究内容就可以了。

4.6 文献的总结与评述

最后要总结一下研究现状，并作一些简单评论为本论文的研究开路，比如"虽有××解决方案但是还有××不足"。与本论文关系最密切的文献，在前面叙述时可以顺便点评一下，不要展开。注意，"××技术尚未用于××产品"不是一个好的研究理由，因为可能这个××产品的问题只是个常规问题，××技术没用过也不能代表用一下就有创新，用起来跟其他产品没啥两样是大概率事件。

4.7 承上启下

最后承上启下表明本论文的研究意义，简单提一下本论文的方法。

该文文献综述的最后一段重申了问题、引出下面的关键内容，还顺便"揶揄"了一下同行的避重就轻行为——

配色设计特有的非等位基因重组操作带来的无效个体增多会严重影响算法效率，但大部分相关文献回避了这个问题，只是简单的把组合优化与色值微调分解为两个顺序过程，即先为每个色区从提取色系列中选择好色彩，然后再进行色彩微调。本文重点对此做出 IGA 的改进设计。

5. 问题分析与解决方案

这部分开始正式研究。先把问题的性质、成因、危害等要素分析清楚，然后把作者的解决方案的思路给出来。

总体来说，这部分内容的叙述方式侧重逻辑的自洽而不是技术实施，很细节的东西可以放在后面一章讲述。

5.1 技术的定位

技术的定位是指它服务于哪一个设计环节，在整个工作流程中处于什么位置，没有这项技术时是什么样子，有了这项技术后又是什么样子。技术是替代了人类（设计师）的某项工作，还是给设计流程增加了一个环节以便让人的工作更加高效或精准。

如果这项技术从事的工作原本是由人来完成的，那很可能没有分出这么多的环节。在人的脑子里多个步骤是融合在一起完成的，由于主体没有发生变化，一般的工作流程也就把它们划为一个环节了。但是现在技术介入进来作为一个新的主体，就必须把人脑子里的工作步骤做一个显式的分解。不仅如此，还要处理人与技术工具之间的交互问题——也就是所谓"交互设计"，最早就是用于处理设计师与技术工具的关系，而不是用户和产品的关系。

这些都是技术的介入带来的问题，也是设计技术的研发者需要做的宏观考虑。许多论文作者没有想过这些，甚至技术给谁用、怎么用都没想过。有些论文中的技术显然是实验室技术而不是用户端技术。比如技术在使用的过程中需要找来几十个用户来评价样本，这也不是不行，许多常规设计流程也需要很多用户参与评价。问题是作为一种智能设计工具，如果每次面向不同的用户群体使用都要如此大费周章，那就不合适了。

之所以会出现这种问题，很大一种可能是论文的作者压根就没想过真的要去使用他开发的技术，他只是想发表一篇文章而已。这种缺乏诚意的论文是很容易识别的。

该文的技术定位部分跟一般论文稍有不同，主要是介绍作者先前发表的几篇论文的概要，并引出本文要解决的问题。因为这篇文章是前面几篇论文的"续集"，如果审稿人没读过那几篇文章（大概率没读过，因为是发表在中文期刊上），后面可能会因为疑点太多读不下去。

这部分用了一些好看的图示（图1），让审稿人不至于看得太枯燥。

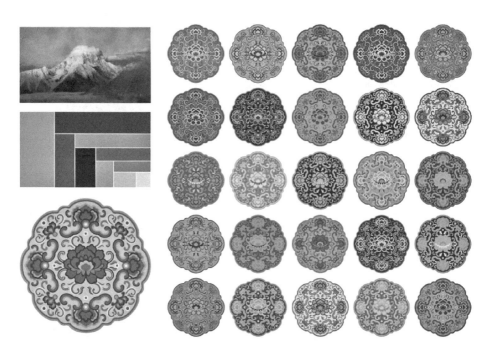

图1 基于提取色的配色方案种群

5.2 从问题开始分析

任何技术解决方案都是从问题开始的，所以先把问题呈上（尽量用图示），认真解剖，找到问题的根源，就像中学生做几何证明题，从要证明的结论往前倒推，一直推到已知条件，问题就算求解成功了。最好能对问题的根源用技术语言或数学语言给出其学术本质。

该文用图片把问题解释到位（图2）。

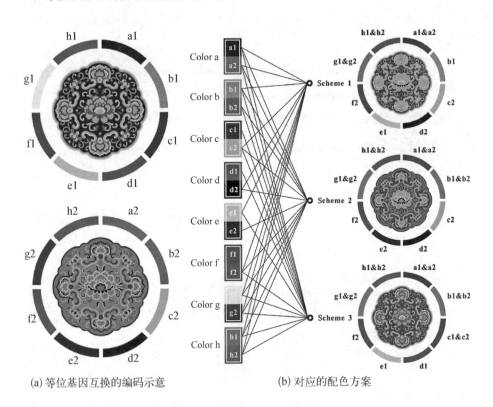

(a) 等位基因互换的编码示意　　　　(b) 对应的配色方案

图2　等位基因的交叉互换

5.3　给出问题的解决思路

问题分析是脑力劳动，技术工作是体力劳动。先动脑再动手是常规顺序，不能颠倒也不能缺哪样，尤其不能缺动脑的环节。有些论文一上来就开始叙述技术工作，先摆上一个错综复杂如同电路板的框图。可能是想把审稿人震惊一下——不要这么做，正常的上菜顺序不是这样的。

这部分内容在写法上的一个常见失误就是，作者急于表功展示工作量，而忽视了解决方案的来龙去脉。有可能论文的工作是导师布置下来的，研究生很听话，让干啥就干啥，论文也老老实实干了啥就写啥。但是对审稿人和读者来说，他们不了解项目背景，对解决方案的来由可能会一头雾水。所以要本着对读者（包括审稿人）负责的态度来解释清楚。

所以这部分内容很考验作者的逻辑水平和讲故事的能力。就当是给外行讲故事好了，创业者给投资人讲故事也是这个"套路"。面对一群对你的研究完全陌生的人，一定要讲清楚解决方案的原因，不能毫无铺垫就把你的观点强压给他们。要缓降，让听众能够自然而然地接受你的故事。

该文 2.2 节给出了解决问题的思路，简单说，就是 IGA 的改进，把遗传算法的主要算子的改进方法一一列出。讲清楚就好，忽略细节，不用展开。

5.4　"NBA"类研究的侧重点

对于"New"类研究，要讲清楚新在哪里，可能整个问题都是新的，也可能是解决方案是新的，也可能只是某种"New"的已有方法组合模式，也可能是"New"的他山之石；对于"Better"类研究，要讲清楚你的方案更优在哪里，最好对标某个已有方案；对"Alternative"类研究，要讲清楚你的方法的差异化在什么地方。

前面讲过，该文属于"New"类，所以次要细节一概简化叙述，以防冲淡主题，让审稿人抓不到研究工作的核心价值。这也是学术论文与技术报告的区别。因此，遗传算法有很多算子，而这部分只交代了三个最关键的算子：种群构建、评价选择和交叉重组。

有的作者很会投机取巧，给出一个很大很复杂的框图，也不说里面哪些是本论文的原创内容。实际上可能大部分甚至全部都是已有的技术体系里的东西，他只是用了一下而已，就好像你用某软件建个模型，却把整个软件的技术构架都画出来吓唬人。这种行为翻车的可能性很大，要谨慎。

5.5　围绕问题而不是技术展开

很多从事弱技术工作的论文作者在做技术研究时容易搞错重点，把技术开发看成是一件很拽的事，大书特书，把研究对象和问题都扔一边去了。实际上后者才应该是重点，即选择正确的工具解决特定的问题，要想办法在自己的特长领域里做出彩。以设计学为例，设计学用到的技术基本都有专门的学科在研究，如计算机、机械、心理学、经济学、统计学等，应用型的技术研究在他们眼里难有价值。

另外，这部分内容的表达方式多为示意图、结构图、数学公式等抽象化事物的表达手段。对于有明确视觉目标的研究对象，也可以用图像方式直接展示所要实现的结果形态，比如非常复杂的产品结构，或者 500 个自动生成的设计方案并列在一起。

同时，在梳理出本论文的学术贡献方面，必须是真正的、作者本人的学术贡献，客观准确地表述其应用范围，不要随意夸大。如有可能，在文中明确地把这个学术贡献写出来。

6. 技术方案与实施细节

这部分可以单列也可以和上一部分写在一起，作为一章里的两节内容。上一部分主要叙述逻辑和原理，技术方案则要给出实施细节。打个盖房子的比方，上一部分是建筑师画出房屋的设计图纸，这部分则是工程队进场施工。其实如果原理部分写得很清楚的话，这部分可以很简略。很多设计类的技术研究论文在技术方案上有严重缺陷，甚至没有这部分（怀疑并没有做实际的开发工作）。

该文的这一部分写得很详细，展示了很多细节。这是因为这里面有大量的原创工作（包括作者的前几篇文章的内容），加上文章内容是研究色彩的，图放出来很好看。

6.1 平台与开发工具

交代一下开发平台与开发工具。作者的研究大部分是在 Rhino、CorelDraw、Soildworks 等已有的软件平台基础上做二次开发，论文里都会说明。顺便解释一下选择开发平台的原因，比如开发周期短、技术难度低、成本低、平台软件提供了丰富的函数库，甲方或设计师习惯在这些软件平台上工作，等等。

6.2 流程、I/O、参数

问题分析和解决方案部分给出系统的结构图，这里细化一下，把系统解决问题的处理流程展示出来。可以画个流程图，包括各步骤的细节、用户的输入、系统的输出、参数、选项等，以及不同的输入参数和选项产生的输出差异，等等。

论文给出的一个流程图如图 3 所示。

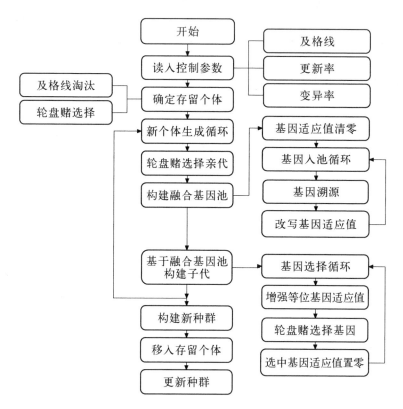

图 3 非等位基因重组的遗传算法流程图

6.3 重点叙述本论文的亮点和贡献

一项技术的完整开发需要做很多工作，但并不是所有工作都有学术价值并有资格出现在论文有限的版面中。有的工作只是常规性的和程式化的，那就略写。重点写论文的创新点、亮点和贡献。有的论文是一个大项目、大系统中的一个小模块，但是作者把整个系统都叙述一遍，看起来很热闹，却并未展示清楚应该突出的要点。也有可能作者是有意为之，以掩盖论文真材实料不足的窘境（图 4）。

论文写作过程中要始终记得展示亮点与贡献，而不是工作量。

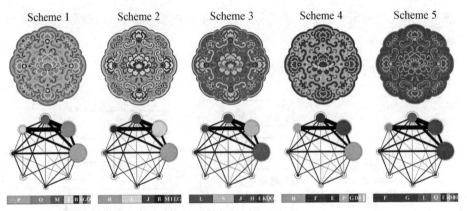

图4　基于非等位基因重组的初始种群

7. 论证：原型系统与应用验证

这一章主要为技术成果提供证据。

7.1　原型系统

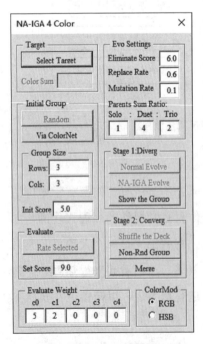

图5　原型系统用户界面

原型系统相当于产品上市销售之前的样机。在原型系统里，论文里的功能统统可以实现，只是在效率、稳定性等方面还要改进，甚至需要换一个平台重新开发。对论文而言，有原型系统就够了，商业化技术的开发是后面的事了。原型系统部分主要是解释软件的用法。跟技术方案不同的是，原型系统主要讲用户端操作而不是系统的内部运行机制。

这里一般要给出一个用户界面，说清楚用户有哪些操作行为，包括选项与参数，用户输入什么，系统输出什么，等等。用户界面实际上展示的是技术成果的人机分工和人机交互模式，人机各有什么权限，彼此如何交流信息。

论文给出的原型系统界面如图5所示。

经常做系统的人，看一眼界面就知道是不是真的。没有真正开发过原型系统的人，有些东西是编不出来的，特别是在一些很不起眼的细节上。

7.2　应用验证

用于验证的案例应该选择典型的、有代表性的、能说明问题的，或者能产生对比的。有的审稿人可能会要求作者基于同一个案例把旧方法和新方法都用一遍，作为对比以论证新方法的优势，这些要求都是合理的。

论文里的系统应用结果如图6、图7所示。

图6　案例设计对象与色彩来源

对测试案例应该给齐所有参数，以及相关影响因素的清晰说明，这是为了方便读者复现论文中的技术成果——Refutability应该是任何学术研究结论都具有的默认属性。

任何验证都是有目标有指标的。有的作者写着写着就把前面的问题丢开了，后面验证的内容跟前面提出的问题完全不是一码事。或者前面提出了一个西瓜大的问题，后面验证了一个芝麻大的问题。这都是不对的。能用量化指标进行验证最好，如果不行，至少要提供一些数据、图片等可以让人看了感觉对路的证据。

"我找了几个用户，大家用了都说好。"——这种类型的证据有点勉强，能不用尽量不用。

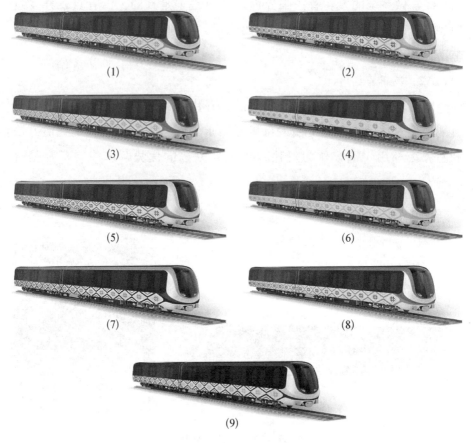

图 7 配色方案种群

8. 结论

有些论文的结论基本就是把摘要重复了一遍，这是通病。建议多看看优秀 SCI 论文的结论写法，会有些启发。SCI 论文的结论部分通常有 Discussion 和 Conclusion 两部分内容，这是一种很好的规范。国内期刊的论文 Discussion 部分一般不单列，可以放在论证部分，也可以在结论部分简单讨论几句。

8.1 Discussion

讨论区是个比较自由的地方，可以基于论文内容进行发散，比如技术的局限性，几种方法的比较，一些特殊情况如何处理，还有哪些可以研究的内容，还有什么困难没有解决，等等。在看别人的论文时，讨论区经常可以启发很多新的思路，甚至是科研课题的选题。

作者对自己的研究进行发散性思考也是一个好习惯，延伸出一篇新的论文也是有可能的。

8.2 Conclusion

结论是对自己的研究给出一个客观的评价。结论的语言模式是一种Statement，可以附带限制条件以表严谨，但不能写成叙述性的语言，如做了这个工作，做了那个工作。摘要里的最后一句"研究结果"是结论的浓缩，或者反过来说，结论是摘要最后一句的展开。

最后总结一下：

（1）论文应该对谁负责？

正确的顺序是审稿人、读者、自己。而现在更常见的顺序是自己、自己、自己，很多论文作者从不考虑审稿人和读者看法，也从未有过把文字当成一种交流媒介的概念。在这点上，要向那些能引爆舆论共情的网络写手们学习技巧，脑子里始终要有一个"交流对象"作为靶子树立在那里，就像做产品设计始终要考虑产品的用户会有什么反应。

上面这个顺序是按照对论文的苛刻程度来排列的，审稿人最苛刻，其次是读者，而作者则是对自己最宽容的。

（2）Persuasive writing

撰写学术论文是一种 Persuasive writing，跟项目申请报告、商业策划书一样，其目的是要说服别人接受你的观点、认可你的研究工作的价值。因为没有面对面交流的机会，一切成效全凭文字，所以写作时还是需要认真动一番脑筋的。技术和文字的功力，在一篇论文中可以说更占一半。

案例 26　光声耦合散斑干涉检测不同尺寸的裂纹

于瀛洁[*]

 **案例来源**

Y. ZHU, Z. CHEN, W. ZHOU, Y. YU, V. TORNARI, Photoacoustic Speckle Pattern Interferometry for Detecting Cracks of Different Sizes, *Optics Express*, 2023, 31(24): 40328.

简介

缺陷是导致文物结构完整性被破坏的重要因素。由于自然环境的不断变化，在文物的表面和内部会形成许多缺陷，这些缺陷的分布和位置具有随机性，会对文物造成不可逆的损伤。因此，为了更高效地进行文物保护工作，需要发展一种非接触无损检测技术进行缺陷识别与定位。本文介绍并测试了一种光声耦合散斑干涉检测系统，并基于该系统对不同宽度和深度的裂纹进行了检测。基于光声效应，利用脉冲激光器激励样品后表面，产生的光声信号，该信号从样品的后表面传播到前表面，引起前表面的微小变形，并被散斑干涉检测系统记录，形成散斑干涉条纹图。对产生的条纹图进行处理后，可定性地显示裂纹的存在和位置。在本研究中，通过检

---

* 于瀛洁，上海大学机电工程与自动化学院研究员、博士生导师。主要研究方向：精密光学检测技术及仪器等。

测带有裂纹的中性密度板，对上述系统和方法进行了验证。对有缺陷和无缺陷区域的散斑图进行了比较和讨论。此外，还提出并验证了区分和预测裂纹大小的方法。

 方法谈

1. 论文之道

1.1　论文选题

通过综合考虑课题组的研究方向与文物领域无损检测应用中存在的问题两个方面确定题目，本文主要关注光声耦合散斑干涉技术在检测缺陷中的应用前景。随着无损检测技术应用领域的不断拓宽，传统的数字散斑干涉检测技术已无法满足检测亚表面甚至内部缺陷的要求，尤其是在文物检测领域。因此，需要寻求一种载波信号，将更深层的缺陷信息载波至表面，从而被数字散斑干涉系统检测记录，实现对亚表面甚至内部缺陷的检测。在此背景下，光声耦合散斑干涉检测技术应运而生，利用脉冲激光器激励产生的光声信号作为内部缺陷信息的载波信号，为数字散斑干涉技术提供了检测内部缺陷的新途径。在载波信号层面，光声信号的本质是超声波，其在物体内部传播时相较于光信号具有穿透深度大、衰减小等优点。在技术层面，相较于光声检测技术，光声耦合散斑干涉检测技术避免了光声信号的能量在空气中衰减导致的信号难采集问题，在检测亚表面缺陷方面具有优势。自文物监测与修复成为文物保护战略的重点研究领域以来，文物领域的无损检测技术便成了研究热点。在论文选题时，我们牢牢把握壁画文物亚表面缺陷检测的大方向，同时，始终聚焦一种文物类型、一种类型的缺陷、完成一种检测系统的搭建和测试，避免出现论文题目过于宽泛的问题，这样也有利于更好地精炼研究背景，保证论文的内容和题目紧密联系。除此之外，论文的选题还应兼顾该领域未来可能的发展趋势。如本文中，采用光声耦合散斑干涉系统检测样本的裂纹，对散斑干涉条纹图的相位变化进行研究与分析，在后续的研究中，还可以引入空气耦合换能器对光声信号进行采集，结合散斑干涉条纹图与光声信号进行研究。

1.2 研究现状和出发点

科研论文的质量在于其是否能够将当前课题背景与领域内的研究热点有机结合。研究者应该着眼于实际需求，在归纳总结领域内研究现状的基础上进行研究工作。在文章背景介绍部分，应简明扼要地突出此点，确保读者在了解研究背景意义的情况下更好地理解论文所完成的工作。比如，本文的研究重点在于光声耦合散斑干涉检测裂纹缺陷，其研究大背景在于研究适合文物保护领域的缺陷检测手段，从而满足壁画文物缺陷检测中原位、高效、无损的要求，而光声信号在载波内部缺陷信息方面具有优势，因此，光声耦合散斑干涉检测技术是一项具有前景的检测技术。在以往的研究中，使用频率最多的是各种散斑干涉技术，通过散斑干涉条纹图的变化，对壁画表面的损伤区域进行检测。但随着内部缺陷检测需求的提出，现有的散斑干涉检测技术无法满足对深层缺陷的检测要求，这也就需要寻求一种载波信号，将内部缺陷信息载波至表面，从而被散斑干涉检测系统记录与识别，实现缺陷的检测定位。基于此，本文对光声耦合散斑干涉检测系统检测裂纹缺陷进行了研究。

通过对研究背景、相关技术现状和应用需求的综合考量，初步确定了论文的研究目的，首先搭建合适有效的光声耦合散斑干涉检测光路系统，针对壁画样本缺陷检测的需求，设计制作检测样本并对检测系统的可行性和有效性进行测试分析。实验测试是论文的关键内容，即以研究现状为基础，找出研究领域中尚未涉及的实验现象或者亟待解决的关键问题等。在以往的研究中，已有学者单独使用散斑干涉技术或者单独使用光声成像技术对文物或文物样本进行检测，但缺少对光声耦合散斑干涉技术检测缺陷能力的测试和验证。这也引出了本文发现的独特现象以及提出的相位变化处理策略。首先，本文采用脉冲激光器作为激励源，激励样本产生光声信号，采用连续波激光器搭建的散斑干涉检测系统进行样本表面散斑场相位变化的检测和记录；其次，通过采用时序控制脉冲激励和相机采集的方式，得到一定时间段内的时序散斑图像，有利于研究相位变化规律，进行进一步的相位变化分析。

1.3　实验设计与验证

在明确论文的研究目的后，针对壁画文物的组成结构和主要成分进行了进一步的分析和调研，这是制作合适实验样本过程中不可或缺的一步。由于相关文献中对壁画的分类不尽相同，如故宫如亭壁画的基底为木质结构，因此我们针对木质基底材料，制作了带有不同尺寸裂纹的中性密度板，如图 1 所示。

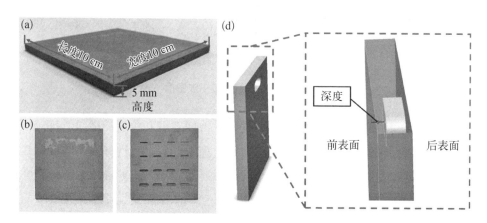

图 1　中性密度板：(a) 整体尺寸；(b) 样本前表面；(c) 样本后表面；(d) 阐明深度的定义

实验系统的搭建以及实验现象的阐明需要兼顾既有研究成功和自身的创新点，这也才能较好地改进与完善自身研究成果。以本文为例，搭建实验系统检测得到有、无缺陷区域不同的散斑干涉图像是后续一切研究的基础，已有学者基于数字散斑干涉系统，利用傅里叶空间载波法得到散斑干涉图像。在此基础上，我们结合数字散斑干涉系统和脉冲激光器，通过光声信号引起样本表面散斑场的变化，检测得到了有缺陷和无缺陷区域的差异性散斑干涉图像，如图 2 所示。

在观测得到合适的实验现象后，后续的数据采集策略需要结合现象的变化规律和研究目的进行综合考虑。以本文为例，首先，在已知现象的前提下，通过采取控制变量的方法，对散斑相位变化的规律性进行研究分析；其次，通过对光声效应提及的光声压进行分析，总结得到影响相位变化的因素

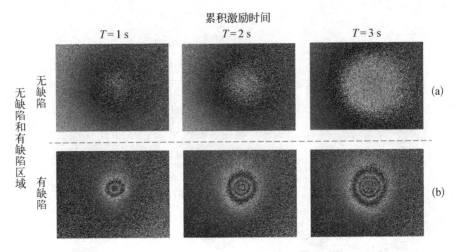

图 2　不同特征的散斑干涉图像

有激励能量和传播距离等。由此，通过设计不同宽度和深度的裂纹，探究裂纹尺寸对散斑相位变化的影响；最后，在处理数据时尽量选择简明直观的表达形式，不仅有利于读者进行理解，也有利于简明扼要地阐明相关变化规律。结果显示，深度的变化实际上代表了脉冲激光能量传播距离的变化，这会同时导致斜率和截距的变化，但归根到底可以总结为斜率的变化；缺陷宽度的减小，单位时间内吸收的能量减少导致最大相位变化的整体值下降，从而导致斜率减小，而函数曲线的截距基本保持不变，如图 3 所示为不同宽度对相位变化的影响。

　　利用发现的相位变化规律进行尺寸预测是本文的关键之一，也是验证方法可行性不可或缺的一部分。同时，在实验样本的设计方面也需要循序渐进。在方法可行性验证的实验中，本文设置了一系列裂纹缺陷，这些缺陷的深度数值和宽度数值呈现梯度变化，这是由于梯度变化的尺寸之间的差异性较小，不至于出现规律无法分析的现象，更有利于直观地观测相位变化与缺陷尺寸之间的规律。而在尺寸梯度设置方面，需要综合考虑系统的构成参数和实验结果的差异性，如本文中，脉冲激光的光斑直径由光阑控制在 3 mm，为了达到研究激光能量对相位变化的影响的目的，分别设置了 4 mm、3 mm、2 mm 的宽度，囊括了激光能量有衰减和无衰减两方面，同时，加上

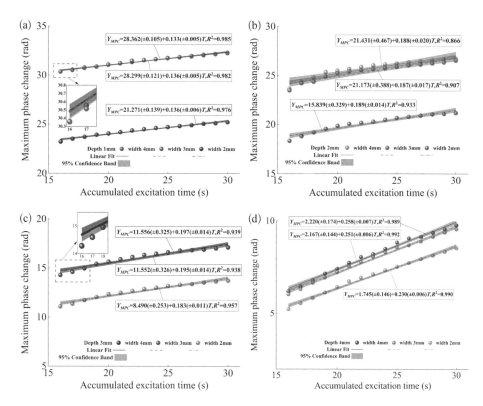

图 3　激励时间内的最大相位变化：(a) 1 mm 深度，不同宽度；(b) 2 mm 深度，不同宽度；(c) 3 mm 毫米深度，不同宽度；(d) 4 mm 深度，不同宽度

后续验证实验的考量，选择设置 1 mm 的缺陷宽度，达到能量继续衰减的目的。

1.4　创新与展望

无论是实验现象还是处理算法，创新一直是论文最大的闪光点。在本文中，通过对研究背景和应用方向的分析，提出了应用方向的创新，并在此基础上，结合本课题组内对数字散斑干涉技术的研究经验提出了应用于缺陷检测的光声耦合散斑干涉检测技术。最终，得到了差异性的散斑干涉图像，并成功验证了光声耦合散斑干涉检测和预测缺陷尺寸的可能性。因此，论文中的创新点可以体现在检测方法、实验现象、数据处理方法等方面，这些都需要积累大量的实验经验，并熟悉相关的数据处理方法。

发现新的创新点固然重要，但对研究结果的总结和反思更能让人进步。

以本文为例，由于实验进行阶段缺少空气耦合换能器等能够进行无损检测光声信号的设备，因此本文对于光声信号和散斑干涉图像之间的关系的研究尚有欠缺。同时，考虑到通过仿真软件对光声信号进行微观解析和表达有助于更好地阐明其对样本表面散斑场的影响，本文在仿真方面的内容尚有待补偿。毫无疑问，一篇科研论文并不是百分百完美的，论文的发表也并不代表研究的结束，在完善研究内容的道路上不能停滞不前。

2. 总结

2.1 写作的逻辑

学术论文的写作逻辑往往能够反映作者阅读已有文献的数量和深度，流畅自然的写作逻辑可以实现背景与研究内容的有效过渡，有助于加深读者对文章的理解。在背景介绍部分，可以引经据典，也可以直奔主题，通过研究现状的介绍、现有技术的不足，过渡到需要解决的关键问题，最终引出本文的研究内容。原理介绍和实验研究需要达到青出于蓝而胜于蓝的效果，首先是将技术原理详细阐明，随后根据阐明的原理进行系统的设计和搭建，最终利用系统发现新的实验结果，做到理论与实验的前后对应，但又有新的创新出现。当论文的研究内容论述完成后，在后续的写作过程中必须始终围绕论文的主要内容展开，从理论、实验、结果分析各个方面对研究内容进行诠释。无论是在初稿的写作过程中还是在对审稿意见的回复过程中，都需要注意论文中可能对读者产生误解或者根据实验经验进行处理的地方，并在合适的段落进行解释说明。同时，论文中尚未完成的工作或者该技术在未来可能的发展方向，都可以在展望中进行阐述，这不仅是作者对自身研究的思考与反思，也是未来可能的创新方向。

2.2 投稿与发表的反思

以本文为例，在论文的投稿过程中，收到了不同审稿人的多个意见和问题，通过对这些问题和意见的逐一回复，我们也认识到了文章尚存在的一些不足。首先，审稿人的问题让我们意识到对一个现象的阐述需要从不同方面进行考量，不仅是要从理论层面摆公式，更要从实验层面得到相应的现象和结果，两者相互印证才是最完整的阐述，因此，这部分的证明内容需要完整。同时，对理论公式的解释要详细完整，尽力避免产生误解和歧义。其次，对提出方法的实验证明应尽可能全面，以本文为例，本文在对相位处理方法的可行性验证实验中，只设置了四种梯度变化的缺陷尺寸，且都为整数，未能涉及非整数宽度和深度参数，更未能涉及内部缺陷的检测与验证，在审稿人提出问题后，我们在后续实验中加入了新样本，用来对尺寸为非整数的缺陷和内部缺陷进行研究分析。因此，对细节的把控和对实验的全面性考量也是论文写作中需要特别注重的问题，是评判一篇论文是否合格的标准。

案例 27 皮肤肌肉机构驱动的机器鱼鳞

王洁羽[*]

案例来源

J. WANG, F. XI, Robotic Fish Scales Driven by a Skin Muscle Mechanism, *Mechanism and Machine Theory*, 2022, 172: 104797.

简介

近年来，生物原理开始应用到创新产品设计工程中。在变形机构的研究中，借鉴了动物皮肤表皮和真皮层的变形来使机构更为灵活。此外我们发现，大量动物进化出了有盔甲的皮肤，以保护它们免受捕食攻击。这种盔甲具有分配载荷、减少摩擦、调节体温、提高隐蔽性和水密性等优点。因此，在我们的研究中，将动物盔甲的原理应用到变形的机构上。本文提出了一种由肌肉机构驱动的机器鱼鳞，提出了一套完整的方法来设计驱动机构和覆盖在机构外的鱼鳞。肌肉机构用于完成变形，它本质上是一个多环耦合机构，通过构型综合和尺寸综合，机构的特征点可以到达三条不同的曲线，来模仿鱼的摆尾运动。通过定义关键设计变量和约束条件，可以确定机构的自由度，从而设计出满足不同自由度要求的机构。机构的最小自由度为一，其结构为结合了四杆和五杆两

---

* 王洁羽，上海大学机电工程与自动化学院副教授、硕士生导师。主要研究方向：变形机翼机构、可重构折展机构等。

种基本连杆单元的多环机构。鱼鳞连接在机构的连杆上，沿机构被动变形。对鱼鳞的方向和位置都进行了设计，使其避免干涉并且紧密排列。将机构设计与鱼鳞设计相结合，实现了一个完整的肌肉机构驱动机器鱼鳞。基于所提出的方法，搭建了样机并进行了测试，以证明所提出的系统可以实现三种不同的曲线形状的变形。该机构可应用于变形机翼、变形机器人等需要变形的场景。

方法谈

1. 论文之道

1.1　论文选题

论文的选题通常需要结合国家发展需要、行业未来前景、课题组的研究方向与可实现性几个方面考虑，本文主要关注鱼鳞覆盖的可变形机构。近些年来，随着国际局势的不断变化，可变形机翼、可变形探测机器人等需要实现多目标曲线形状和轨迹的需求不断增长，研究可变形机构的需求也越来越迫切，如何设计具有灵活变形能力和大承载变形机构成了航空航天与机器人领域的一个研究热点。

1.2　研究现状和出发点

在写作前，需要首先进行文献调研，确定自己的想法是否已在文献中出现过，是否具有创新性。目前变形结构大都采用各种形状变形材料，包括形状记忆合金、压电材料和自成形材料研究，连续机器人也被提出用于表面的连续形状变化。这些机器人通常为柔性结构，因为无法承受冲击和载荷。为解决这个问题，国内外有一些学者提出了仿生动物盔甲的概念。该类设计均使用柔性材料做为变形结构，在表面粘贴片状式盔甲，如图 1 所示。然而，柔顺材料容易起

图 1　文献中鱼鳞结构的设计

皱，难以控制表面形状，承重能力也小。

通过文献调研，我们发现通过肌肉机构来驱动机器鱼鳞的概念并未在文献中出现过，且该设计有更强的承载能力，更小的自由度和更容易的控制方法。设计过程中的难点主要有两个，第一，如何利用最小的自由度使机构达到三条指定的曲线；第二，如何安装及控制鱼鳞，使鱼鳞间没有干涉也没有间隙。接下来的内容主要针对这两个难点来突破。

1.3 创新与建模

论文的创新可以是构型的创新也可以是应用的创新。在构型创新方面，我们针对上述的两个难点，提出一种将单自由度四杆机构插入到两自由度五杆机构中，得到一种单自由度的多环耦合机构，如图2、图3所示。此外，将鱼鳞固接在机构的连杆上，使其随机构运动，且不带来额外的自由度。

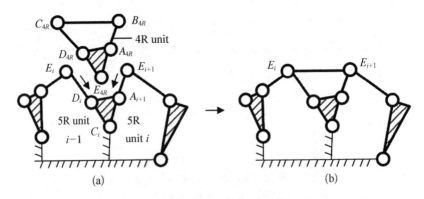

图2 多环耦合机构设计方法

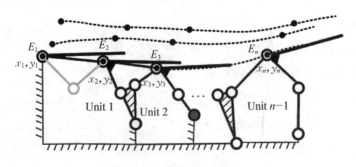

图3 机构的设计图

得到机构构型后，通过尺寸综合，借用 Matlab 最优化程序，就可以得到杆件的参数，使得机构可以到达三条指定的曲线，并且鱼鳞间无间隙也无干涉，如图 4 所示。得到机构的构型和尺寸后，建立模型进行验证。

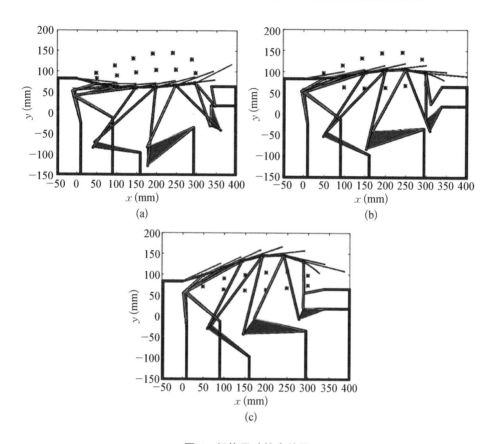

图 4 机构尺寸综合结果

1.4 实验设计与验证

得到机构模型后，带入到 ADAMS 中进行运动学和动力学仿真，完成初步验证并且得到驱动力和位移，如图 5 所示。

然而为了进一步验证设计的可行性，需要进行样机制造、安装及实验。实验主要为了验证机构可以到达三条指定曲线，并且鱼鳞之间无干涉业务间隙。图 6 为机构在运行过程中的截图，三个截图分别为机构处于三条指定曲线时的状态。

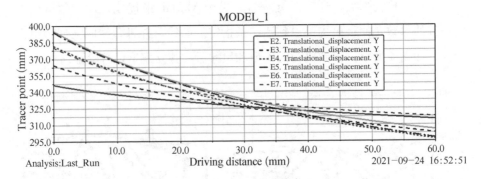

图 5　ADAMS 验证

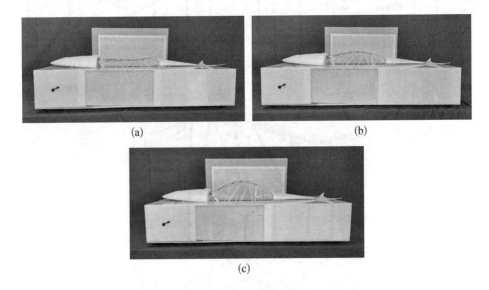

图 6　肌肉机构实验验证

2. 总结

2.1　写作的逻辑

机构设计方向的论文写作的关键点就是描述研究的过程，首先明确研究方向，了解文献中的构型，提出创新性的想法；接着通过构型综合，找到机构设计的方法，得到机构的构型；其次通过尺寸综合，得到机构杆件的参数，进而得到完整的机构；再次，需要对机构进行运动学和动力学的仿真；

最后，设计并制造样机，完成样机实验，验证设计的可行性。

2.2 投稿与发表的反思

在学术论文写作中，首先，要遵守学术规范，未做完整的调研或者借鉴文献中的想法，不仅会导致论文被拒，也会对自己学术生涯造成非常恶劣的影响；其次，要注意学术论文的格式和语言。以中科院一区期刊 *Mechanism and Machine Theory* 为例，若格式不符合要求或者语言比较粗劣，编辑会直接拒稿；在拿到评审意见以后，一定要认真对待每一位审稿人的意见，详细回复和修改；最后，论文接收后，要多检查几次，避免错误。

案例 28　带皮质外固定的前交叉韧带移植物的运动行为研究

朱俊俊*

案例来源

J. ZHU, B. MARSHALL, X. TANG, M. LINDE, F. FU, P. SMOLINSKI, ACL Graft with Extra-cortical Fixation Rotates around the Femoral Tunnel Aperture during Knee Flexion, *Knee Surgery, Sports Traumatology*, 2022, 30(1): 116 - 123.

简介

了解新的前交叉韧带移植在膝关节内的运动和在外部负荷影响下时在股骨隧道内的行为可以提供与移植物愈合、隧道扩大和移植物失效有关的信息。本研究的目的是测量移植体填充隧道的百分比，确定移植体-隧道接触的数量和位置，以及在膝关节运动和外部负荷作用下，移植物-隧道接触的数量和位置。本实验在六个膝关节标本上进行单束解剖式十字韧带重建，实验通过机械臂测试系统对标本在四种受力和运动条件下进行定位：（1）被动屈伸；（2）89 - N 的胫骨前后负荷；（3）5 - Nm 内部和外部扭矩；（4）7 - N m外翻力矩。对膝关节进行解剖后，由机器人进行重新定位。通过激光扫

* 朱俊俊，上海大学机电工程与自动化学院讲师、硕士生导师。主要研究方向：骨科手术重建、软组织仿真、运动损伤预测与预防、新型医学模拟器械开发等。

描对股骨隧道和移植体的几何形状进行数字化，计算隧道填充的百分比和移植体与股骨隧道之间的接触区域。结果显示，移植体大约占据股骨隧道孔径的 70%，移植体接触了隧道周长的 60%，移植体-隧道接触的位置随着膝关节的屈曲而发生明显变化。随着膝关节的屈曲，移植体与隧道接触的位置发生了明显的变化。本研究发现，移植体在膝关节屈伸时倾向于围绕隧道周长旋转，在膝关节负荷下收缩。我们可以形象地称这两种现象为"雨刮效应"和"蹦极绳效应"，它们可能引起股骨隧道的扩大，影响移植愈合，并导致移植失效。术后移植体在隧道内可能会有相当大的运动，因此应允许移植体有适当的康复时间，以使移植物-隧道的愈合发生。为了减少移植体的运动，应考虑采用干扰螺钉固定或带骨块的移植。

 方法谈

1. 论文之道

1.1　论文选题

论文的选题通常是为了解决研究领域内的关键问题或者实际应用中的痛点。在选择切入点时，需要通过分析找出背后的科学问题本质。以本文为例，研究首先着眼的问题是虽然有很多关于隧道内前交叉韧带移植物的静态位置和隧道内移植物的变形的影像学研究，但其动态行为还不清楚。这给临床手术带来了影响，因为如果移植体有相当大的运动，这可能对移植体的愈合、恢复活动以及可能的移植体和隧道损伤产生影响。于是在论文选题时，我们最终将本研究的目的确定为使用精确的测量技术评估移植体在股骨隧道中的位置和运动。

1.2　研究现状和出发点

论文的引言部分通常需要首先介绍本领域内该研究的现状，从而引出文章的问题，进而提出研究的出发点和方法，有理有据，逻辑清晰，让读者一目了然。以本文为例，在引言部分，我们首先介绍了研究问题的背景，那就是前交叉韧带（ACL）重建通常采用软组织移植，并在股骨上进行皮质外固定。在这种类型的重建中，医生们常常可以观察到移植体和隧道之间在隧道孔隙处存在空间。即使移植物的大小与ACL重建中的隧道大小一致，但由于拉伸时的收缩，移植物可能不会填满隧道孔区。由于这种影响，在进行前交叉韧带重建时，即使股骨隧道被定位在原生韧带位置的中心，移植体的中心点也可能通过运动偏离隧道中心。其次，文章介绍了其他学者在此问题上的研究和结果，借此印证本文问题的真实性和重要性，并且借此提出研究问题的必要性。文章介绍了一项研究评估了双束ACL重建中移植物填充区和移植物在股骨隧道孔内的位置，发现移植物没有填充隧道孔区，而且移植物的中心与隧道孔的中心略有不同。在另一项临床研究中，双束ACL重建一年后的成像发现，前内侧（AM）移植物从股骨隧道中心向后和向内侧移位，而后外侧（PL）移植物没有从中心移位。

针对这个问题，文章进一步解释解决这个问题可能带来的意义和重要性。由于移植体和隧道之间有空间，那么移植体可能会随着膝关节的运动而在隧道中改变位置，因此可能对移植体、骨隧道孔和移植体的愈合产生不利影响。由于临床上存在十字韧带重建后股骨隧道扩大的问题，虽然有些研究认为，骨隧道扩大主要是对异体组织的免疫反应的结果，但其他生物因素以及机械因素可能起到更重要的作用。导致隧道扩大的机械因素可能包括隧道壁内骨的应力剥夺、移植物-隧道的相对运动以及隧道放置不当。此外，移植体在隧道内的运动可能对移植体的愈合产生有害影响，并可能导致移植体失效。

1.3 方法与创新

研究创新点和科学性是审稿人关注的重点，也是文章价值的体现。介绍研究方法时，尤其是实验类研究时，在突出介绍实验方法的创新点的同时，也需要将实验方法的各部分细节介绍清楚，以强调实验的可重复性及可验证性。以本研究为例，文章详细介绍的测量方法的细节：扫描骨的三维表面几何形状，包括股骨外侧髁、前交叉韧带移植物和股骨关节间隧道孔径，并使用数字化仪测量股骨关节间隧道孔径边缘。扫描后，将移植物从隧道中取出，重新扫描股骨隧道，并用1毫米的探头对隧道边缘进行点云采集。使用图形软件 Geomagic 处理扫描数据（图1（a）、1（b））。股骨隧道被表示为一个8毫米的圆柱体与骨隧道内壁的扫描几何形状的最佳拟合（图1（c））。由于股骨插入几何形状的个体差异，不同样本之间的股骨关节内孔径形状会有所不同。为了使股骨关节内孔径标准化，我们在股骨隧道纵轴上放置一个垂直于股骨隧道纵轴的平面，该平面由股骨关节内孔径周围的探测点中心点定义（图1（c））。一旦确定，在这个平面上移植的横截面积是首先将装有移植的股骨隧道圆柱体定位在扫描的几何形状上，通过重叠两个扫描的股骨髁的几何形状（有移植和无移植），然后在这个平面上找到扫描的移植组织几何形状在圆柱体内的截取区域（图1（d））。

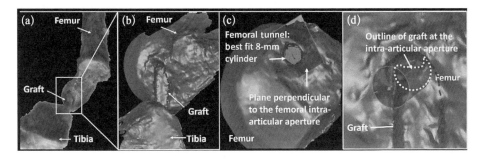

图1 （a）解剖的膝关节，单束十字韧带重建；（b）激光扫描图像，十字韧带移植物以红色勾勒；（c）无十字韧带移植物的股骨外侧髁的激光扫描图像；（d）在股骨关节内孔平面的隧道圆柱体内代表移植物截面的黄色轮廓

移植横截面区域的中心点是通过找到上一步定义的移植横截面区域的轮廓的中心点来确定的。被移植物填充的股骨隧道孔的百分比为移植物的横截面积与直径8毫米的隧道总横截面积的比率。移植体和隧道周长之间的接触区域是通过找到移植体的轮廓与股骨关节内孔的轮廓重叠的部分来计算的，同时也计算接触区域的中点。接触区的角度位置（α）被定义为股骨长轴与隧道中心至中点线之间的角度，并在膝关节运动或外部负荷之前和之后进行评估。图2显示的是移植物中心点位置。

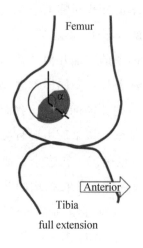

图2 移植物中心点位置（橙色十），移植物填充的股骨隧道孔径面积（绿色区域），移植物－隧道接触区域（红色），移植物－隧道接触中心（黄星）以及全膝关节伸展时移植物－隧道接触区域中心与股骨轴的角度（α）

1.4 结果与讨论

　　文章的结果部分，通常需要以客观的态度及准确的数据展示实验所得的结果，切忌加入主观评价，如"效果很好""结果准确"等。讨论部分则主要通过罗列证据、横向对比、解释结果，来支持文章观点。注意讨论部分需要有理有据、逻辑严密。以本文为例，讨论部分首先开门见山，直接说明本研究最重要的发现是，股骨隧道内的前交叉韧带移植物位置随着被动屈曲和膝关节外侧负荷而改变。通过引用其他研究证明，该研究如以前的研究所描述的一样，发现 ACL 移植物在隧道中的位置发生了变化。更进一步，提出本研究还发现，当放置在相同直径的隧道中并被拉紧时，软组织移植物仅占据大约 70％ 的隧道面积，接触大约 60％ 的隧道周长。基于这个新发现，文章作了讨论来提升研究的价值和意义：前交叉韧带软组织移植在移植隧道内的运动被认为是导致移植失败和隧道扩大的一个原因，关节间孔的移植物－隧道接触随着膝关节被动屈曲和膝关节外部负荷而移动。移植物没有填满隧道的原因是，它的尺寸必须在低张力下通过隧道，然后在固定张力下直径收缩。由于移植物只是部分地填满隧道，移植物和隧道边缘的接触区域可以随着膝关节的屈曲而改变。尽管隧道扩大的原因仍然未知，但其中一个假定的机械原因是移植体在隧道内的运动。我们将研究发现的前交叉韧带移植的运动称为"蹦极绳效应"和"雨刷效应"，以此形象地表示移植物在隧道出口处的纵向和横向运动。本研究中发现了横向运动，即改变移植体在隧道周缘的接触位置。尽管没有直接测量移植体的纵向变形，但移植体区域的收缩或扩张（移植体占据的隧道面积）是纵向移植体应变变化的一个标志。沿着隧道孔洞边缘的运动可能有助于隧道的磨损和扩大，并导致移植体的损坏。在临床上，前交叉韧带移植物在骨隧道中的运动可能为移植物-隧道愈合的缺乏提供一个可能的解释。

2. 总结

2.1 写作的逻辑

阅读者，包括审稿人喜欢的文章都是逻辑严密、证据充分、讨论深刻的。在写作时，也需要将这些要点一一落实。在引言部分，做好充分的铺垫：研究问题的背景知识是什么，存在什么问题和争议，最新的研究有什么进展，仍存在什么缺陷，我们怎么思考解决这个问题，什么方法可以解决这个问题……从而顺理成章地引出研究的方法。方法部分则应充分介绍实验细节、数据来源等，以严谨的表达，展示设计的合理和科学性。讨论部分则需要深入探讨结果的意义，而每一个新的观点都需要有证据的支撑，可以是前人的研究，可以是实验数据，但切忌简单罗列数据并加以主观评论。

2.2 回复编辑和审稿人的问题

对于作者来说，文稿在期刊上的顺利发表是辛勤研究工作的结晶。通常，文稿在发表之前，需要经过重重考核，而粗略的修改可能会失去发表的机会。在回复审稿人的评论之前，首先应该调整好心态，正确的心态才会推动正确的反应，我们应该以平和感谢的心态去阅读并理解审稿人的评论和问题，要记得，这些审稿人是利用自己的业余时间来评审你的工作。同时，你应该仔细阅读编辑的随附信函，以了解他们在审稿人的评论中强调了哪些内容以及是否提出了其他观点。接下来再仔细阅读审稿人的意见，把审稿人提出的问题和你提交的文稿作核对。如果你觉得所有评论都没有修改的必要，或是觉得"他们没有理解你的论文"，请注意，这意味着从读者的角度来看，你想表达的内容并不能很好地被理解，因此你需要厘清逻辑，额外澄清或是换种方式来作解释说明。大多数审稿人都希望你的文稿能有所提升，因而它

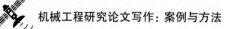

们更多地会提出建设性的批评意见。例如，他们会详细说明你论文的局限性，而不会浪费太多笔墨来赞美文稿。

　　当你准备好以专业、客观的方式处理审稿人的评论时，接下来要做的是与其他共同作者仔细讨论审稿人的评论，决定哪些评论需要接受修改，哪些评论需要反驳或额外澄清，是否需要添加额外的实验、模拟或数据分析等。在撰写回复时，很重要的一点是保证回复的结构清晰一致，好的结构既可以使编辑和审稿人看到你所做的工作，又可以帮助你厘清问题，避免遗漏。

案例 29　盾构机滚刀的机器人更换方法

 **案例来源**

L. DU, J. YUAN, S. BAO, R. GUAN, W. WAN, Robotic Replacement for Disc Cutters in Tunnel Boring Machines, *Automation in Construction*, 2022, 140(4)：104369.

简介

圆盘滚刀是隧道掘进机（TBM）中具有代表性的切削工具。它们被安装在隧道掘进机的刀头上，以在隧道掘进过程中粉碎岩石。圆盘滚刀需要定期更换以避免磨损和故障。目前，大多数换刀工作都是手动进行的，这需要密集的劳动力且工作条件十分危险。为了解决这些问题，我们提出了一种机器人解决方案，用于在广泛使用的隧道掘进机中更换圆盘刀具。我们使用了一种新颖的偏心锁定机构来简化圆盘滚刀的安装，并开发了一种具有高灵活性和高有效载荷能力的机械手，使其可以在高度受限的隧道掘进机中移动重型滚刀。我们所提出的系统可以通过专门设计的远程操作平台手动操作或半自动操作。我们在实验室环境中制造并测试了一个原型样

---

　　[*] 杜亮，上海大学机电工程与自动化学院讲师、硕士生导师。主要研究方向：机器人技术、智能装备等。

机，并将其应用在真实的隧道掘进机中。多项结果证实了机器人解决方案的有效性和高效率。

 方法谈

1. 论文之道

1.1　论文的内容组织

论文的内容组织是指从科研工作中摘选合适的内容来构成一个完整的"故事"。科研工作往往是在一个连续进行的过程之中。关于内容组织，一方面，需要足够的完整性以支撑整个故事；另一方面，也需要避免过于大而全以致丧失了聚焦点。以本文所讲述的盾构机滚刀的机器人更换方法为例（机械臂设计如图1所示）。考虑到诸多方面的因素，我们开发了一个带有偏心锁定机构的滚刀安装结构和一个机械臂来执行更换任务。首先，本文介绍了目前滚刀的手动安装方法和所提出的偏心锁定机构。随后，介绍了整个机器人系统的实现，包括圆盘滚刀的修改、末端执行器的设计、机械臂结构的生成和控制系统的实现。接着，本文介绍了在实验室和真实环境中进行的实验和分析。最后，提出了对未来工作的结论和建议。这当中对于机器人系统的设计与实现任务最为繁重。

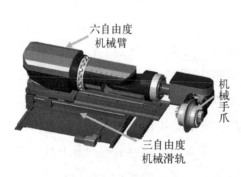

图1　机械臂模型

本文从滚刀安装方式作为切入点，引出机械手和机械臂的设计工作作为重点，之后详细介绍了蛇形机械臂的构型设计方法。在其基础上，本文额外介绍了一些机械臂关键技术。可以说，本文主要从机构角度讲述机械臂实施方案，因而后半程，对于控制系统的介绍，仅仅泛泛而谈，并没有作为本文主要内容。以上即是本文针对所述主题的内容选择。

1.2 开门见山与娓娓道来

一篇优秀的科研论文要能够吸引读者,使读者在有限的时间内获得最有价值的信息。论文的开场介绍部分就显得非常重要了。通常而言,有直接阐述论文研究点的开门见山式写法,也有从更大范围的研究背景逐渐过渡到论文研究点的娓娓道来式写法。对比而言,前者言简意赅,而后者更加引人入胜。在开门见山式开场介绍中,宜首先阐述所研究领域的主要内容,概括出主要发展脉络,从而给予读者明晰的跟随感。在娓娓道来式开场介绍中,前期过渡内容不宜过多,否则影响读者进入论文主题的耐性。

在本文盾构机滚刀机器人更换介绍中,我们采用了第二种逐渐过渡的介绍方式。首先,我们从盾构机的应用背景出发,介绍其地下岩土挖掘的工作内容,重点突出作业困难和作业条件苛刻。其次,引出圆形滚刀的磨损问题,即滚刀更换任务,并在其基础上分析目前人工滚刀更换存在的关键问题,继而自然回到机器人更换滚刀的话题上。之后,我们分别介绍了国内外科研工作者和产业界在滚刀更换自动化问题上的一些尝试,分析其痛点问题,最终引出本文所研究机器人系统所要针对的问题。我们选用这种叙事方式,主要是考虑到盾构机换刀是一个较为陌生的话题。从其真实的需求痛点出发,才能更加突出本文研究内容的贡献价值。

1.3 详叙与简议

多数科研期刊论文都有一定的篇幅限制,有的以字数限制的形式提出,有的以页数限制的形式提出,都要求我们对所阐述的内容作一定程度的取舍。在不破坏故事完整性的前提下,对于不同的内容采用或详或简的不同处理方法。在本文对与机械臂优化算法实现的介绍中,采取的是详细阐述的做法,而在对于机械臂控制系统架构的介绍中,则采取的是简易阐述的做法。

机械臂设计思路如图2所示。合适的机械手设计需要考虑多方面的因素,比如机械手的可达任务空间、末端执行器的位姿可达性,同时还有适应工作仓空间,需要有较大操作范围且易于安装和拆卸。为了做到这些,我们选择了一种基于任务的设计方法,在给定的设计空间内实现所需的操作性能,具体包括以下工作内容:为了允许蛇形机械手实现大的操作空间可及性和良好的空间灵巧性,设计了一个基部平动关节和几个连接的旋转关节的组合；通过依次确定机械手的操作空间、关节载荷能力和沿机械手体的连杆长度分布，得到了初步的机械手设计；求解逆运动学问题，进行了第一步运动学验证，并在隧道掘进机工作仓和挖掘室的几何约束下检查了所需的机器人运动；计算了关节力的理论要求，确定机械手链接内的电机、齿轮组和其他必要的运动传动结构；基于实际机械手尺寸，考察了运动极限的关节轨迹可行性和运动一致性，进一步验证隧道掘进机室的安全裕量，等等。

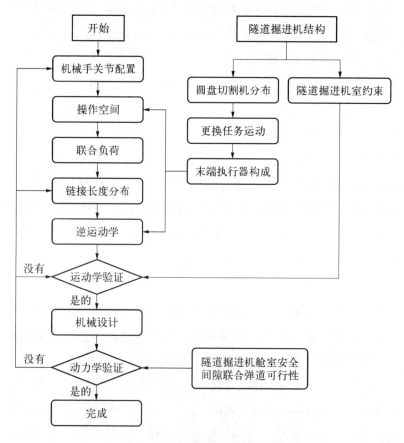

图2　基于任务的机械臂优化图

机器人电气系统包括一个在隧道掘进机前部的机器人系统和一个在后部的远程操作平台。远程操作平台采用上位机操作。程序负责收集来自人类操作员的控制命令，并实时显示机器人信息。机器人末端执行器的控制命令是直接收集使用操纵杆信号进行遥控控制。每个关节电机的伺服驱动器由

EtherCAT 总线沿机械手结构连续连接到下位机。使用中继模块的补充功能通过下位机上的 I/O 端口实现。来自监控摄像头的视频流通过 USB 直接传输到上位机。

1.4 提问与解答

科研论文从提问开始，自然也应当终于解答，这样才能构成一篇完整的论文。总结文章的主要成果，论述文章研究的不足，同时提出可能的研究方向，进一步提高文章的价值，做到首尾呼应、有问有答。下面我们以本论文的结论部分为例，介绍其是如何呼应文章开始阶段所提出的几项关键技术问题的。

首先，我们进行了圆盘滚刀的拆卸试验（机器人换刀实景图如图 3 所示），验证了机器人的偏心锁定机构和基本的运动能力。其次，我们测试了该机器人系统的重复性精度。最后，我们在模拟真实盾构机环境的换刀实验中验证了机器人的完整动作。得益于简化的操作程序和提高的滚刀更换效率，我们所提出的机器人系统可以将当前手动操作所需的时间从 3.1 天减少到 1.3 天，从而使换刀效率提高 60%。

图 3　机器人换刀模拟实景图

在文末部分我们讨论了一些目前研究的不足之处。在实验过程中，团队发现这些问题：（1）隧道掘进机室内的可用空间较窄；（2）开挖室所需的操作空间较大；（3）挖掘门为机械手提供的安全间隙很低。后续的设计内容将针对这三个问题进行进一步的改进。我们计划在未来继续研究这些问题，同时我们相信机器人可以进行全自动的滚刀更换，减少隧道掘进机的事故发生频率，提高隧道掘进效率。

2. 总结

2.1 论文的创新性

学术论文的贡献，也就是其价值，主要体现在创新性。论文的组织也应紧扣这一要点，在论述完整的同时，对部分内容有所取舍。首先，创新性体现在与已有研究的对比之下，因而需要通过合适的综述内容予以衬托。其次，创新性并非空中楼阁，需要在扎实的工作基础上推陈出新，从令人耳目一新的角度解答已有的问题。最后，需要从研究经历中提炼有价值的东西，对其进行再加工，通过一种逻辑严密、引人入胜的方式呈现在读者面前。

2.2 投稿与发表的反思

本文在发表前曾经历多次拒稿，审稿人质疑的主要是文章的贡献性，认为本文所提出的机械臂在结构和功能上并无特殊之处，希望作者能针对机器人大负载情况下实际动力学性能作深入研究。我们在收到这些审稿意见之后，对于文章的主要内容进行了章节调整，构思了从滚刀偏心锁紧机构引出机械臂复杂问题情况下的机构实现问题。通过这种调整，我们突出了文章在机构设计方面所作的多方面努力，并最终以此得到了目前期刊的认可。

案例 30　用于一阶段三维目标检测的特征嵌入和分类中的空间感知学习

李小毛[*]

 **案例来源**

Y. WU, W. XIAO, J. GAO, C. LIU, Y. QIN, Y. PENG, X. LI, Spatial-aware Learning in Feature Embedding and Classification for One-Stage 3D Object Detection, *IEEE Transactions on Geoscience and Remote Sensing*, 2024, 62: 1 - 12.

简介

　　一阶段 3D 目标检测以其简单性和高速推理速度而闻名，故在自动驾驶场景中越来越受到关注。然而，与两级竞争对手相比，当前的一级检测器往往表现不佳。我们的实验结果表明，由于特征嵌入和分类中对空间信息利用不足，一级检测器往往表现不佳。具体来说，空间上下文在特征传播过程中被严重丢失，导致网络的空间意识扭曲。另一方面，类别识别依赖于对空间信息的利用，而当前的检测器忽略了这一点。分类分支的空间意识不足可能会加剧错误分类。为了解决这些问题，我们提出了用于一阶段三维目标检测

---

　　* 李小毛，上海大学机电工程与自动化学院研究员、博士生导师。主要研究方向：计算机视觉和无人艇等。

（SLDet）的特征嵌入和分类中的空间感知学习。具体来说，为了恢复扭曲的空间意识，提出了按类别空间增强（CSA），自适应地为网络提供预编码的多尺度空间上下文。针对错误分类，引入空间指导分类（SGC），利用明确的尺度信息来指导分类。它利用类别之间的自然尺度差异来纠正错误分类。综合实验表明，SLDet 有效利用空间信息，并在 Waymo 开放数据集和 ONCE 数据集上实现了最新的先进性能。此外，额外的实验证明了 SLDet 出色的泛化能力。

 方法谈

1. 论文之道

1.1　论文选题

论文的选题需要结合当前自己的研究方向以及该选题后续的研究应用价值。本文主要关注自动驾驶感知领域中的科研热点和现有不足。近十年来，随着计算机视觉技术的快速发展，二维目标检测算法被应用于社会生活及国防科技的各个领域。二维目标检测技术的井喷发展带动着相近研究领域的进步，自动驾驶便是其中一个重要的领域，此领域借助激光雷达扫描的点云实现三维目标检测任务。当前，该领域处于起步阶段，现有方法大都借助成熟的二维目标检测技术。在论文的选题中，我们以三维目标检测与二维目标检测的不同点为切入点。同时，论文的选题着重于如何利用不同点（三维特有的属性）优化三维目标检测任务，这样才能启发读者沿着这一思路去进一步利用自动驾驶领域独有的属性，信息去优化，补全现有算法的不足。

1.2　研究现状和出发点

优秀的科研论文的关键字要突出本研究的主旨，这主要是从当前研究方向的归纳概括和本研究主旨核心提炼而来的。以现有的三维目标检测流程为例（图 1（a）和 1（b）），当前三维目标检测器主要分为二阶段和一阶段两种。相比于一阶段检测器，二阶段检测器通过微调第一阶段生成的预测框获得更精确的预测结果。此外，这两种检测器都是通过三维骨干网络进行特征提取，其获得的空间体素特征转化为二维像素特征传入通用的二维检测头进行目标检测。

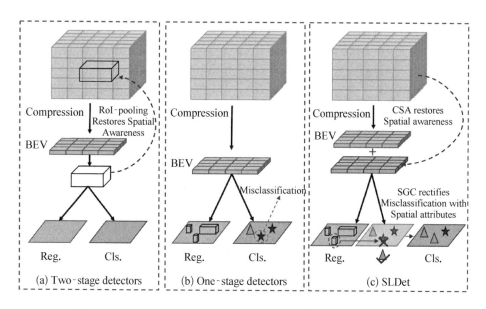

图 1　当前三维目标检测框架（a）二阶段框架；（b）一阶段框架；（c）本文框架

当获得了对于当前研究方向的归纳概括，后续的论文突破点就要建立在此归纳中未解决的关键点。基于上述通用三维目标检测器全部将特征转化为二维表达方式并采用二维检测范式，我们认为三维空间拥有二维图像所不具备的空间属性，而这一属性可能可以提升现有三维检测器的性能。

为此我们进行调研分析，首先我们对现有三维到二维的特征转换过程进行实验分析（图 2），实验表明当我们去除空间压缩的步骤，即可将检测性能提升 0.5 mAP。这一实验现象从侧面表明，现有的检测器为了适用二维检测头，对空间信息进行了过度的压缩，导致空间（特别是高度）特征在特征传播的过程中损失。

此外，我们通过对实验结果的统计发现，现有检测器存在严重的误分类问题，即便是最优质的检测框也会出现误分类，但是这些检测框和标签的交并比都大于 0.7，即这些检测框的尺寸预测得非常好。基于这一发现我们认为这些高质量回归框的空间属性（尺寸）可以辅助修正误分类。

综上可以知道，我们通过调研及与现有工作的对比，找到了工作的突破点，接下来理论创新和进一步的论证也是围绕这个突破点展开的。

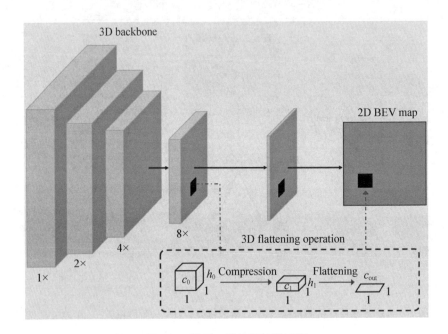

图 2　三维到二维特征转换过程

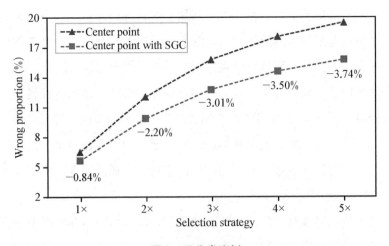

图 3　误分类比例

1.3　创新与建模

创新是科研工作的核心，同样也是学术论文的"灵魂"，而创新离不开对现有理论算法的深入理解和运用。我们以本文（SLDet）为例展开。基于上述的两个调研内容，我们提出了两个模块（CSA 与 SGC）分别从恢复损失的空间信息以及在分类任务中运用空间信息为主旨进行模型的建立，其模型流程图如图 4 所示。

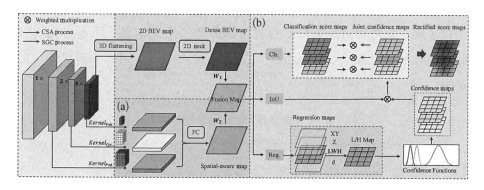

图 4　SLDet 的模型框架

具体而言，SLDet 的架构包括并行 3D 编码器（3D 主干和 CSA）、2D Neck 和检测头（回归分支、IoU 分支和 SGC 分支）。其中图 4（a）为 CSA 模块，三个具有不同内核大小的定制编码器被设计用于编码多尺度空间上下文。其中，为了保留小类别的细粒度空间上下文，我们设计三个编码器（"行人""骑自行车者"和"车辆"）分别对 2 倍、4 倍、8 倍下采样的空间上下文进行编码。合并三个编码特征后，通过展平操作直接压缩为二维空间感知图，而不再沿着高度轴进一步下采样。为了自适应地合并空间感知图和已有的特征图，引入了可学习的融合参数 W1 和 W2。图 4（b）为 SGC 模块。首先，根据预测得到 LWH 回归图计算长高（L/H）比率。将 L/H 图输入预先构建的 L/H 置信函数后，就会生成置信图。置信图与 IoU 图合并以构建联合置信度图。联合置信图进一步与原始分类得分图结合以校正得分。

1.4　实验设计与验证

如果说模型的建立是科研工作的"灵魂"，那么实验方案的设计与论述就是论文的"肉体"。完善的实验方案可以对模型充分的验证，并增强论文贡献的可信度。通常而言，最重要的实验为消融实验，这个实验证明所提出的模块可以带来确切的局部最优的性能提升。三维目标检测需要在两个数据集上进行实验来验证模型的鲁棒性，此外为了证明所提出的模型的泛化性，需要将提出的模块插入到现有的检测器中进行性能验证。下面我们以论文中的实验内容为例，展示各个实验如何设计。

SLDet 所提出的 SGC 中会利用超参数控制 L/H 置信度与分类分数的加权比例，故需要对此加权比例进行充分的实验。如表 1 所示，我们将此超参数从 0.1 取至 0.9，每隔 0.1 取值。当 $\beta=0.3$ 的时候取得局部最优结果。

表 1　参数 β 对 SGC 模块性能的影响

Method	LEVEL _ 2（3D）				
	mAP/mAPH		Veh.	Ped.	Cyc.
$\beta = 0.9$	65.28	63.29	65.83/65.42	65.86/61.26	64.15/63.20
$\beta = 0.8$	68.03	65.89	67.13/66.71	69.09/64.09	67.87/66.86
$\beta = 0.7$	69.15	66.91	67.51/67.08	70.52/65.27	69.41/68.37
$\beta = 0.6$	69.65	67.35	67.62/67.19	71.22/65.79	70.11/69.06
$\beta = 0.5$	69.90	67.55	67.62/67.19	71.54/65.97	70.55/69.49
$\beta = 0.4$	70.03	67.62	67.58/67.14	71.69/65.99	70.82/69.74
$\beta = \mathbf{0.3}$	**70.13**	**67.72**	67.53/67.09	71.91/66.18	70.96/69.89
$\beta = 0.2$	70.06	67.59	67.44/67.00	71.69/65.79	71.05/69.97
$\beta = 0.1$	70.02	67.51	67.34/66.89	71.60/65.62	71.11/70.03

为了验证 SLDet 的鲁棒性，我们在 Waymo 及 ONCE 通用数据集上进行实验，结果证明 SLDet 在两个数据集上都可以取得最高的性能（表 2、表 3）。

最后，我们将提出的两个模块插入到现有的检测器中，测试泛化性，表 4 的结果证明，所提出的两个模块能有效地提升现有检测器的性能。

表 2　SLDet 在 Waymo 上的性能对比

Method	Stage	LEVEL_2 (3D)				LEVEL_1 (3D)			
		mAP/mAPH	Veh.	Ped.	Cyc.	mAP/mAPH	Veh.	Ped.	Cyc.
PointPillars	one	57.85/50.69	62.18/61.64	58.18/40.64	53.18/49.80	63.97/55.97	70.43/69.83	66.21/46.32	55.26/51.75
AFDet	one	—	—	—	—	63.69/—	—	—	—
SECOND	one	58.23/54.35	62.58/62.02	57.22/47.49	54.97/53.53	64.44/60.07	70.96/70.34	65.23/54.24	57.13/55.62
CVCNet	one	—	—	—	—	65.20/—	—	—	—
VoTr − SSD	one	60.22/59.69	—	—	—	68.99/68.39	—	—	—
CenterPoint − Pillar	one	63.41/59.38	62.18/61.69	65.06/55.00	62.98/61.46	69.68/65.26	70.50/69.96	73.11/61.97	65.44/63.85
IC − FPS	one	64.60/60.85	62.84/62.25	64.80/56.09	66.17/64.20	71.33/67.21	71.47/70.81	73.80/64.18	68.71/66.65
CenterPoint (ResNet)	one	66.48/64.01	64.91/64.42	66.03/60.34	68.49/67.28	72.66/69.99	72.76/72.23	74.19/67.96	71.04/69.79
VoxSeT	one	67.04/63.90	63.62/63.17	70.20/62.51	67.31/66.02	73.31/69.90	72.10/71.59	77.94/69.58	69.88/68.54
CenterFormer	one	—/64.03	—/65.40	—/61.60	—/65.10	—	—	—	—
SST	one	—	67.90/67.30	70.90/57.30	—	—	—	—	—
HMFI	two	64.09/60.34	65.66/64.57	64.91/57.24	61.71/59.21	66.40/62.61	68.34/66.84	66.62/59.76	64.25/61.23
Part − A²	two	64.11/60.71	65.82/65.32	62.46/54.06	64.05/62.75	70.97/67.18	74.66/74.12	71.71/62.24	66.53/65.18
VoTr − TSD	two	65.91/65.29	—	—	—	74.95/74.25	—	—	—
PV − RCNN (CH)	two	67.80/65.24	68.02/67.54	67.66/61.62	67.73/66.57	74.02/71.27	75.95/75.43	75.94/69.40	70.18/68.98
Voxel R − CNN (CH)	two	68.57/66.18	68.18/67.74	69.29/63.59	68.25/67.21	75.03/72.44	76.13/75.66	78.20/71.98	70.75/69.68
Pyramid − PV	two	67.23/66.68	—	—	—	76.30/75.68	—	—	—

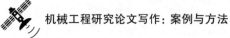

续表

Method	Stage	LEVEL_2 (3D)				LEVEL_1 (3D)			
		mAP/mAPH	Veh.	Ped.	Cyc.	mAP/mAPH	Veh.	Ped.	Cyc.
PV-RCNN++ (CH)	two	69.97/67.58	69.18/68.75	70.88/65.21	69.84/68.77	76.51/73.95	77.61/77.14	79.42/73.31	72.50/71.39
OcTr	two	70.73/68.25	**69.79/69.34**	72.48/66.52	69.93/68.90	77.15/74.51	**78.12/77.63**	80.76/74.39	72.58/71.50
LoGoNet	two	—/68.49	—/68.89	—/67.23	—/69.36	—	—	—	—
SLDet	one	70.13/67.72	67.53/67.09	71.91/66.18	**70.96/69.89**	76.51/73.94	75.91/75.43	79.95/73.84	**73.67/72.55**
SLDet †	one	**71.52/69.19**	69.19/68.74	**74.62/69.10**	70.76/69.73	**77.74/75.27**	77.60/77.11	**82.20/76.34**	73.43/72.36

表 3 SLDet 在 ONCE 上的性能对比

Method	mAP	Veh.				Ped.				Cyc.			
		Overall	0–30 m	30–50 m	50-inf	Overall	0–30 m	30–50 m	50-inf	Overall	0–30 m	30–50 m	50-inf
PointRCNN	28.74	52.09	74.45	40.89	16.81	4.28	6.17	2.40	0.91	29.84	46.03	20.94	5.46
PointPillars	44.34	68.57	80.86	62.07	47.04	17.63	19.74	15.15	10.23	46.81	58.33	40.32	25.86
SECOND	51.89	71.19	84.04	63.02	47.25	26.44	29.33	24.05	18.05	58.04	69.96	52.43	34.61
PV-RCNN	53.55	77.77	89.39	72.55	58.64	23.50	25.61	22.84	17.27	59.37	71.66	52.58	36.17
IA-SSD	57.43	70.30	83.01	62.84	47.01	39.82	47.45	32.75	18.99	62.17	73.78	56.31	39.53
DBQ-SSD	57.65	72.14	84.81	64.27	50.22	37.83	43.88	32.18	20.29	62.99	75.13	56.65	38.91

续　表

Method	mAP	Veh.				Ped.				Cyc.			
		Overall	0 - 30 m	30 - 50 m	50-inf	Overall	0 - 30 m	30 - 50 m	50-inf	Overall	0 - 30 m	30 - 50 m	50- inf
PointPainting	57.78	66.17	80.31	59.80	42.26	44.84	52.63	36.63	22.47	62.34	73.55	57.20	40.39
IC - FPS	57.82	70.56	82.73	64.47	48.75	40.09	47.64	32.57	20.51	62.80	75.64	57.65	38.14
CenterPoint	60.05	66.79	80.10	59.55	43.39	49.90	56.24	42.61	26.27	63.45	74.28	57.94	41.48
CG - SSD	61.63	67.60	80.22	61.23	44.77	51.50	58.72	43.36	27.76	65.79	76.27	60.84	43.35
GD - MAE	62.62	75.64	87.21	70.10	53.21	45.92	54.78	37.84	22.56	66.30	78.12	60.52	42.05
CenterPoint	65.21	76.75	86.98	72.19	58.78	50.80	60.30	42.59	24.40	68.07	78.93	62.49	46.01
Point2Seq	66.16	73.43	85.16	66.21	50.76	57.53	68.21	47.15	25.18	67.53	77.95	62.14	46.06
SLDet	**68.94**	80.36	88.55	75.58	63.73	55.87	66.31	45.97	26.82	70.60	81.39	64.78	49.63
SLDet †	**70.02**	81.79	90.38	77.82	64.82	54.61	65.00	45.76	23.97	73.67	83.92	68.46	51.78

表 4　SLDet 在现有检测器上的扩展性实验

Method	LEVEL _ 2（3D）				
	mAP	mAPH	Veh.	Ped.	Cyc.
CenterPoint‑Pillar	63.41	59.38	62.18/61.69	65.06/55.00	62.98/61.46
w/ SGC	64.98	61.11	63.44/62.98	66.71/56.97	64.78/63.37
Improvement	**+1.57**	**+1.73**	1.26/1.29	1.65/1.97	1.80/1.91
CenterPoint	66.47	64.01	64.80/64.30	66.09/60.43	68.51/67.31
w/ SGC	68.63	66.25	66.30/65.86	70.08/64.48	69.52/68.42
Improvement	**+2.16**	**+2.24**	1.50/1.56	3.99/4.05	1.01/1.11
PV‑RCNN	65.07	61.09	67.45/66.81	63.84/54.18	63.91/62.28
w/ CSA	66.70	63.34	68.30/67.67	66.12/58.01	65.69/64.34
Improvement	**+1.63**	**+2.25**	0.85/0.86	2.28/3.83	1.78/2.06
PV‑RCNN＋＋	66.71	62.54	68.59/67.95	65.61/55.48	65.92/64.18
w/ CSA	68.46	65.19	69.17/68.53	67.93/59.91	68.27/67.12
Improvement	**+1.75**	**+2.65**	0.58/0.58	2.32/4.43	2.35/2.94
VoxelNeXt	68.42	65.91	65.61/65.12	70.34/64.52	69.30/68.08
w/ CSA	68.92	66.47	66.22/65.74	70.67/64.92	69.87/68.74
Improvement	**+0.50**	**+0.56**	0.61/0.62	0.33/0.40	0.57/0.66

2. 总结

2.1　写作的逻辑

当论文主体实验完成后，写作能力决定着论文的上限。写作要围绕着上一节中提到的关键字展开，从归纳概括的背景引入，再突出自己所要解决的问题，用严密的逻辑将整个论文的表述完整地串联起来。一个通用的模板可以总结为以下几点：（1）在开始写作之前，确定论文的核心主题和研究目标，这有助于在写作过程中保持焦点并确保论文具有明确的方向。（2）对相关领域的先前研究进行深入的文献回顾，这有助于建立研究背景，并让读者了解研究问题或假设的上下文。同时，展示对文献的全面了解，并分析当前研究的不足之处。（3）在引言部分明确提出研究问题或假设，为论文设定明确的目标，并帮助读者理解研究动机。（4）清晰地描述实验设计、样本选择、数据收集和分析方法，确保实验的可重复性，并遵循科学伦理。（5）以简洁、准确的语言描述实验结果，使用图表和表格来展示数据，提高可读性和可理解性。同时，对实验结果进行深入的分析和解释，与之前的研究进行对比，并提出合理的解释。（6）在结论部分，清楚地陈述研究的结论，并指出未来的研究方向。结论应形成文章的主题，指明作者对研究主题的观点和结论，但不应超出研究范围。

2.2 投稿与发表的反思

以 SLDet 的投稿为例，在本文的投稿过程中，共计两轮审稿，收到三位审稿人 20 多条修改建议。具体可以总结出以下几点处理建议：（1）拿到审稿意见后首先分析这几位审稿人中意见最大的那位，修改时候需要用大篇幅回复这位审稿人的意见。（2）回复每一个问题的时候需要用总分或者总分总的结构，即先用一至两句话概括地回复当前问题，然后再具体展开逐点反驳或回复。（3）原文中修改的部分要高亮表示，因为二审的时候审稿人可能不会再通读原文，而是直接到问题对应位置查看。（4）细节把握要到位，如参考文献的格式要统一，插入图片的分辨率需要达到 300 ppi，公式后面加句号或者逗号等。